深化し続けるコーヒーの世界

　近年目覚ましい発展を遂げているコーヒー業界。スペシャルティ・コーヒーと呼ばれる分野においては、コーヒーはもはや単なる飲料ではなく、様々な個性や風味、そして付加価値を持つ類まれな嗜好品に変貌を遂げたと言っても過言ではありません。しかし実は、2000年代に入るまで、これほど多くの銘柄や品種、そして抽出器具といった類のものは市場に存在しておらず、石油に次ぐ世界第2位の取引高を誇るコーヒーは安価なコモディティの地位に甘んじ、魅力ある飲料とは言い難い状態が長く続いていました。

　今では多くの生産国で秀逸な農園や小規模生産者たちが育む稀有なコーヒーがつくられるようになり、生産工程における革新は、それまでにないコーヒーの風味を生み出すに至りました。これにより、コーヒー業界はさらなる発展と多様化への道を歩んでいきます。特に2010年代に入ってからの進化のスピードは極めて速く、それまであまりコーヒーを飲んでいなかった新興の消費国でも、類まれな風味を持つ銘柄に熱い視線が注がれ、様々な生産国のコーヒーが流通するようになりました。

　生産者、栽培品種、生産処理、そして地域特性が織りなす多様なコーヒーを楽しむ文化は、偉大なワインを生み出す農園や、つくり手を賞賛する文化と通ずるものがあるのは間違いないでしょう。近年のコーヒー業界はワイン業界にならった発展を遂げており、プレミアムな農園プロジェクトや、高額かつ希少価値の高い銘柄＝農園といったものが頭角を現してきています。また、これ以外にも化学的な分析や、系統だった味覚評価のスタンダードの構築、評価基準のグローバル化など、業界のあらゆるフィールドが活発になっています。

こうした中、SNSを含む多くのメディアでコーヒーが取り挙げられることが増え、またコーヒーに関する書籍なども多く刊行されることで、生産国や銘柄のほか、焙煎、抽出などの情報も広く開示されるようになってきました。このような流れはコーヒーに興味のある消費者にさらなる情報提供の機会を与え、より成熟した市場と業界の啓蒙／発展に多大な影響を与えています。

このように市場における情報量が増えていること自体に間違いありませんが、一方で万人に親しみやすい、いわゆる初心者向けの書籍が書店の棚の多くを占めているのもまた事実です。あまりに専門的過ぎるのも問題ではありますが、コーヒーの栽培や、流通、市場、焙煎などを適度に俯瞰した書籍がないという悩みの声もコーヒー愛好家から耳にすることがあります。私自身もその1人であり、コーヒーに対する知識欲を満たすため、そしてより深い理解のために自身のキャリアの中で、かなり長い時間を実務とリサーチに費やしてきました。

本書は、これまでの日本のコーヒー書籍ではあまり言及されていなかった、栽培品種、栽培のサイクル、生産者規模の分類、生産国や消費国での流通、ニューヨーク市場の仕組み、焙煎のメカニズムなどについて解説しています。しかし、これらの中で本書の独自性を最も色濃く表すのは、未開のコーヒー生産地を紐解く、“テロワール地図”です。

巻の書籍では、特定の銘柄やその味わいに触れることはあっても、それらがどの地域に根ざしているのか、そして周辺には他にどういった銘柄が共に存在しているのか、いかなる気候風土の中で何の品種が植えられているか、どういった生産処理が主に適用されているか…といった内容にまでは言及されていません。ワインであれば、愛好家は好みの生産地にどういった銘柄が分布しているかを理解し、多岐にわたるグレードのワインの情報をそらんじることが可能です。さらにソムリエなどのプロフェッショナルに至っては、栽培や製造方法、各生産地のワイン法や制度についても深く理解しています。

現在のコーヒー愛好家は、ワイン業界に匹敵するほど緻密な知識や知見を得られる環境にありませんが、本書で紹介する各生産国の生産形態や栽培地区などの情報は、今後も発展し続けるであろうコーヒーの濃密で成熟した知識を獲得するきっかけになるものと信じて筆を執りました。本書で取り上げている生産地の地図は現時点で私が取得できた情報をもとに組み上げたものであり、すでにかなり複雑ではあるものの、いまだワイン業界に比肩するほど細かいテロワールの分析や情報の分類が行えていない状態です。しかし、現在のコーヒーにおけるトレーサビリティの微小化や多様化の流れは間違いなく加速しており、将来は今よりさらに詳細な地域情報や品種などの情報が得られるものと考えられます。

いささか難解ではありますが、本書を手に取ることで、コーヒーの淵源、すなわちコーヒーの生産に関わる人々の、多様な営みに触れる手がかりを、読者の皆様に得ていただければ、それこそが著者の本懐であります。

2025年1月　Roast Design Coffee新百合ヶ丘店にて　三神 亮

Roast Design Coffee新百合ヶ丘店　Photo by 梅澤 秀一郎

三神 亮　Mikami Ryo

コーヒー・コンサルタント／Roast Design Coffee品質設計

ワイン小売、コーヒー・チェーンなどの勤務を経てコーヒー生豆専門商社であるワタル(株)に入社。

営業、原料調達、生産地訪問、競技会コーチングなど、多岐にわたる業務を担当し、カップ・オブ・エクセレンス(COE)をはじめとした品評会や競技会の審査員を務める。焙煎競技会であるワールド・コーヒー・ロースティング・チャンピオンシップ(WCRC)では、日本代表コーチを複数回にわたって拝命。

2019年7月に妻の三神 仁美(代表)と共にロースタリー・カフェ、Roast Design Coffeeを共同設立し、品質設計やコンサルティング／トレーニングなどを行うかたわら、自社ブログをはじめとした様々なメディアで執筆活動を行っている。

Roast Design Coffee

https://roast-design-coffee.com/

Shop Blog

https://coffeefanatics.jp/

目次

Coffee
大図鑑

種の伝播から、栽培、流通、
テロワール、品評会まで

三神 亮 著

Ohmsha

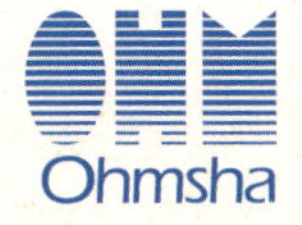

1

コーヒーの発生

コフィア属

世界的に愛飲されている飲料であるコーヒー。生物学的区分ではアカネ科のコフィア属に連なる植物で、商用作物としてはコフィア・アラビカ種（*Coffea arabica*）、コフィア・カネフォラ種（*Coffea canephora*）、そしてコフィア・リベリカ種（*Coffea liberica*）の３種が市場に主に流通しています。この中でも飲料としての歴史が最も古く、また世界で最も多く飲まれているコーヒーはコフィア・アラビカ種であり、この種（Species）に連なる様々な栽培品種が世界のコーヒー生産国で栽培されています。コフィア・カネフォラ種は一般的にはロブスタ種（Robusta）として知られており、1900年代以降に栽培が拡大し、そのシェアは拡大傾向にありますが、大半が低価格大量消費型のコモディティ※に該当するため、本書では家庭で最も親しまれ、風味特性がより明確なコフィア・アラビカ種を主に取り扱っていきます。

※ コモディティ：国や地域をまたいで取引される国際商品の総称。具体的には、エネルギー類（原油、天然ガス等）、貴金属類（金、プラチナ等）、農産物類（トウモロコシ、大豆等）などが該当する。

コフィア・アラビカ種の若木

樹上で熟したアラビカ種の実

■ 世界的なシェア

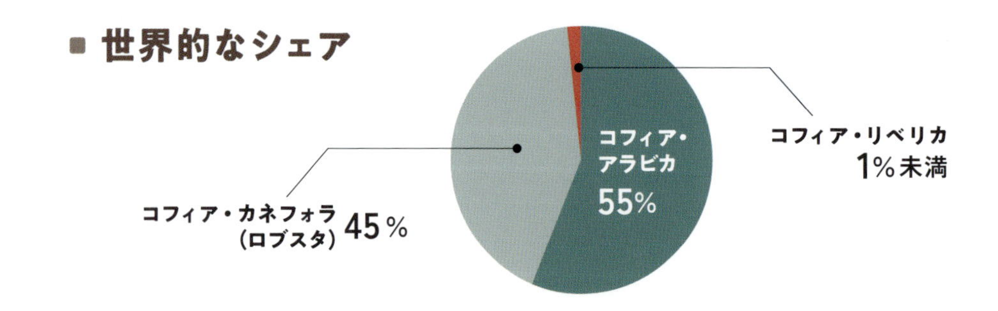

コフィア・アラビカ種は、コフィア・ユージノイデス種（*Coffea eugenioides*）とコフィア・カネフォラ種との自然交配によって誕生しました。共に2倍体の染色体を持つ親同士の交配から、コフィア・アラビカ種は4倍体の染色体を持つに至り、親よりも大きい樹勢と果実を獲得しました。現在、世界流通量の55%以上を占めるコフィア・アラビカ種は、市場における最も代表的なコーヒーの種であると言えます。

アカネ科の樹木であるコフィア・アラビカ種は、1713年に初めて植物学的な認知と分類がなされました。フランスの植物学者アントイネ・デ・ジュシュー（Antoine de Jussieu）はオランダのアムステルダムの植物園にあったこのアカネ科の木を、ジャスミナム・アラビクム（*Jasminum arabicum*）と命名し、これがコーヒーの最初の植物学名になりました。その後、1737年にスイスの植物学者カール・リネアス（Carl Linnaeus）が、この植物をコフィア属（Coffea）に分類し直したことで、我々が今日知る*Coffea arabica L.*という植物名称を得ることになります（LはLinnaeus(リネアス)の意）。

コフィア・アラビカ種の発生地は、エチオピアの南端であるグレート・リフト・バレー（Grate Rift Valley）の西側、またはその周辺のエリアが有力と見られているものの、これ以外に南スーダンやケニアのマルサビット山脈（Marsabit）が発生地候補として挙がっています。イエメンへの伝播経路は長らく不明とされていましたが、最新の遺伝子分析を用いた研究では、エチオピア南部にある現在のゲデオ県（Gedeo）、またはグジ県（Guji）から採取された野生の種子、あるいは苗が北上して、エチオピア北部のハラー／ハラルゲ県（Harrar/Hararghe）に到達し、その後、イエメンに伝播した可能性が示唆されています。

参考文献

- André Charrier, Julien Berthaud：Botanical classification of coffee, THE AVI PUBLISHING COMPANY, INC, Westport, Connecticut, 1985
- Christophe Montagnon, Faris Sheibani, Tadesse Benti, Darrin Daniel, Adugna Debela Bote：Deciphering Early Movements and Domestication of Coffea arabica through a Comprehensive Genetic Diversity Study Covering Ethiopia and Yemen, 2022

Coffea arabica L.

飲料としてのコーヒーの誕生

コーヒーの発見についての逸話はいくつか存在し、よく知られたものでは9世紀エチオピアのカルディの伝説（羊飼いの少年が発見）や、13世紀イエメンのイスラム神秘主義修道者：シェイク・オマールの逸話（山中を散策中に発見）が有名ですが、共に後代の創作である可能性があり、あまり信頼のおける資料にはなっていません。事実上の伝播はこれらよりもっと古く、7世紀にエチオピアから紅海を越えてアラビア半島に伝わったとする、アラブの学者が残した記録の存在が示唆されています。いずれにせよ、アラビカ・コーヒーの発生地はエチオピアであることについては間違いないのですが、いわゆる"コーヒー"という飲料の認知と、それを嗜む文化は主にイエメンで醸成されたというのが正しいと言えるでしょう。

コーヒーの実を食べて踊るカルディと羊たち（イメージ）

エチオピアで発見されたコーヒーは、15世紀頃にイエメンでの商業用の耕作が根づき、カフア（Qahwah）※という名前で飲まれていた記録があります。この頃、すでにコーヒーは焙煎されてから飲まれる様式となっており、穴が複数開いている平たい鍋のようなものを使用して焙煎を行っていました。こうした平鍋には取っ手が付いており、火鉢の上で熱しながらスプーンなどでかき混ぜて豆を煎ることができるようになっていました。これは今で言う直火式の焙煎にあたります。

コーヒーを楽しむ文化が花開いたイエメンでは、数多くのコーヒーハウスが生まれました。コーヒーは議論、音楽、観劇の友として楽しまれるかたわら、こうしたコーヒーハウスは賢者の学校とも呼ばれ、情報交換や社会活動の場として使われるようになります。イスラム文化圏では飲酒が禁じられていますが、コーヒーは修行僧から庶民に至るまで広く愛され、アラビア文化圏におけるワインとしての位置付けを確立していきました。

※ カフア：もとはワインを意味する言葉。抽出コーヒーの黒い色合いがワインに似ていることからコーヒーを表すようになったとされる。

イエメンのコーヒーハウス（イメージ）

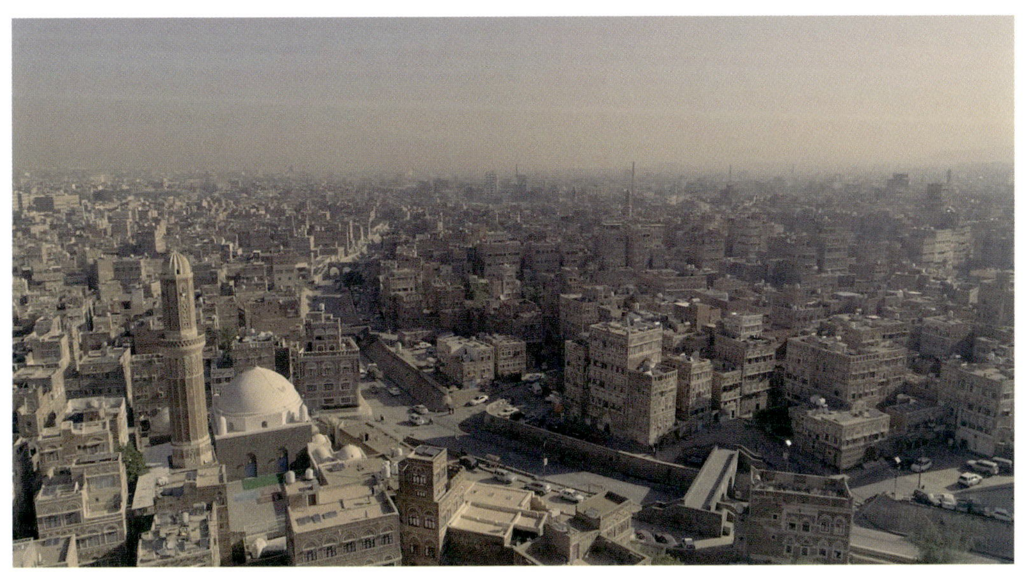

現代のサナア市（イエメン）の街並み

こうしてイエメンの特産品となったコーヒーはメッカの巡礼者たちに認知されるようになり、ここから世界的な伝播が始まっていきます。現在は廃港となっているモカ港（Mocha/Mokka）からコーヒーが出港された実績により、イエメンとエチオピアのコーヒーには“モカ”という名称が付加されるようになりました。このようにアラビカ・コーヒーの発生地はエチオピアですが、耕作／商用作物としての起源はイエメンにあると言えます。16世紀頃には、周辺国であるペルシャ、エジプト、シリア、トルコなどでイエメンからの特産品であるコーヒーが扱われていたとの記録が見られ、コフィア・“アラビカ”のその名が示す通り、コーヒーはアラビアの国であるイエメンによってその名が世界的に知られ、イスラム世界から様々な国々に伝播していったのです。

参考文献

- William H. Ukers：All About Coffee, 2019
- Alan S. Kaye：The Etymology of "Coffee": The Dark Brew, Journal of the American Oriental Society,Vol. 106, No. 3, pp. 557-558, 1986

2

ティピカとブルボン

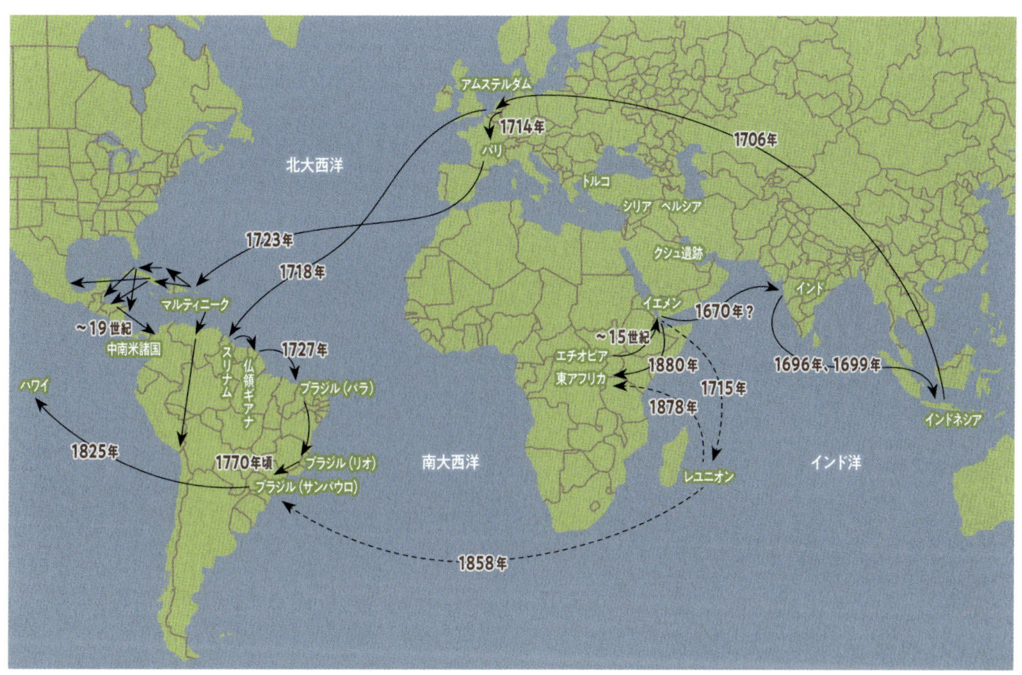

コーヒーの伝播経路（実線はティピカ種。点線はブルボン種）

コフィア・アラビカ種に連なる商業用品種において、最も重要とされるものにティピカ種（Typica）とブルボン種（Bourbon）があります。いわゆる品種（Variety）、あるいは耕作品種（Cultivar）と呼ばれるこれら2つの品種は、コーヒーの世界的な伝播において主要な役割を果たしてきました。世界中で栽培されている耕作品種や派生種のほとんどがこれら2種に連なる系統で、今もなお新しい系統種が開発されています。

コーヒーの種子はエチオピア南西部の森林からイエメンに運ばれ、作物として栽培されていたことが歴史的な資料からも分かっています。最近の遺伝子検査によると、ティピカ種とブルボン種は共にイエメンにルーツを持つ遺伝情報が含まれていることが判明しており、エチオピアを直接的な起源としない種子であることが確認されています。イスラム文化圏において発展を遂げた嗜好飲料であるコーヒーは、イエメンからティピカ種とブルボン種が国外に持ち出されることで、現代の様々な国々におけるコーヒー飲料文化の発達や、商業用栽培といった繁栄を見ることになりました。

Typicaの系譜

かつてイエメンは他国でのコーヒー栽培を防ぐため、生の苗木や種子の持ち出しを禁じていましたが、1600年代後半にはコーヒーの種子（あるいは苗木）が密かにイエメンを離れ、インドに渡っていました。歴史的な伝播の最初の一歩は、アラブ世界からアジアにかけての経路だったのです。これらの種子は当時マラバール（Malabar）として知られていたマイソール（Mysore）地域に運ばれ、イエメン以外の国では初となるコーヒー農園が形成されることとなります。カルナータカ州（Karnataka）のチッカマガルル（Chikkamagaluru）には、インドにコーヒーをもたらした僧侶であるババ・ブーダン（Baba Budan）※にちなんだババ・ブーダンギリ（Baba Budan Giri）という地名があり、現在でもコーヒー伝播ルートの一端を辿ることができます。

ティピカ種の系統はこの後、オランダの植民地政策に伴って1696年と1699年に上記のインドのマラバール海岸からバタビア（Batavia：現在のインドネシアの首都ジャカルタ）に渡っていきます。これ以外にも、1690年にはイエメンからバタビアに直接種子の導入を試みたルートがありましたが、その木は1699年の震災で枯死してしまったため、イエメンからの直接的な伝播系統は途絶してしまいました。このことから、ティピカ種の系統としての孤立と、その後の世界中への移動は、インドからインドネシアに種子が渡った時期を起点にして始まった可能性が高くなっています。

1706年にはインドネシアのジャワ（Java）からオランダのアムステルダムに1本のコーヒーの木が運ばれ、植物園に根をおろすこととなります。この母木は後に18世紀にアメリカ大陸に上陸したティピカ種（ティピカ種遺伝子グループのうちの1つ）の祖先となり、現在でもティピカ種の遺伝情報を参照するうえでの重要な指標となっています。

1713年から1715年にかけてオランダとフランス間でユトレヒト平和条約が結ばれると、親交の印（しるし）として、アムステルダム市長からフランスのルイ14世へコーヒーの木が贈答されます。この木はパリの植物園（Jardin des Plantes）の温室に植えられた後、その種子が採取されました。アントイネ・デ・ジュシュー（Antoine de Jussieu）氏によるコーヒーの植物学上における初めての分類もこの頃（1713年）に行われています。

南米大陸への初到達は、引き続きオランダの植民地政策によって達成されることとなります。コーヒーの木は、1719年に植民地交易路を介してオランダ領ギアナ（現在のスリナム）に送られ、1722年にカイエンヌ（フランス領ギアナ）、1727年にはブラジル北部に渡ります。1760年から1770年の間にはブラジル南部にまで到達し、その後、このティピカ種は一転して北上を開始し、ペルーとパラグアイの地を目指すこととなります。

一方、フランスのパリ経由での伝播経路では、オランダより伝わったコーヒーの木は1723年に、まずは西インド諸島のマルティニーク島（Martinique）に上陸します。その後、イギリス人が1730年にマルティニーク島からジャマイカにティピカ種を持ち込み、1735年にドミニカのサント・ドミンゴ（Santo Domingo）に、そして1748年にはサント・ドミンゴからキューバに渡ります。このように島国を転々とした後に、アメリカ大陸のコスタリカ（1779年）とエルサルバドル（1840年）へはキューバ経由で到達します。こうして北から南へとカリブ海の島々を中継していくことで中米諸国にティピカ種が伝播していきました。

なお、“Typica”の名称については、最も普及した耕作品種であること（Typical：一般的）がその由来と考えられていますが、こうした根拠を指し示す、または裏づける明確な文献や資料などは現在見つかっていません。

※ ババ・ブーダン：17世紀のイスラム／ヒンドゥー教の聖職者（スフィー）。インドに7つのコーヒーの種子をもたらしたとされる。

ティピカ種

Bourbonの系譜

1708年、1715年、1718年と、3度にわたってフランスの宣教師団が、イエメンからマダガスカルの東の洋上に浮かぶブルボン島＝現在のラ・レユニオン島（La Réunion）へコーヒーの導入を試みたという記録が残っています。この事実は、最近の遺伝学的研究によって立証されており、最初の導入は失敗したものの、2回目の導入ではごく少数のコーヒーの木が、3回目の導入では数本の木の現地での栽培に成功します。こうしてブルボン島に伝播したこの品種の系統は、その島の名にちなんでブルボン種と呼ばれるようになりました。なおこの後、19世紀半ばまでブルボン種は外界から完全に孤立し、遺伝的独自性を保ったまま島を離れることはありませんでした。

ティピカ種と並ぶコーヒーの伝播におけるもう1つの重要な潮流であるブルボン種の系統。このコーヒー品種の普及には、スピリタン（Spiritan：聖霊会衆）として知られるフランス人宣教師団、“フレンチ・ミッション（French Mission）”が大きな役割を果たしたことが知られています。1841年に最初のミッション（布教）がラ・レユニオンに到達すると、そこから1859年にアフリカのザンジバル（Zanzibar）、1862年にはバガモヨ（Bagamoyo：タンザニア沿岸、当時はタンガニカ）とセント・オーガスティン（Saint Augustine：現ケニアのKikuyu）、1893年にはブラ（Bura：現ケニアのThaitha）へ到達します。中南米への伝播ルートでは、1860年にブラジル南部のカンピーナス近郊（Campinas）に最初に導入され、その後、北上して中央アメリカ諸国に広まっていくこととなります。こうして各ミッションの移動に伴ってコーヒーの木が植えられていきました。

アフリカでの興隆では、バガモヨの苗木が現在のタンザニアのキリマンジャロ地域（Kilimanjaro）に導入され、プランテーションを設立する目的で栽培が始まります。1930年には、モシ近郊（Moshi）のリアムンゴ（Lyamungo）にあるタンザニアの研究所がコーヒー育種プログラムを開始し、バガモヨ近隣のプランテーションで採取された優れた苗をもとに種子選抜（Mass Selection）※を行いました。この研究所は、現コーヒー研究所であるTaCRI（Tanzania Coffee Research Institute）の前身にあたります。なお、ケニアのセント・オーガスティンの苗木は、同国の広い範囲の高地に植えられることとなります。

※ 種子選抜：個体選抜とも呼ばれ、「特定の個体グループをその優れた性能にもとづいて選択し、これらの種子を増産して新しい世代を形成させる」といったプロセスを繰り返すこと。

近年のDNAフィンガープリントを用いた遺伝子技術による分析では、コーグ種（Coorg：クールグとも言う）や、ケント種（Kent）といった古いインド系統の品種はブルボン種の子孫に連なっていることが判明しています。これは1670年にババ・ブーダンによってイエメンからインドにもたらされた7つの種子に、ブルボン種とティピカ種の両方の遺伝グループが含まれていた可能性を示しています。この事実により、1696年と1699年にオランダ人がインドから種を運搬した時点を境に、ティピカ種とブルボン種の伝播系統が分離したことが確認されました。

参考文献

- Carol Robertson: The Little Book of Coffee Law, AMER BAR ASSN, 2011

参考サイト

- History of Arabica

ブルボン種

3

コーヒーの品種

イエメンから世界に旅立ったティピカ種とブルボン種、この2つの品種は伝播の過程で変異、または交配し、今日における多様な植生を育んできました。現在、多くの生産国では様々な風味特性を現す品種が栽培されており、様々な生産国に根づいたコーヒーは、栽培エリアの土壌＝テロワール（Terroir）※を反映した風味を体現しています。商業用耕作に用いられている品種には複数の系統があり、ここではそれぞれの系統に分類される品種を簡潔に紹介していきたいと思います。なお、品種としてはバラエティ（Variety）という英語が一般的に使用されますが、特定の地域に根ざし、かつ長い期間にわたって耕作用に栽培されてきた品種はカルティバー（Cultivar）とも呼ばれます。

※ テロワール：「風土」、「土地の個性」という意味のフランス語。ワインの世界で一般的に使われる言葉で、気象条件（日照、気温、降水量）、土壌（地質、水はけ）、地形、標高など、作物畑を取り巻く全ての自然環境を指す。

世界的栽培品種 World Cultivar

世界的に伝播したティピカ種、ブルボン種を祖先に持つ品種系統です。これらの系統は、中南米やエチオピアを除くアフリカ諸国で繁栄してきました。

■ ティピカ Typica

イエメンを起源に持つ重要品種です。樹勢と果実は大きいものの、実成はやや少なく、生豆は長方形で平たい大判型になります。インドネシアなど古い伝播系統の因子が残っているものは実が縦長で生豆の先端が細い、いわゆるロング・ベリー形状（Long Berry）を持つこともあります。甘さと質感に優れ、酸は柔らかでカップ・クオリティ（Cup Quality）※は良好ですが、草のような風味が出やすく、秀逸と言うほどではありません。伝統品種であることから、多くの農園がティピカ種を喧伝していますが、遺伝的整合性がとれているケースはあまりなく、信憑性に乏しくなっています。

※ カップ・クオリティ：コーヒーの味覚/官能評価による品質区分。

インドネシアのスマトラ・ティピカ種

■ ブルボン Bourbon

ティピカ種と同じくイエメンを起源に持つ重要品種です。実成は多く小ぶりで、横軸の節ごとにまとまった果実群を形成するのが特徴です。生豆は長方形になりますが、この品種も古い因子が発現すると縦長のロング・ベリーになることがあります。明確な酸と甘さを持ち、カップ・クオリティは良好ですが、植物やナッツ様の青い風味が出やすいのが特徴です。ティピカ種より多産なため、ブルボン種は現在も中南米で栽培されていますが、病害虫に耐性がないため、耐性品種に植え替えられることが多く、採用例は減少傾向にあります。

■ カトゥーラ Caturra

ブラジルのミナス・ジェライス州（Minas Gerais）で、1915年頃に発見されたブルボン種の自然変異種です。カトゥーラはグアラーニ語で“小さい”という意味があり、その名の通り、コーヒーの木は矮小化し、密植が可能になりました。実成も親のブルボン種より多く、特に中米で多く採用され、他品種のパフォーマンスを比較するうえでのベンチマークの役割を担うほど広く普及しました。味わいはブルボン種に似ていますが、やや大味で、カップ・クオリティは平均的です。病害虫に耐性を持たないため、こちらも近年植え替えが進んでおり、採用例は減っていっています。

■ イエロー・ブルボン Yellow Bourbon

1930年にブラジル、サン・パウロ州（Sao Paulo）のペデルネイラス（Pederneiras）にある農園で発見された、黄色に熟す品種です。実の色が黄色に変異したティピカ種＝イエロー・ボトゥカツ種（Yellow Botucatu）と通常のブルボン種が自然交配して生まれました。発見後は、特に収穫量も多くなく、あまり広まりませんでしたが、スペシャルティ・コーヒー※の台頭により高品質化を目指す農園での採用が多くなりました。黄色種は刺激が少なく、果肉の甘さが赤色種より強いため、カップ・クオリティも甘さが際立ち、比較的クリーンな特徴を持ちます。

※ スペシャルティ・コーヒー：1978年にエレナ・クヌッテン（Erna Knutsen）氏によって提唱されたコーヒーの概念。特殊な地理的微気候が生み出す特徴的な風味特性を持ったコーヒー豆を指す。

黄色種

■ ムンド・ノーボ Mundo Novo

1943年にサン・パウロ州のミネイロス・ド・ティエテ（Mineiros do Tiete）で発見されたティピカ種とブルボン種の自然交配種で、ポルトガル語で"新世界"という意味を持ちます。ブラジルを代表する品種であり、現在でも広く普及しています。やや樹高が高いことが好感を持たれず、中米やアフリカではあまり広まりませんでした。実成はやや多いものの、特に卓抜した風味は持ち合わせておらず、カップ・クオリティは平均的と言えます。

■ カトゥアイ Catuai

ムンド・ノーボとカトゥーラの交配種で、ブラジルのカンピーナスの試験場、IAC（Instituto Agronomico de Campinas）で1949年に開発された品種です。実成が多く、矮小種であるため収穫量に優れ、ブルボン種の2倍程度の収穫量が見込める品種です。ブラジルで広く採用され、赤色種、黄色種など様々なバリエーションが存在しています。明確な酸を持ち、カップ・クオリティはやや良好で、青さやナッツ臭などがやや出にくい品種です。しかし、エレファント・ビーン（Elephant Bean）※やシェル（Shell）といった奇形が若干発生することがあります。

※ エレファント・ビーン：通常は1粒のコーヒー豆が奇形によりやや大きく結実する成熟異常。エレファント・ビーンは2つに分裂することがあり、象の耳の形状に似たイヤー（Ear）と、貝殻形状に似たシェルに分かれる。

■ ヴィジャロボス Villalobos

コスタリカに渡ったティピカ種が変異し、矮小化した品種です。木は矮小化したものの実や生豆の大きさはティピカ種と同じ、またはやや大きいスクリーン（Screen）※を持ちます。親となったティピカ種より草のような風味が出づらく、良好なカップ・クオリティを表します。

※ スクリーン：コーヒー生豆の粒サイズの単位で、SC1は1/64inを表す。一般的なコーヒー業界ではSC14〜18の篩が用いられる。

■ ヴィジャ・サルチー Villa Sarchi

1950〜1960年にかけてコスタリカの北西部、アラフエラ（Alajuela）で発見された品種です。ブルボン種の単一変異種の1つで矮小化しました。発見地となったサルチー村（Sarchi）にちなんで名付けられたとも言われています。親のブルボン種やブルボン変異種のカトゥーラ種に比べて青い味やナッツ臭の顕在率は低く、カップ・クオリティに優れ、明るい酸を持ちます。

■ パカス Pacas

エルサルバドルで発見されたブルボン種の矮小化変異種です。1949年にエルサルバドルのサンタ・アナ（Santa Ana）にある、パカス家（Pacas）の農園で発見され、そのまま“パカス”と名付けられました。木は小ぶりでかなりの矮小化を遂げた品種ですが、高いカップ・クオリティを誇り、甘さや質感などに優れます。子孫のパカマラ種のポテンシャルの高さは、このパカス種由来ではないかと評する向きもあります。

■ マラゴジーペ Maragogype

1890年にブラジルのバイーア州（Bahia）で発見されたティピカ種の変異種です。親のティピカ種の1.5倍のサイズに成長し、かなり巨大な樹勢を誇ります。実や生豆も大きなスクリーン（粒）で、大判型の形状を持ちます。発生が古いため遺伝的に安定している品種です。親のティピカ同様、やや草のようなニュアンスやハーブのような風味を表すことがありますが、土壌や気候が適合すれば南国フルーツのような風味を現すことがあり、ポテンシャルの高い品種です。

■ パカマラ Pacamara

エルサルバドルで発見された、マラゴジーペ種とパカス種の交配種です。マラゴジーペ種同様巨大な樹勢を誇り、実や横枝、生豆など全てにおいて大柄に成長します。グアテマラのウエウエテナンゴ地区にあるエル・インヘルト農園（El Injerto）で栽培されたパカマラ種が、品評会において類まれな風味を現したことから脚光を浴び、知名度が上昇しました。カップ・クオリティは大変高く、青リンゴや南国フルーツのような風味のほか、強い甘さと質感を兼ね備えることがあります。親のマラゴジーペ種やパカス種よりもハーバルな風味や青臭さが出にくい特徴があります。

パカマラ種の完熟果実

一般的なアラビカ種（左）とパカマラ種（右）の葉の比較（左2枚が裏で右2枚が表）

■ マラカトゥーラ Maracaturra

ニカラグアで発見されたマラゴジーペ種とカトゥーラ種との交配種です。大粒品種の中で最も大きい樹勢を誇り、全てにおいて巨大な生育を見せます。カップ・クオリティは良好ですが、パカマラ種ほど華やかな風味を持つことはあまりありません。ややハーバルな印象になりやすいものの明るい酸を持ち、繊細な風味を現します。

■ ケント Kent

インドで発見されたティピカ種の自然変異種です。1911年にケニアで植えられ始め、1920年代には生まれ故郷のインドでも広く植えられるようになりました。ケント種はこの品種発見に関わったプランターのケント（Kent）氏にちなんで名付けられました。親のティピカ種同様、やや大きく結実します。ケニアでは1934年に東部のメル郡（Meru）で一般的な品種になりました。甘さと酸のバランスが良く、良好なカップ・クオリティを現します。

■ SL28

かつてケニアに存在した品種研究所である、スコット・ラボラトリー（Scott Agricultural Laboratories＝現KALRO：Kenya Agricultural and Livestock Research Organization）で種子選抜された品種です。この品種はフレンチ・ミッションを起源とするブルボン種の系統であるとされ、1935年にタンガニカ旱魃耐性種（Tanganika Drought Resistance）と呼称されていたコーヒーの木の選抜種です。実は、やや丸い形状を持ち、中～大の大きさに育ちますが、エレファント・ビーンによるイヤーやシェルといった奇形生豆が一定量発生します。明るい柑橘系の酸が特徴でボディもあり、印象度の高い品種でカップ・クオリティに優れますが、その真価は植えてから50年以上経ってから現れるとも言われています。

SL28種の若木

■ SL34

SL28種と同じく、1930年代にケニアのスコット・ラボラトリーで種子選抜された品種です。長らくフレンチ・ミッションによるブルボン種系統と見られていましたが、近年ではティピカ種系、あるいは全く違う系統ではないかと考えられています。カップ・クオリティに優れ、SL28種同様明るい酸を持ちますが、特に強い甘さとしっかりしたボディが現れやすいのが特徴です。

■ アルーシャ Arusha

タンザニアの北部のアルーシャ高地（Arusha）が発生地と見られ、この地名にちなんで名前が付けられました。ティピカ種、もしくはブルボン種に連なる系統と考えられている品種ですが、はっきりしていません。ティピカ種程度の大きさの実が成り、スクリーンとしてはブルボン種よりやや大きく結実します。カップ・クオリティは良好で、甘く滑らかな質感を持ちますが、土壌のポテンシャルが低いと、やはり草のような風味が現れてカップの清涼さを阻害することがあります。

■ ラウリーナ／ロウリナ Laurina

ブルボン種の故郷であるレ・ユニオン島で、ブルボン種からの突然変異によって誕生した品種です。ブルボン・ポワントゥ（Bourbon Pointu）とも呼ばれます。菌類を原因とする病害のため、

1950年の輸出記録を最後に絶滅したと思われていましたが、野生での生育が確認され、2002年に流通が再開されました。カフェインの含有率が少ないのが特徴ですが、生豆の形も独特で、大きさは通常の生豆の約半分のサイズ、そして両端が鋭角にとがる形状を持ちます。近年では中南米、特にブラジルでの採用が多くなっています。味わいはナッツ感が優勢になりやすいものの、嫌気性発酵を用いたロットではベリー系の風味が豊かなものも存在しています。

■ モカ / モッカ Mocca

ティピカ種やブルボン種などのイエメン発の系統に属するものの、どちらの変異種であるかは明確に判明していない品種です。発生源はエチオピアのハラー地区近郊（Harra）と見られています。遺伝的には上記のラウリーナ種に大変近く、モカ種もかなり小さい矮小種として発生しました。ラウリーナ種と同じようにカフェインの含有率が低く、木は円錐形でコンパクトな形をしています。メキシコ経由でグアテマラに伝播した系統や、1955年にハワイに伝播した系統があります。それほど明確な酸を現すことはなく、甘さやナッツ様の風味が優勢になりやすい特徴を持ちます。

エチオピア原生種 Ethiopian Accessions

エチオピアの固有種、またはこれらの遺伝系統に連なる品種群です。エチオピアの森林では1,000種以上に及ぶ原生種が育まれているとされ、そのうちのいくつかが土着品種（Local Landrace）として、各栽培エリアにおける代表的な耕作品種として選抜されていきました。

■ ウスダ USDA762

1956年にアメリカ農務省（USDA：United States Department of Agriculture）がインドネシアのジェンベル（Jember）にある研究所に紹介した品種です。正式には230762という品番が与えられており、末尾3桁の“762”で認知されるようになりました。国連の職員によってエチオピアの南西部、ベンチ・マージ県（Bench Maji）のミザン・タリファ（Mizan Tarifa：ゲイシャ種の経由地としても知られる）から収集された品種群の中の1つで、インドネシアの西ジャワのボゴール（Bogor）に持ち込まれた後は、スマトラ島のアチェ州（Ache）にあるガヨ高地（Gayo）に広まっていきました。樹勢や病気の耐性はゲイシャ種に似ているものの、ウスダ種はインドネシアでの選抜が進んだため、異なるカップ・クオリティを示し、柔らかい酸と甘いナッツ様の風味を持ちます。

■ ジャバ Java

アビシニア種（Abyssinia）あるいはロング・ベリー種（Long Berry）とも呼ばれるこの品種は、19世紀初頭にオランダによってエチオピアからインドネシアのジャワ島に持ち込まれました。当初はティピカ種と思われていましたが、遺伝子分析の結果、エチオピアのアビシニア高原に起源を持つ品種であることが分かりました。実成はそれほど大きくなく、生豆は縦に細長い形状をしています。中南米にはコスタリカを経由して伝播しました。潜在的なカップ・クオリティは高く、土壌が適合すればフローラルなアロマと、上品な柑橘系の酸をもたらします。一方で、ナッツ臭や青い味も発生しやすいため気難しい品種でもあります。

■ ゲイシャ／ゲシャ Geisha/Gesha

1931年にエチオピア西部、ベンチ・マージ県のゲシャ（Gesha）の森で採取されたとされる品種です。当時は、さび病（CLR：Coffee Leaf Rust）※に対抗できる品種として選抜が進められましたが、木が高くて横枝が長いといった大柄な樹勢と実成の少なさ、そして枝自体のもろさが生産者に好感を持たれませんでした。中米にはコスタリカを通じて伝播し、パナマのドン・パチ農園でさび病対策目的で採用されました。その後、2004年のパナマの品評会であるベスト・オブ・パナマ（BOP：Best of Panama）で、エスメラルダ農園（Hacienda La Esmeralda）のゲイシャ種がその類まれな風味で1位に入賞したことにより一躍有名になりました。縦長でロング・ベリー形状を持つ実は大変秀逸なカップ・クオリティを誇り、エチオピアを思わせるようなフローラルなアロマや、鮮やかな柑橘系の風味を現します。パナマに渡った系統以外にはアフリカのマラウィに伝播したゲイシャ種や、ポルトガルを経由してエチオピアに再輸入されたゲイシャ種などがありますが、いずれもパナマ・ゲイシャとは異なるキャラクターで、抜きん出た風味を感じさせることはあまりありません。

※ さび病：黄色い金属さびのようなものが葉の裏に繁殖し、落葉してしまう病気。ヘミレイア・バスタトリクスという真菌によって引き起こされる。

ゲイシャ種

■ ゴリ・ゲシャ2011 Gori Gesha 2011

エチオピアでは珍しい私営農園である、ゲシャ・ビレッジ・コーヒー・エステイト（Gesha Village Coffee Estate）が独自に開発/選抜したオリジナル品種です。ベースはゲイシャ種の生まれ故郷と言われているゴリ・ゲシャ（Gori Gesha）の森で採取された品種群であり、この品種は同地区における土着品種の混成であるとされています。

■ ゲシャ1931 Gesha 1931

同じくゲシャ・ビレッジによって開発されたオリジナル品種です。この品種は森林で生育しているパナマのゲイシャに似た特徴、つまり縦長の生豆形状を持つ品種群を、形態学的要素（木の形状）とそのカップ・クオリティにもとづいて選抜したものです。1931年は初めてパナマ・ゲイシャが採取されたとされる年であるため、末尾の1931は、これにあやかって名付けられたと考えられます。

■ ルメ・スダン／スダン・ルメ Rume Sudan

アフリカの南スーダンの東部で発見された品種で、ボマ高原（Boma）のマルサビット（Marsabit）と呼ばれる熱帯山岳地帯が原産地です。やや大きく縦長な実を付け、カップ・クオリティは高く、ベリーなどのフルーツ・キャラクターを現します。病気に強い特性があり、コーヒー・ベリー・ディジーズ（CBD：Coffee Berry Disease）※に抵抗力を持つことから、多くの他品種とかけ合わされ、様々な耐性品種や改良種が誕生しました。単一種での栽培は、インマクラーダ農園（Café Inmaculada）をはじめとしたコロンビアの特殊農園プロジェクトで見られます。

※ コーヒー・ベリー・ディジーズ：コーヒーの実が壊死して落果する病気。コレトリチュム・カハワエという真菌によって引き起こされる。

ルメ・スダン種の青実

■ 74110, 74112, 74148, 74158, 74165

1974年にエチオピアの研究所である、JARC（Jimma Agricultural Research Center）で選抜された品種群です。いずれもイルバボア県（Illubabora）のメツ（Metu）の森林で母木が採取されました。先頭の“74”は採取年月である1974年の末尾2桁を表しています。これらはCBDに対抗する目的で採取された後、品種選抜を経て、エチオピア全土に配布されました。コンパクトな樹勢や小さい実が特徴でカップ・クオリティは高く、特にゲデオ県やグジ県での採用例が多くなっています。

■ ウシュ・ウシュ Wush Wush

ウシュ・ウシュはエチオピア南東部の村の名前で、1975年に配布が開始されたCBD耐性種754と、2006年にリリースされた選抜種の2種類が“ウシュ・ウシュ”と名付けられました。エチオピア国外ではコロンビアで選抜されたウシュ・ウシュ種が存在しており、伝播系統は不明であるものの、2000年代初頭にコロンビアのブカラマンガ（Bucaramanga）、アシエンダ・エル・ロブレ農園（Hacienda El Roble）で初めて採用されました。甘さの印象が強く、滑らかな質感を持ちます。エチオピア特有のフローラルさはあまり感じられません。

■ チチョ・ガヨ Chicho Gallo

エチオピアのアマロ・ガヨ（Amaro Gayo）というエリアのプランテーションからパナマに持ち込まれたエチオピア原生種です。ヴォルカン地方（Volcan）にあるハートマン農園（Hertmann）のオーナーのニックネームである“チチョ（Chicho）”にちなんで、チチョ・ガヨと名付けられました。パナマの品評会であるBOPでもゲイシャ種外でのエントリーで入賞実績があります。

ハートマン農園のチチョ・ガヨ区画

耐性品種／改良品種 Hybrids

異なる特性を持った品種同士を人為的にかけ合わせることで、様々な特性を付加した品種群です。開発にあたっては化学的手法や、人工授粉などの技術が用いられています。

■ S795／Selection 3

インドの研究機関であるCCRI（Central Coffee Research Institute）で選抜された品種です。リベリカ種の因子を持つSelection 1（別名S288）種とケント種を交配させることで誕生しました。この品種は1944〜45年にかけてインドに広まっていき、現在ではインドの主力品種として認知されています。インドネシアでも採用されており、ジュンベルまたはジェンバー（Jember）と呼ばれています。収穫量が多く、カップ・クオリティもほどほどで、実も大きく結実するのが特徴です。また、さび病に耐性を示すことが確認されています。

■ ティモール・ティムール Timor Timur

1917年にティモール島で発見されたティピカ種とカネフォラ種の自然交配種です。1978年に種子が収集され、翌年の1979年にスマトラ島（Sumatra）のアチェ州に植えられました。アラビカ種とロブスタ種は染色体の数が違うので交配できないと考えられていましたが、自然偶発的に発生しました。この品種はティモール・ハイブリッド（Timor Hybrid）とも呼ばれ、現代におけるハイブリッド系品種の始祖となり、カトゥーラ種の交配種ラインを“カティモール（Catimor）”、ヴィジャ・サルチー種との交配種ラインを“サルチモール（Sarchimor）”と言います。現在、アジアや中南米では、さび病に対抗するためにこうしたラインのハイブリッド品種群が重宝されています。

ガヨ1（Gayo1）と呼ばれるティモール・ティムール種

■ アテン Ateng

ティモール・ハイブリッド種とカトゥーラ種との交配種で、俗に言うカティモールに属します。強い樹勢を保ったまま矮小化したため、インドネシアではポピュラーな品種になりました。主にスマトラ島を中心に植えられています。アチェ州のアチェ・テンガー（Aceh Tenggah）に植えられたことから“アテン”と名付けられました。

■ シガラール・ウータン Sigarar Utang

アテン種の発展形、またはティモール・ハイブリッド種とブルボン種との交配種と言われますが、はっきりしません。研究所などで開発された品種ではなく、1988年に北スマトラのリントン・ニフタ（Lintong Nihuta）、パラニンガン村（Paraningan）の農園で採取された品種です。Sigarar Utangは、現地のバタック語（Batak）で「負債を返済する」という意味があり、おそらくはその多い実成と、樹勢の頑強さが生産者の収益向上に貢献したため、こういった名称を与えられたのだと考えられます。

■ バリエダ・コロンビア Variedad Colombia/Colombia F4

コロンビア種は雑種4世代目、通称F4品種と呼ばれる、祖先のティモール・ハイブリッド種とカトゥーラ種の代から数えて5世代目にあたる品種です。1950年以降にコロンビアに広く分布していたカトゥーラ種の木は、それまでのブルボン種やティピカ種よりも収穫量が多い品種として採用されていましたが、さび病やその他の病害虫に対して脆弱でした。これを危ぶんだコロンビアの研究機関であるCENICAFE（Centro Nacional de Investigaciones de Café）は1968〜1982年にかけて5世代にわたる交配試験を実施し、コロンビア種（バリエダ・コロンビアとも言う）が誕生することとなります。この品種は1986年に同国で初めて蔓延した、さび病禍に先駆けてその耐性を示し、まさに国の経済危機を救いました。赤、黄の2つのカラーバリエーションがあり、カップ・クオリティは良好で、ややハーバルな印象はあるものの明確な酸を現します。ベースはハイブリッドですが、肥沃（ひよく）な土壌と高い標高で栽培されれば純粋なアラビカ種に遜色（そんしょく）ない風味を持つことが確認されています。

■ カスティージョ Castillo F5

上記コロンビア種の後代品種です。2005年にリリースされたこの品種は、研究者であるハイメ・カスティージョ（Jaime Castillo）氏からその名を継承しました。コロンビア種によって、さび病蔓延の災禍を回避したコロンビアでしたが、次に発生するであろう新たな病害虫の災禍に備えるべく、引き続き新品種の開発に着手していました。2000年代初頭に南米に上陸したCBDによってCENICAFEは早急の対策を迫られ、開発研究の末、カスティージョ種が誕生しました。2008年にコロンビア全土で実施された、大規模な品種植え替え政策によって栽培件数が増加し、現在のコロンビアを代表する品種の1つになりました。カップ・クオリティも良好であるため業界では好感を持たれています。

■ レンピラ Lempira

カトゥーラ種とティモール・ハイブリッド832/1種との交配種で、カティモール系と呼ばれる品種の1つです。この品種の正式品番はT8667となっており、ホンジュラスのIHCAFE（Instituto Hondureño del Café）で種子選抜されたものをレンピラ種、コスタリカで選抜されたものをコスタリカ90種（Costa Rica90）、そしてエルサルバドルで選抜されたものをカティシック種（Catisic）と呼びます。コスタリカの研究機関であるCATIE（Centro Agronómico Tropical de Investigación y Enseñanza）が、ブラジルのヴィソーザ連邦大学（Universidade Federal de Viçosa）から雑種5世代目（F5）のT8667を入手した後、個人の農園主たちに配布され種子選抜がなされたのが、こうした複数のバリエーションが誕生した背景となっています。レンピラ種はさび病への耐性をすでに失いましたが、カップ・クオリティは良好で、ホンジュラスのカップ・オブ・エクセレンス品評会でもこの品種のロットが1位になったことから、ハイブリッド系品種の潜在能力の高さを示しました。

■ パライネマ Parainema

ヴィジャ・サルチー種とティモール・ハイブリッド832/2種との交配種にT5296種というサルチモールがあり、このT5296種をホンジュラスで種子選別したのがパライネマ種です。根に寄生する害虫、ネマトーデス（Nematodes）に耐性があり、これ以外にもさび病やCBDにもやや耐性を示します。生豆はロング・ビーンで、一見するとゲイシャ種やピンク・ブルボン種にも似ています。リン酸様の構造のしっかりした酸が特徴で、味わいに凝縮感があります。

■ マーセレサ／マルセジェッサ Marsellesa

パライネマ種と同じくヴィジャ・サルチー種とティモール・ハイブリッド832/2種との交配種であるT5296種をベースとしたサルチモールです。スイスのコーヒー大手商社であるE-COMとフランスの研究機関、CIRAD（Centre de coopération internationale en recherche agronomique pour le développement）による共同開発によりニカラグアで生まれました。さび病に耐性があり、CBDにも若干耐性を持ちます。マルセジェッサ種は成熟が早く、収穫期に雨に降られても落実しないほど実成が頑強です。上記のパライネマ種とカップ・クオリティは似ており、構造のしっかりした酸や甘さに特徴があります。近年ではメキシコでも採用されています。

■ セントロアメリカーノ H1 Centroamericano H1 F1

サルチモールであるT5296種とルメ・スダン種との交配種です。さび病に耐性を持つだけでなく大変多産で、通常の中米の品種と比べて22～47%ほど実成が多い特性があります。2010年に中米に紹介されたこの品種は、高標高かつ適切なマネージメントが施されれば高い品質ポテンシャルがあることが確認されており、開発にあたってはフランスのCIRAD、中米研究連盟のPROME CAFÉ、そしてコスタリカのCATIEが関わりました。セントロアメリカーノ種は、近年よく見られるようになった混成品種であるF1系品種の1つで、数々の望ましい特性を保持しているものの、誕生までに多くの品種が交配されているため、遺伝的に安定していない特性があります。当代で発現している病害虫の耐性やカップ・クオリティは、次世代で確実に変異してしまうため、植え替えに至っては研究所などから新たな苗や種子を購入する必要があります。

■ ミレニオ H10 Milenio H10 F1

上記のセントロアメリカーノ種と同じT5296種とルメ・スダン種との交配種で、F1系に属する品種の1つです。開発の経緯も全く同じで、ある意味これらは兄弟品種とも言えます。コスタリカでの採用実績があり、カップ・クオリティに優れていることから、中米でこの品種のロットを見かけることが増えてきました。

■ カシオペア / カティオペ Casiopea/Catiope F1

セントロアメリカーノ種やミレニオ種と同時期に開発されたF1系品種です。カトゥーラNo.7種とエチオピア原生種であるET41種との交配種で、カネフォラの因子を持たないハイブリッド系品種です。コロンビアやグアテマラでの採用が最近見られるようになってきました。通常の中米品種よりハーバルな風味が少なく、かすかにエチオピアを思わせるような酸や風味が特徴です。

F1ハイブリッド種群

ハイブリッド	L13A44 Centroamericano	L12A28 Milenio	L4A5 Esperanza	L2A30	L13A22 H3	L4A34 Casiopea
親品種	Sarchimor T5296 ×Rume Sudan	Sarchimor T5296 ×Rume Sudan	Sarchimor T5298 ×Ethiope 25	Caturra 9 ×Ethiope 15	Caturra 9 ×Ethiope 531	Caturra 7 ×Ethiope 41
さび病耐性	耐性あり			脆弱		
オホ・デ・ガヨ耐性	脆弱					
コーヒー・ベリー・ディジーズ耐性	耐性あり		脆弱	不明	脆弱	
ネマトーデ耐性	耐性あり			不明	脆弱	
生産性	とても高い		Caturraより優れる			とても高い
栽培適正標高	800～1,500m			1,200m以上		
栽培密度	4,000～5,000本/ha					
カップ・クオリティ（標高1,200mの場合）	極めて高い		とても高い			

ルイル 11 Ruiru11 F1

ケニアで採用されているF1系品種です。大変早生な特徴があり、苗を植えてからわずか2年で収穫が可能です。1968年に蔓延したCBDによって年間生産量の50%を失ったケニアでは、この病気に早急に対応することが望まれ、1970年代にその名前のもとにもなった、ルイル地区(Ruiru)の研究所で開発が強力に推し進められました。こうして1985年にリリースされたのがルイル11種です。ブリーダーは密植が可能であるようにコンパクトな木であることを重視しましたが、アフリカで選好されていたカップ・クオリティの良い品種は樹高の高い木でした。そこで長い年月をかけて、それぞれの品種の良い部分を集積させる、コンプレックス・ハイブリッド(Complex Hybrid)と呼ばれる交配方法が採用されることとなります。こうして生まれた品種はCBDの耐性をルメ・スダン種、ティモール・ハイブリッド各種、K7種などから獲得し、高いカップ・クオリティをN39種、SL28種、SL34種、ブルボン種などから受け継ぐことに成功しました。

ルイル11種の青実

バティアン Batian F1

ルイル11種の5世代後の品種(F5)を父方として、3種類の品種のかけ合わせで誕生した品種です。開発はケニアの農務局であるKALROが行いました。CBDに耐性があり、さび病にも少し耐性を持ちます。樹高が高い木はカップ・クオリティが良いものの、病害虫に弱い場合があり、こうした品種に樹勢の強い品種をかけ合わせることで両方の特性を得ることを可能にしています。バティアン種はカップ・クオリティが高く病害虫に耐性があるので、特に品質重視の小規模生産者に向いているとされ、2010年代に入ってからケニアでの採用例が急速に増加しています。なお、"バティアン"はケニア山の最高峰の名前でもあります。

系統不明、その他

詳細な出自が不明な品種や、コフィア・アラビカ種外の品種です。昨今では地球温暖化による将来のコーヒー産地の不適耕作地化を懸念して、アラビカに限らない様々な品種の開発、発掘などが加速化しています。また、潤沢な資本を活用した農園プロジェクト（エステイト・コーヒー）では、農園独自に品種開発や選抜を行う事例も増えてきました。

■ ピンク・ブルボン Pink Bourbon

コロンビアのウィラ県にあるアセヴェド（Acevedo）の町で発見された、浅い赤に色づく異色系品種です。さび病に強く、実成が多く、肥料の使用量が少なく、良好なカップ・クオリティを誇るといった、生産者にとって望ましい特徴を多く兼ね備える珍しい品種です。当初はブルボン種とイエロー・ブルボン種との交配種、または何かしらのカティモール系品種であると見られていましたが、近年のリサーチでは、エチオピア原生種の因子があることが確認されています。生豆は縦長のロング・ベリー形状で甘さが強く、フローラルな香りが感じられることから評価の高い品種に一躍躍り出ました。

ピンク・ブルボン種

■ チロソ Chiroso

コロンビアのアンティオキア県（Antioquia）にあるウラオ（Urrao）という町で昔から植えられてきた品種で、寒さに耐性があることから高標高での栽培に向いているとされています。長らくカトゥーラ種であると思われてきましたが、実際はエチオピア原生種の系統であることが近年判明しました。“チロソ”の名称は、2014年のCOEの優勝者であるカルメン・モントーヤ（Carmen Montoya）氏が名付けましたが、当時はまだカトゥーラ種での表記になっています。モントーヤ氏によると、この品種は大変収穫量が多いのにもかかわらず、生豆の形状は古いブルボン種のように縦に長いものだったとのことです。チロソ種は、エチオピア系に多いフローラルなキャラクターよりもフルーティな甘さを持つ特徴があります。

■ オンブリゴン Ombligon

コロンビアのウィラ地方が発生地として見られている新しい品種です。Ombligonはスペイン語で“へそ”を意味し、その名の通り、縦長で特徴的な実の形をしています。ウィラ地方で著名なエル・ディヴィソ農園（El Diviso）での扱いがよく知られており、オーナーのネストル・ラッソー（Nestor Lasso）氏によると、エチオピア原生種の系譜に属するのではないかという見方がされており、コロンビア国内での交配や自然変異を経て、コロンビア在来種の特性も併せ持ったと考えられています。現在も様々な意見があり、パカマラ種、カトゥーラ種、ブルボン種、カスティージョ種などの多くの品種が変異前の母体品種候補に挙がっています。ややフローラルな印象があり、コロンビアらしいボディ感と甘さが感じられ、濃厚な味わいがあります。

■ ティピカ・メホラード Typica Mejorado

エクアドルのピチンチャ地区（Pichincha）にあった、ネスレ（Nestle）所有の試験農場で開発された品種です。エチオピア原生種（ゲイシャ種という説もある）とブルボン種の交配種を数世代にわたって種子選抜することで誕生しました。かすかにゲイシャ種やエチオピア系を思わせるフローラルなフレーバーがあり、上品な印象を持つ品種です。エクアドル外ではコスタリカで採用例が増えました。名称が“改良型ティピカ”（Mejorado＝改良）となっていますが、インドネシアのジャワ島からの伝播でティピカ種、ゲイシャ種、アビシニア種などが混在して、いわゆるティピカ種として伝わったものを品種改良したため、このような名称になったと考えられます。

■ シドラ Sidra

ティピカ・メホラード種と同じくネスレの試験農場で開発された品種で、2019年のワールド・バリスタ・チャンピオンシップ（WBC：World Barista Championship）で優勝したバリスタが使用したことから、脚光を浴びるようになりました。当初はティピカ種とブルボン種との交配種と考えられていましたが、近年の遺伝子分析によってエチオピア原生種の系統であることが判明しました。しかし、別機関の分析ではSL種の要素も示唆されています。ネスレの試験農場では選抜が完了されなかった品種が複数あり、シドラ種もその中の1つとされています。なお、“シドラ”の名前は近くに植えられていた同名の樹木の名（Sidra）にちなんだものです。エクアドル外ではコロンビアで栽培されています。実や生豆は基本的には縦長の形状をとりますが、ロットによっては丸みを帯びたものも散見されます。カップは甘さと質感が強く、印象度の高い品種です。

■ サン・ロケ・ケニア San Roque Kenia

大手コーヒー・ロースターであるスターバックス・コーヒー・カンパニー（Starbucks Coffee Company）がタンザニアに所有する、ファーマー・サポートセンターで確認された品種です。SL28種そのものであるとも言われますが、詳細ははっきりしていません。この品種はコスタリカのウエスト・ヴァレー地方のグレシア（Grecia）にあるサン・ロケ（San Roque）に持ち込まれ、同地での栽培が始まりました。名前はこの地域名からとられ、タンザニア出身であるにもかかわらず、“サン・ロケ・ケニア”と呼ばれるようになりました。2000年代のスターバックス・コーヒー・カンパニーとコスタリカの生産者とのつながりは大変強く、同社向けコーヒーの生産を目的として、こうした品種が伝播したことが推察されます。DNA的にSL種系統なのかは不明ですが、味わいはSL種に近く、明るく良好で、近年のコスタリカCOE品評会では入賞実績がかなり多くなっています。

■ ユージノイデス / エウヘニオイデス Eugenioides

コフィア・アラビカ種の親にあたるコフィア属であり、このユージノイデス種とカネフォラ種の交配によってコフィア・アラビカ種が誕生したとされています。スクリーン・サイズは大変小粒で、カフェイン含有率も同じくかなり低い特徴があります。酸が少なく、甘さと質感に優れるためエスプレッソの大会などで重宝されるようになりました。栽培例は多くないものの、コロンビアのインマクラーダ農園では特殊な生産処理を施したロットが展開されています。

ユージノイデス種の花

参考文献

- Bekele, G., Hill, T.：A Reference Guide to Ethiopian Coffee Varieties（2nd ed.）, Counter Culture Coffee, 2018

参考サイト

- Coffee Varieties Catalog

4

栽培
（育成、メンテナンス、病害虫）

コフィア・アラビカ種に連なる品種の多くは、比較的早く生育する植物であり、種をまいてから最短で3年目に果実を収穫することが可能です。播種を行って苗を生育するためには内果皮に覆われた状態であるパーチメント・コーヒー※が必要で、含水率が20%程度あることが望ましく、これ以下では発芽しないとされています（発芽することもある）。よって、生豆をそのまままいてもコーヒーを栽培することは基本的にできません。

※ パーチメント・コーヒー：内果皮（パーチメント）に覆われている脱殻（だっかく）前のコーヒー生豆。

発芽したパーチメント・コーヒーは園芸用ポットなどに1株ずつ移され、ナーサリー（Nursery）と呼ばれる日陰の種苗場に運ばれます。ここで20㎝ほどに生育した苗はその後農園の土壌に植えられ、数年の時を経て結実するまでゆっくりと育てられます。

ナーサリーで生育されている苗木

生産国におけるコーヒーの耕作品種はその多くが背の低い矮小種ですが、そのまま生育を続けると樹高が高くなり過ぎてしまいます。収穫量を増やすには樹高を高くすることも1つの方法ではありますが、高い位置にある実に栄養を運ぶのに時間がかかり、同時に木の成長や樹勢維持のために栄養を消費してしまいます。そもそも樹高が高いと人の手が届かず収穫が困難になってしまうため、通常は2mくらいに生育した段階で、主軸（Main Stem）の新芽（Top Leaf）を切り落として上部への成長を止めることが一般的です。

こうして播種から3年経ったコーヒーの木は初の収穫を迎え、これ以降は毎年実をつけることができるようになります。コーヒーの実は新たに伸びた横軸の節に成っていくため、年数を重ねると横に大きく張り出るように成長します。よってある程度の期間が経過したら剪定を行い、横軸を短くする必要があります。

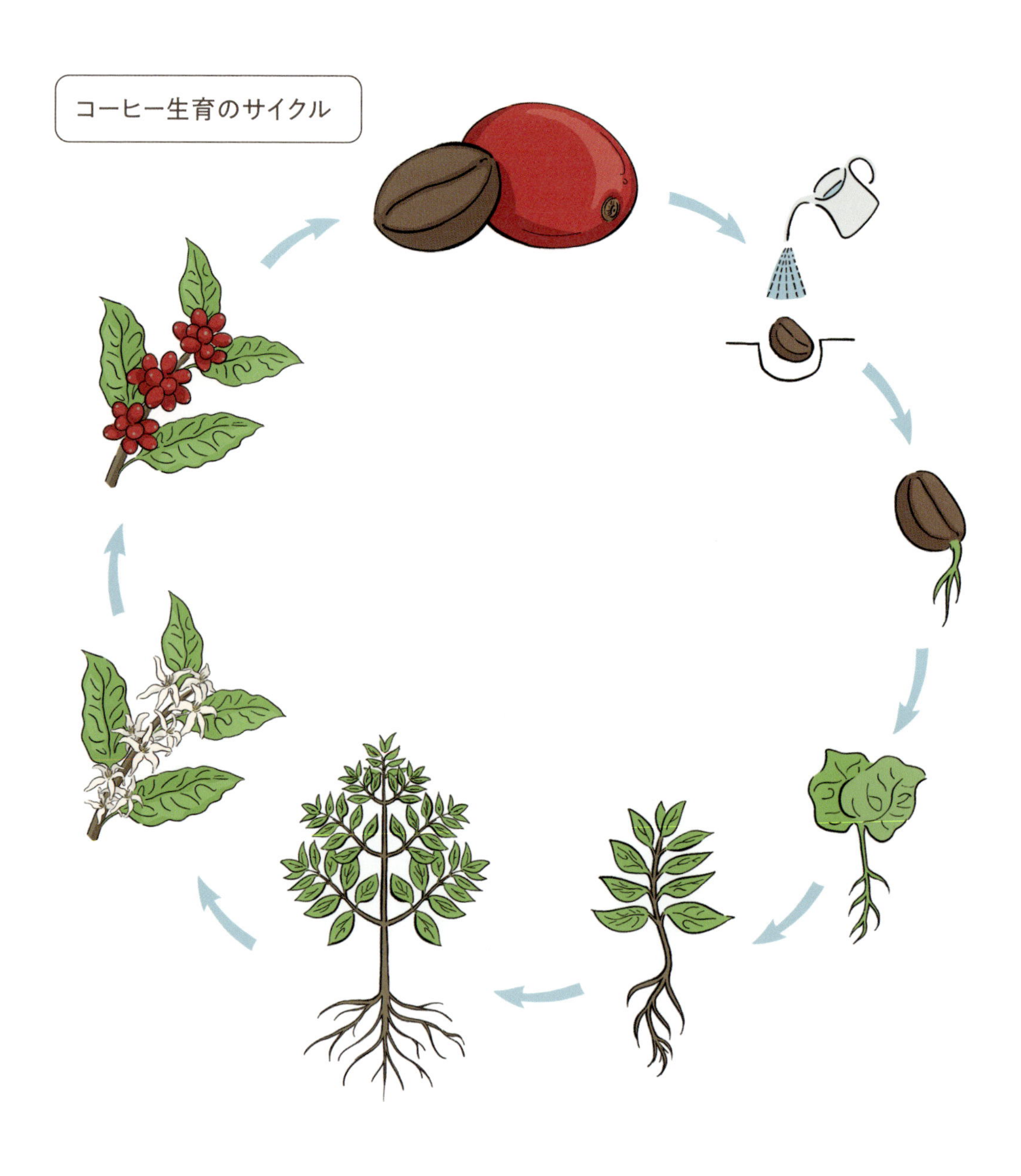

剪定とカット・バック

　収穫のサイクルは通常7～10年程度にわたって行われますが、主軸から伸びた横枝は大きくなってしまい、木全体の活力も低下していきます。この段階（種をまいてから7年以上たったコーヒーの木）までくると、木に活力を取り戻すための措置が必要になり、主に2つの剪定方法がコーヒー農園では採用されています。

- スケルトン・プルニング（Skeleton Pruning）
- スタンピング/カット・バック（Stumping/Cutting Back）

スケルトン・プルニング

スタンピング

スタンピング後に新しい主軸が生えたコーヒーの木

スケルトン・プルニングは主軸のみを残して、横枝を短く切り詰める剪定方法です。新たに伸びる横枝は主軸からの距離が近く（根からの距離が近い）なるため、果実に多くの栄養を供給することができるようになります。この剪定方法では比較的早く収穫サイクルに復旧することが可能であり、早ければ翌年には実を収穫することができるため、メリットの大きいリフレッシュ方法としてよく活用されています。

スタンピング（カット・バックとも言う）は、木を土壌の上から20㎝ほど残して切り落としてしまう手法です。文字通り、切株になったコーヒーの木の横から新たに数本の新芽が上に伸びていきますが、このうち活力が強い2、3本程度の新芽を残して剪定します。残ったこれらの新芽が新たな主軸となっていくのですが、複数残す理由は収穫量を増やすためです。このスタンピングでは再度収穫するまでに時間がかかり、種をまくのとほぼ同じ期間＝およそ3年程度を必要とします。上記のスケルトン・プルニングより時間はかかりますが、木の活力は新たにコーヒーを植えるのと変わらないくらいまで復元することができます。

農園運営では、収穫量がその年の売り上げに直結するため、散逸的にスケルトン・プルニングやスタンピングを行うと利益が数年にわたって減少してしまいます。減益のリスクがあるため、こういった木のリフレッシュ措置は計画的に行われることが通例で、農園独自のノウハウが活用される部分でもあります。国や地域によっても異なりますが、次にニカラグアのスペシャルティ・コーヒー農園で行われているリノベーション・スケジュールの一例を紹介します。

スケルトン・プルニングでのリノベーション・サイクル

- 農園内の栽培エリアを4分割する
- 毎年農園面積の1/4のエリアごとにスケルトン・プルニングを行う
- 毎年常に最大収穫可能量の70%程度を維持する

同じリフレッシュ作用のあるスタンピングは収穫までに数年を要するため、より綿密なリノベーション計画を考える必要があります。特に無計画なスタンピングは、想像以上の収穫量の減少を招く場合があるので注意が必要です。スタンピングは、実質的にはコーヒーの木の植え替えに近い方法ですが、新たに種苗を育成するよりコストは低く、栽培エリア内の活力の弱い木に限定的に行うなど、応急処置的に用いられることもあります。

1年の栽培サイクル

ある程度栽培の概要がつかめたら、次はコーヒー栽培における通年のメンテナンス・サイクルについて、収穫後をスタートとして見ていきたいと思います。

収穫後

生産国における収穫後の時期は冬のような季節にあたります。この時期は乾季である場合が多く、季節柄収穫後の実を乾燥させやすい気候になっています（山間部の生産地は天候が変わりやすく、突発的に雨が降ることがある）。

収穫後の最初の仕事は、収穫時に取り切れなかった実や不良果実の除去、そして長く伸びた横枝の剪定といった、いわゆる木の衛生管理になります。ここでの作業を怠ると、コーヒーの木にストレスが蓄積して活力が失われ、腐敗した実や葉などが病害虫の温床となってしまいます。掃き出された余剰果実や除去果皮、葉などは石灰をまいて消毒し、鶏糞や卵の殻などと混ぜて肥料として再利用します。切り取られた横枝などは、生産者や住み込み労働者の煮炊き用の薪として使用されることもあります。

施肥

実が成ると多くの栄養が消費され、さらに実の重量（2〜3kg程度の加重）がかかるため、木に多くのストレスがかかります。収穫後の木は大変疲弊しており、休息を必要としています。衛生管理と剪定が終わった後は肥料を散布しますが、この他にも土壌を保護するためにマメ科の植物を植えたり、干した藁などを土壌の上に展開するマルチング（Mulching）※を行うことによって土壌の乾燥や流出、肥料の流出を防ぎます。こうしてコーヒーの木を休めながらも十分に栄養を与え、次の収穫のための土台を整えていきます。

※ マルチング：植えた植物の地表面（株元）をビニールや植物、藁などで覆うことで、雑草の発生や水分の蒸発、病害虫の発生を防ぐ農業技術。

休息を経たコーヒーは活力を取り戻し、多くの葉と枝を茂らせます。木の健康状態を目視で判断する際には、全体的な木の勢いと葉の様子を観察しますが、樹勢が強いと病害虫への抵抗力が期待され、横枝の本数が多いと収穫量の上昇が見込まれます。また、葉の枚数が多くて艶や光沢があると、栄養状態が良好であることがうかがえ、果実の品質向上が期待されます。

健康な木を育てるためには土壌管理もそうですが、しっかりとした根を地面に張らす必要があります。一般的には、地上で見えるコーヒーの木の樹勢をそのまま反転させたものが根の状況を表しているとされており、樹勢が強く大きい品種は根が強く広く張っている傾向があります。根は深い方が多くの栄養素を吸収できると思われがちですが、実は根にも種類と役割があり、大きく分類すると縦根と横根に分かれます。このうち、縦根はほぼ1本の太い根で形成され、栄養や水分吸収よりもコーヒーの木を安定させる土台、いわゆるアンカー（錨）の役割を果たします。より深い根は安定した生育を可能とし、横風などの外部要因にも良好な抵抗力を持ちます。横根は文字通り、水平方向に伸びる無数の細い根で、これらは土壌の表土に近く、無数に展開されます。横根はコーヒーの木の安定性にはあまり寄与しませんが、主に水分や栄養素を吸収する役割を持ちます。よって、コーヒー栽培の際には表面に近い土を柔らかく保つことで横根を張りやすくさせ、土壌をマルチングすることで表土の含水率を上げながら、栄養素に富んだ肥料が流出しないようにメンテナンスすることが重要になってきます。

開花

コーヒーの品質を占ううえで大変重要な行事である開花。休息期のコーヒーの木は成長しながらも眠っているような状態ですが、雨を感知するとスイッチが入り、開花プロセスを開始します。降雨が開花のシグナルになるため、雨季がもたらす雨を合図に無数の白い花が横枝に沿って咲きます。この時期のコーヒーの木は、まるで雪化粧をしたかのように美しく、白く細い五弁の花々がジャスミンのような香りを放ちます。

雨季は急速に湿度が高まるため、菌類による病気感染のリスクが増大します。そのため、この時期までには土壌保護（マルチング）の措置一切を撤去して水はけを良くし、風通しの良い清潔な環境を農園内に保つ必要があります。また、必要に応じて除草剤や農薬を散布します。この時期の病気としてはオホ・デ・ガヨ（Ojo de Gallo）※、フォーマ（Phoma）※、さび病などがありますが、このうち、さび病が最も脅威であり、致命的なものとなります。

コーヒーの花

※ オホ・デ・ガヨ:コーヒーの葉に大きな斑点が生まれる病気。鶏の目に似ていることからスペイン語でOjo de Gallo(鶏の目)と呼ばれる。ミセナ・シトリコロールという真菌によって引き起こされる。
※ フォーマ:葉や枝の先端が寒い条件下で壊死して、黒く焼ける病気。フォーマ・タルダという真菌によって引き起こされる。

降雨に関しては、ある一定の期間にわたってまとまった雨が降ることが望ましいとされます。降雨量が不足すると木が渇水してしまい、十分な開花を得ることができないだけではなく、実をつけても果実が適切に育たなくなります。また、逆に雨季が長く、大量に降る場合には気温が低下し、花振るい※による落花で収穫量が大幅に減少する恐れがあります。気象条件はコーヒー栽培に大きな影響を与えますが、中南米の場合はエル・ニーニョ(El Nino)※現象で降雨不足、ラ・ニーニャ(La Nina)※現象では降雨過多が引き起こされます。

※ 花振るい:開花期における低温や降雨、雄しべや雌しべ、花粉、柱頭といった花卉(かき)形成不良などを原因とする落花現象。
※ エル・ニーニョ:赤道付近の東太平洋で、海面水温が平年より高くなる現象。中南米の生産地で旱魃(かんばつ)をもたらすことがある。
※ ラ・ニーニャ:赤道付近の東太平洋で、海面水温が平年より低くなる現象。中南米の生産地で長雨をもたらすことがある。

■ 結実

コーヒーの果実は開花から6か月ほどで収穫が可能になるため、比較的長い時間をかけて果実は成熟していきます。最初青く小さい実は、生育が進むにつれて大きく膨らみ、赤色品種であれば、熟度が上がるにしたがって濃い赤色に変色していきます。結実後はそれほど水を必要としませんが、あまりにも渇水が続くと実の生育不良が発生してしまいます。旱魃は山間部の生産地では稀ですが、ブラジルや東アフリカなどで発生することがあります。灌漑はコーヒー栽培ではあまり一般的ではないものの、ブラジルでは雨量不足を補うために行われており、標高が低くかつ比較的規模の大きい農園ではピボット式の灌漑設備を導入しているところもあります。

結実期は果実が生育する期間であるため、熟度が増すにつれて害虫の発生も多くなってきます。そのため、この時期も必要に応じて農薬を散布します。この時期に発生しやすい病気としてはCBDが挙げられ、特にアフリカでは脅威とされています。害虫の類ではコーヒー・ベリー・ボーラー(Coffee Berry Borer)※が最も致命的であり、この発生が確認された場合は、汚染区画全体が植え替えになるほど深刻な事態になります。

※ コーヒー・ベリー・ボーラー:コーヒーノキクムシというゾウムシの仲間の幼虫が果実内に侵入し、生豆を食い荒らす虫害。ブロッカ(Broca)とも言う。害虫の類ではコーヒーにとって最も被害が甚大で根絶が難しい。

赤く熟した実

■ 収穫

コーヒーの実が膨らんで十分な熟度に達すれば、いよいよ収穫です。コーヒーの実は熟度が高い方が糖度や有機酸などの栄養素を豊富に含むため、風味豊かなコーヒーになる可能性が高くなります。一方で、熟度の足りない果実は糖度が低く、渋味や穀物様の風味を持つため、コーヒーの品質を高く保つためには、いかに熟度の高い果実を収穫するかがカギとなります。適切な熟度に達した果実は枝離れが良く、軽くひねるだけで果実を採取することができます。

しかし、熟度が足りない場合には枝から外れにくく、外れても果実側に梗が残ります。よって、手収穫（Hand Pick：ハンド・ピック）における熟度の選定は比較的容易な部類に入ります。しかし一方で、果実の熟度が高過ぎる（過熟）場合には、発酵による腐敗臭や実の収縮によるバクテリア由来の薬品臭が発生する恐れがあるので、適切な熟度の見極めには注意が必要です。

カウ・ブラッド色（Cow Blood：牛の血）までに熟度が高まった収穫直前の実

収穫は緯度や標高が低い生産地から始まり、時間差で緯度や標高が高いエリアに進んでいきます。温暖な地域では熟度の進行が早く、冷涼なエリアでは熟度の進行が遅くなります。コーヒーは高い標高の方が品質は高いとされますが、これは日照が柔らかい（山間部では日光がさえぎられる）ため、木と実はゆっくりと成長して栄養を多く蓄えることができるのと、夜間の気温が低くなることでコーヒーの代謝が低下し、糖分や有機酸の消費が抑えられることが理由です。

生産地は山間部であることが多いため、コーヒーの収穫方法は手収穫が主流になっています。この方法は熟度を選別しながら収穫する選別摘果（Selective Picking：セレクティブ・ピッキング）が可能であるため、収穫作業者の練度が高い場合は熟度の高さと均一性を維持しやすくなり、コーヒーの品質が向上します。ブラジルでは耕作面積が広大でかつ平地を形成していることが多いため、機械収穫も一般的な収穫方法として採用されています。機械の出力や実を収穫するエラストマーの材質を吟味すれば、ある程度熟度の高い果実を選別摘果することはできますが、やはり手収穫に比べると熟度の高さや均一性が低下することは否めません。

こうした収穫作業は、ほとんどの生産国では数回に分けて実施します。これはコーヒーの実の熟し方がグラデーションになるためです。基本的には根に近い下の方の実から色づき、中程の実、そして最後に木の一番高いエリアの実が熟していきます。よって、収穫日程を3回くらいに分けて、それぞれが熟すタイミングに合わせて収穫を進めていきます。エチオピアなどは熟し方が均一で、一度に多くの果実が赤く熟しますが、あまりいっぺんに熟してしまうと、収穫時にかなりの人員を揃えることが必要になってしまい、多大な人件費がかかってしまいます。また、一度に全ての実を取り切ることが現実的に不可能であるうえに、収穫量が多過ぎると生産処理を行うウエット・ミルの許容量を超えてしまう恐れもあります。よって、このコーヒーの自然な熟度サイクルは収穫作業者にとっても好ましいものとなっています。

右から1番目と2番目は過熟果実、3番目の実が完熟果実

5

コーヒーの生産処理

コーヒーは焙煎して飲むものですが、一次原料としてのコーヒー生豆は穀物としての扱いになります。食品原料は品質的に安定していることが大前提であり、保管や運搬に支障のないような状態が望まれます。さらにこうした原料はその後の加工に適したものでなければなりません。なお、ここで言う"品質" は風味の優劣ではなく、発酵やカビ、不良豆や異物の混入などがなく、人間が安全に飲めるものであることを指しています。コーヒーの食品原料としての加工は生産地で行われますが、生産者または農協などで行われる加工/精選処理をウエット・ミリング（Wet Milling）、出港直前の輸出業者によって行われる最終精選およびグレーディングをドライ・ミリング（Dry Milling）と言います。コーヒーの味わいの基礎は土壌、栽培方法、品種などが大きな影響を与えますが、特に生産者側で行われるウエット・ミリングはコーヒーの味わいを左右する大変重要な過程です。

コーヒー・チェリーの構成

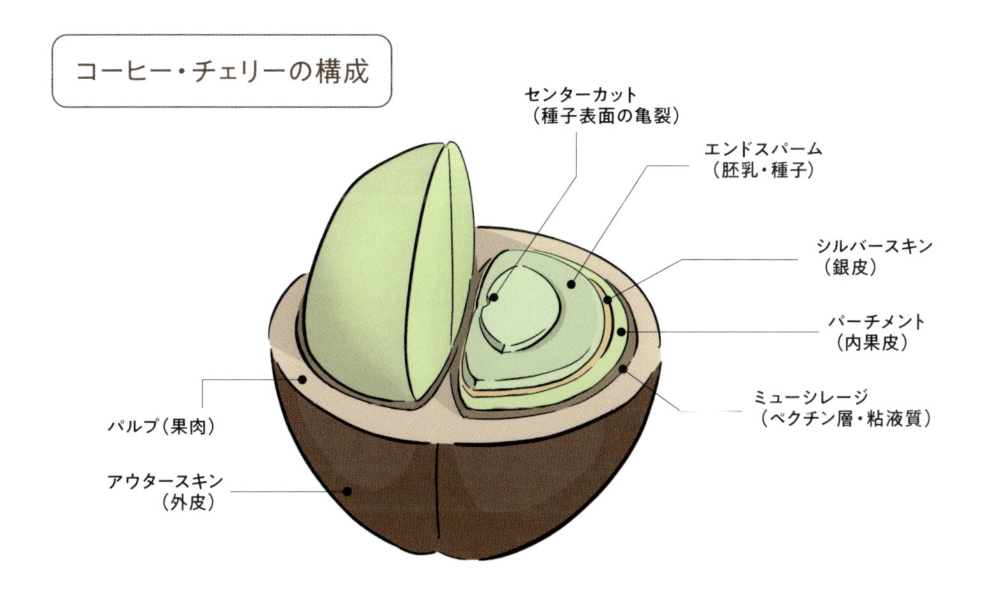

ウエット・ミリング Wet Milling

生産者、または農協などで行われる初期の精選工程で、ウエット・ミル（Wet Mill）という設備を使用します。日本のスペシャルティ・コーヒー業界では、"生産処理" とも呼ばれます。ここでは、コーヒーの実（チェリー）からパーチメント・コーヒーと呼ばれる内果皮が付いた状態の生豆を摘出、または外果皮ごと乾燥させた果実＝ドライ・チェリー（Dried Cherry）※を作成します。パーチメント・コーヒーやドライ・チェリーは比較的長期の保管に向いており、出港直前までいずれかの状態で保管されます。こうした生産処理は生産国のコーヒー栽培事情や意図に沿った精選処理がなされます。精選において、水を使用することからウエット（Wet）と呼ばれますが、ドライ・チェリーの場合は水を使用しないこともあります。

※ ドライ・チェリー：生産処理を行った後の乾燥果実。

精選工程の本来の目的は、品質の安定化と保管のための措置ですが、近年のスペシャルティ・コーヒーのムーブメントの興隆にしたがって、次第に味づくりを目的とした様々な生産処理法が適用されるようになってきました。こうした加工法はプロセス（Process）と呼ばれ、現在ではナチュラル（Natural）、ウオッシュド（Washed）、パルプド・ナチュラル（Pulped Natural）の3つのタイプに大きく分類されています。これらのプロセスは多くの派生形を持ちつつも、特に発展が目覚ましい分野となっています。大変種類が多く複雑な世界ですが、ここでは系統ごとにシンプルな紹介を行いたいと思います。

ピニャレンセ（Pinhalense）製のウエット・ミル設備

ナチュラル Natural

日本では"非水洗式"と呼称されるナチュラル(Natural)は、収穫した果実を実ごと乾燥させる、最も古くから行われているベーシックな生産処理方式です。このプロセスは、コーヒー発祥の地であるエチオピアやイエメン、そして最大の生産国であるブラジルなどで主に採用されています。これらの国々は雨季と乾季の差が明確であり、日照を用いた天日乾燥に適している気候特性があります。ナチュラル・プロセスはそれほど特別な設備を必要としないので、コスト的にも負荷が少ないのが特徴です。

乾燥中のチェリー

ナチュラルのバリエーション

1. ナチュラル(Natural)
2. 果肉臭や発酵臭を伴うナチュラル(Fermented Natural)
3. 嫌気性発酵ナチュラル(Anaerobic Fermentation)
4. 微生物添加ナチュラル(Culture Inoculation)

一般的なナチュラルは、収穫果実（チェリー）をコンクリート・パティオ、または高床式のサスペンデッド・パティオ（Suspended Patio）※と呼ばれる乾燥台で乾燥させます。乾燥には4週間から30日程度かかり、この間にはあまり雨が降らないことが望まれます。降雨の際は黒いビニールで覆うことによって水濡れを防ぎます。乾燥中のナチュラルは、水分の接触によって好ましくない微生物（バクテリア）による発酵が発生することがあり、フェノール臭といった薬品臭欠点のリスクが増大します。この生産処理は、コーヒーに甘さとボディ（液体の重さ）を付与します。

※ サスペンデッド・パティオ：地面から60㎝ほどの高さを持った網目形状の乾燥台。高床式のため乾燥効率が良く、異物やゴミ、ホコリなどの混入を低減することができる。アフリカの生産国でよく使用されることからアフリカン・ベッド（African Bed）とも呼ばれる。

サスペンデッド・パティオ

乾燥の仕上げに使用されることの多いマシン・ドライヤー

オーソドックスなナチュラル・コーヒーにとって、果肉臭や発酵臭はダメージの類に相当するのですが、近年では味づくりのため、意図的に果肉の風味や発酵した香りを付着させるケースが増えています。これら発酵系のナチュラルの作成では、乾燥時に果実を厚い層にしたり、ピラミッド状に積み上げたりすることで、湿度を維持して果実の自立発酵を促します。この方式ではイチゴなどのベリー類や、ワインのような発酵香をコーヒーに付加することができます。

また2010年代に入ってからは、発酵時の環境を調整する方式が採用され始めました。アナエロビック発酵（Anaerobic Fermentation）と呼ばれる生産処理では、密閉タンクを使用して酸素の影響を排除し、嫌気性微生物の活動を優位にした発酵を数日間にわたって行います。なお、より酸素の影響を排除する場合には炭酸ガスを吹き込む技法（カーボニック・マセレーション：Carbonic Maceration）もあります。この方式はワイン醸造における搾汁発酵法を参考にしたもので、この生産処理を行うとコーヒーにラズベリーやバナナ、そして明確な赤ワイン様の風味を付加することが可能になります。反面、発酵温度が上昇しやすいため、過発酵（Over Fermentation）に発展した場合は味噌や醤油などの強い熟成臭が現れ、フルーティな要素が失われるリスクがあります。

微生物添加方式（Culture Inoculation）は上記の嫌気性発酵の発展形です。カルチャリング（Culturing）とも呼ばれており、アルコール酵母や乳酸菌といった嫌気性微生物を添加して発酵を行います。これらは共に雑菌の繁殖を抑え、安定した発酵工程を促すことが可能ですが、乳酸菌を使用した場合には特有の副次物が生成されるため、コーヒーにヨーグルトやバターのような乳酸系の風味が付加されることがあります。発酵環境は気密性の高い密閉タンクを使用するのが基本ですが、密閉せずに開放状態で発酵させる手法も採用されています。

嫌気性発酵中のチェリー

嫌気性発酵用の密閉タンク

ウオッシュド Washed

“水洗式”と呼ばれるウオッシュド(Washed)では収穫した果実の果皮/果肉を剥いた後、内果皮(パーチメント)に付着している粘液質を洗い流してから乾燥工程に入ります。乾燥期間は10日から2週間程度が一般的で、ナチュラルに比べて乾燥日程が大幅に短くなります。ブラジルを除くコーヒーの生産地の多くは山間部が主流で、無数の小規模生産者たちがコーヒー栽培に参画しています。こういった地域は乾燥用に広い面積を確保することが難しく、また天候が変わりやすいため、長期間の乾燥に向いていません。よってパーチメント・コーヒーの段階まで処理を進めることで、乾燥にかかる時間を短縮し、さらに小ロット化することで生産効率を上げる必要があります。

乾燥中のパーチメント

ウオッシュドのバリエーション

1. フリー・ウオッシュド(Fully Washed)
2. メカニカル・ウオッシュ(Mechanical Wash)
3. ソーキング(Soaking/Double Fully Washed)
4. ウエット・ハル(Wet Hull)
5. 酵母発酵(Yeast Fermentation)
6. 嫌気性発酵、微生物添加(Anaerobic Fermentation/Culture Inoculation)

フリー・ウオッシュド(Fully Washed)と呼ばれる一般的な水洗式では、果肉除去と比重選別、そして発酵工程の3種の処理工程が行われます。パルパーという機械で果肉除去されたパーチメント・コーヒーは水路に流され、比重の重たいパーチメント・コーヒーは水路の入り口付近に堆積し、軽いものは遠くに流されます。こうした比重移動を利用して初期の品質選別が行われます(比重選別)。この次は発酵槽と呼ばれるコンクリートタンクによる粘液質の発酵工程です。気温にもよりますが、早い場合は18時間、遅い場合には48時間程度をかけ、自然に存在するバクテリアを利用してミューシレージ（Mucilage）と呼ばれる粘液質を分解します。最後に発酵後パーチメント・コーヒーを水路に流して洗浄し、乾燥工程に進みます。水洗式では、コーヒーの酸は明るくも柔らかく、滑らかなボディを持つようになります。伝統的な発酵は水を多く使用するのですが、近年では環境保全のため水を使用せず、パーチメント・コーヒーをビニールで覆う、ドライ・ファーメンテーション（Dry Fermentation）と呼ばれる発酵方式も主流になってきています。

水洗式では収穫後すぐにチェリーの果肉除去を行うのが原則ですが、あえてチェリーの状態で数日間保管するものがあります。この場合は果肉内での発酵と水洗時での発酵を伴うので、ダブル・ファーメンテーション（Double Fermentation）と呼ばれます。また、コスタリカではこうしたチェリー状態での熟成をレポサード（Reposado）と言います。

ペニャゴス（Penagos）製のアクア・パルパー（Aqua Pulper）と呼ばれる果肉除去機

メカニカル・ウオッシュ（Mechanical Wash）方式ではミューシレージ・リムーバー（Mucilage Remover）と呼ばれる機械を用いて粘液質を除去します。リムーバーの内部には洗濯板のような凹凸を持つ回転体があり、この装置に水とパーチメント・コーヒーを流すことによって粘液質をこすり取ります。なお、除去率は装置の出力を調整することによって変化させることができます。発酵を伴わないため、コーヒーの酸はフレッシュ、かつ鮮やかな印象になります。

ソーキング（Soaking）はフリー・ウオッシュドの発展形で、発酵と水洗を経たパーチメント・コーヒーを再度水槽に戻し、たっぷりの水を使って灌ぐ（ソーキング）方式です。浸漬時間は24時間から48時間程度となっています。この方式は、日本ではケニア式と呼ばれていますが、海外ではダブル・フリー・ウオッシュドという名称で認知されています。コーヒーの清涼さは向上し、滑らかな酸とまろやかなボディがもたらされます。

発酵槽のパーチメント①

発酵槽のパーチメント②

ソーキング中のパーチメント

ウエット・ハル（Wet Hull）は、インドネシアのスマトラ島北部の生産地で最も一般的な生産処理方法です。現地語ではギリン・バサー（Giling Basah）と言います。小規模生産者によって収穫された果実は、各家庭にある手回しのパルパーなどで果肉除去が行われ、摘出されたパーチメント・コーヒーは、一昼夜バケツや水槽などで水に浸された後に粗乾燥されます。こうした生濡れのパーチメントは周辺エリアを巡回するチェリー・コレクター（集果業者）※によって買い取られ、農協や輸出業者によって早い段階で脱殻（だっかく）が行われます。摘出された半乾きの生豆はアサラン（Asalan）と呼ばれ、ウエット・ハル方式では本乾燥もその後の保管も生豆の状態で行われます。この方式で精選されたコーヒーは鮮やかな酸味と、粘性の強い重厚なボディを獲得します。

※ チェリー・コレクター：収穫果実（チェリー）の集荷を専門的に行う中間業者。生産者からチェリー、またはパーチメント・コーヒーを購入し、農協や輸出業者への販売を行う。

酵母発酵（Yeast Fermentation）はイーストを用いたアルコール発酵を行う、フリー・ウオッシュド方式の発展形にあたります。水に満たされた発酵槽にイーストを添加することにより、雑菌の活動分布を減らし、発酵工程の均質化と安定化が促進されます。ブラジルのラブラス大学（Universidade Federal de Lavras）の教授によって推奨され始めた生産処理方法で、ルワンダやブルンジなどの中央アフリカの生産地でも採用されています。コーヒーの清涼さが保たれ、若干の甘みとボディの向上が見込まれます。

水洗式における嫌気性発酵（Anaerobic fermentation）や微生物添加（Culture Inoculation）は、生産工程中のいずれかの段階で行われ、チェリーの状態で嫌気/微生物添加発酵を行った後に、モスト（Mosto）と呼ばれる嫌気性発酵後の液体（いわゆる醪（もろみ））をパーチメント・コーヒーに再添加して二次嫌気発酵および、水洗処理を行う方式があります。コーヒーの味わいはナチュラルの嫌気/微生物発酵に比べて発酵臭が穏やかになり、酸の明るさを感じることができます。

脱殻されたばかりのアサラン

微生物が含まれたモストを添加する生産者

パルプド・ナチュラル Pulped Natural

乾燥期間の短縮を目的にブラジルで開発された、比較的新しい生産処理方法です。名称が固定するまではセミ・ウオッシュド（Semi Washed）と呼称されていたこともあります。乾燥期間がナチュラルより短く、降雨による品質劣化のリスクが低減でき、また換金速度が高まる（乾燥が短いため早く販売できる）ため、様々なメリットのある生産処理方法です。果肉除去機や水路など、ある程度の設備が必要になるため初期投資額は水洗式に近くなりますが、比重選別を利用した品質選別が可能です。

乾燥中のハニー・コーヒー

■ パルプド・ナチュラルのバリエーション

1. パルプド・ナチュラル（Pulped Natural）
2. ハニー・プロセス（Honey Process）
3. 嫌気性発酵、微生物添加（Anaerobic Fermentation/Culture Inoculation）

ブラジルで開発されたパルプド・ナチュラル（Pulped Natural）は水洗式と非水洗式の中間にあたる生産処理方法ですが、ブラジルにおいては水洗式と同等の扱いとなっています。この生産処理方法は発酵槽以外のウエット・ミル設備を使用するため、果肉除去から比重選別の工程において水路を使用することが可能です。パーチメントの粘液質は幾分水溶性でもあるため、水路で運搬するだけで、およそ半分程度が失われていきます。粘性が強く残っている場合は予備乾燥を経て本乾燥に入りますが、一般的な乾燥期間は水洗式と同じく2週間程度を必要とします。味わいはオーソドックスなナチュラルよりボディは軽く、カップの清涼さが感じられ、酸の印象もやや明るくなります。

ハニー・プロセス（Honey Process）は、コスタリカで開発されたパルプド・ナチュラル方式です。完成パーチメント・コーヒーのカラーバリエーションからホワイト（WH）、イエロー（YH）、ゴールド（GH）、レッド（RH）、ブラック（BH）といった種類が存在し、基本的には含有粘液質の量が多く、かつ乾燥がゆっくり行われると色調が濃くなる傾向があります。ホワイト・ハニーはメカニカル・ウオッシュと実質同じで、ミューシレージ・リムーバーで粘液質を除去したものになり、最も酸が明るく軽いボディを持ちます。イエローは一般的なパルプド・ナチュラルに近く、ゴールド以降は粘液質の含有率が100%に迫るため、ナチュラルに近い味わいを持ち、ロットによっては果肉臭や発酵臭を現すものもあります。

レッドやブラック・ハニーなどの高ミューシレージ含有パーチメントでは、乾燥に30日程度かかります。粘性が大変高いため予備乾燥を行ってから二次乾燥に移行し、ある程度水分が抜けてから本乾燥に入ります。粘液質の含有量を高い状態にするためには水との接触を断つ必要があるため、これらの生産工程では原則水路が使えません。運搬には台車などを使用して人力で行う必要があるほか、一度ビニール上で予備乾燥を行わないと乾燥台に固着して、その後の使用に差し支えるため、大変手間とコストのかかる生産処理の1つでもあります。

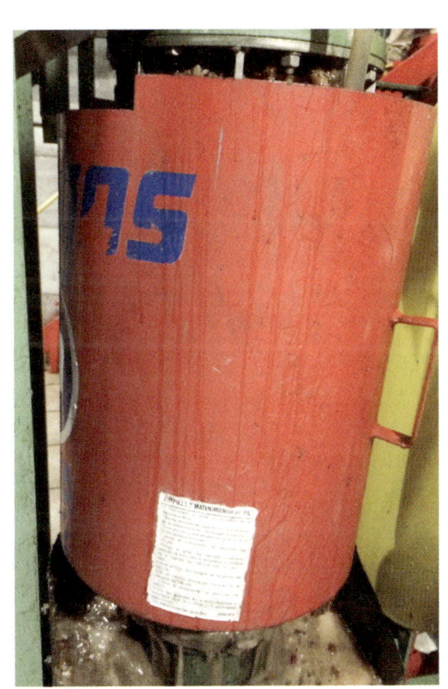

ミューシレージ・リムーバー

レッド・ハニー

ハニー・コーヒー運搬用の荷台
（粘液質含有量の高いパーチメントは
運搬に水路が使用できない）

塊の状態で二次乾燥を行う

パルプド・ナチュラルも今まで紹介したプロセス同様に、嫌気性発酵や微生物の添加がなされたものがあります。密閉タンクを使用することもありますが、穀物用ビニール包材（グレインプロやエコタクトなど）を使用して行う方法も採用されており、粘液質の付着したパーチメント・コーヒーを嫌気環境下で発酵させます。また、こうした際には、別のコーヒーの生産処理、例えばメカニカル・ウオッシュで除去し、余ったミューシレージをさらに添加することで粘液質の含有量を上げ、より糖度の高い発酵を促すこともできます。コーヒーはかなり甘く、シナモンを思わせる砂糖菓子のような風味を持つことがあります。

その他の生産処理

ここまで3つの代表的な生産処理（プロセス）を紹介してきましたが、これ以外にも異なるバリエーションを持つ生産処理が存在します。それがインフューズド・コーヒー（Infused Coffee）とバレル・エイジド・コーヒー（Barrel Aged Coffee）です。これら2種は人為的に風味や香りを添加させる方式で、似たものに焙煎時にキャラメルやバニラなどの香料を添加する"フレーバー・コーヒー"がありますが、焙煎豆に直接添加するのではなく、パーチメント・コーヒーやチェリーの状態で風味を添加するのが特徴です。

❶ インフューズド・コーヒー（Infused Coffee）
❷ バレル・エイジド・コーヒー（Barrel Aged Coffee）

Infuseは“浸漬”を意味しており、このプロセスではオレンジや、マンゴー、イチゴなどのフルーツ、もしくはそれらのピューレを発酵時に添加することで、フルーツの風味を付与します。添加する食材はフルーツのみに限らず、バニラやシナモン、ユーカリ、ミントといったハーブ/スパイスなども使用されるため、味づくりの幅は限りなく広く、様々なバリエーションが存在します。通常では生まれることのないフレーバーを添加することができるため、積極的に導入する生産者が増えていますが、生産処理における透明性のあるトレーサビリティを担保することが難しく、実際にインフューズド処理を行っていても、それを隠して販売するケースがあり、商習慣における倫理的な問題となっています。

バレル・エイジドは使用済みウイスキーやワイン樽に生豆を貯蔵し、樽やお酒の香りを添加する方式です。2015年にアメリカのセレモニー・コーヒー（Ceremony Coffee Roasters）というロースターが初めて実施し、それ以降各地で広まりました。コーヒーは香りを吸着しやすい原料ですが、焙煎を経てもしっかりとした風味を保つためには、少なくとも3か月程度の貯蔵を要します。生産地側で行われるケースも増えてきましたが、あまり時間がかかり過ぎると出港時期を過ぎてしまうため、長期間の貯蔵は実は現実的でありません。

発酵中のパーチメントに添加される生のラズベリー（インフューズド・コーヒー）

参考サイト

- The Washington Post
  Barrel-aged coffee：A morning brew that smells like happy hour

ドライ・ミリング Dry Milling

ドライ・ミリング（Dry Milling）は輸出業者によって行われる最終精選、およびグレーディング（品質等級化）です。ここではドライ・ミル（Dry Mill）と呼ばれる大型の精選ラインを使用してドライ・パーチメント※や乾燥果実の脱殻を行い、生豆を等級別に選り分けて出荷用の梱包を実施します。この精選処理はコーヒーの出港直前に行われ、脱殻されたコーヒーの生豆は麻袋などに梱包されてコンテナに格納されます。ドライ・ミル工程では生豆のスクリーン・サイズや欠点の混入割合から、それぞれの品質に応じた輸出規格が割りあてられて、品質等級が決定します。輸出規格に適合しないコーヒーは輸出できないため、こうした輸出不適合コーヒーはローグレード・コーヒー（Low-grade Coffee）として生産国内で自国消費されます。

※ ドライ・パーチメント：生産処理を行った後の乾燥済み内果皮付きコーヒー。

ドライ・ミル設備

精選前のパーチメント・コーヒー用倉庫

ドライ・ミル工程で取り除かれる夾雑物

ドライ・ミルによる精選と輸出規格化に必要とされる施設は規模が大きく、精選設備が大型であるため、ウエット・ミルほど容易に生産者側で実施することができません。資金力があり、ある程度の規模や設備を備えた農園であれば、輸出業者免許を取得し、ドライ・ミルの設備を持つこともありますが、小規模農園では手に余る大がかりな設備になるため、農協や企業体がドライ・ミルを所有し、輸出業を代行して行うことが基本です。ここでは、それぞれの工程がどのように流れていくのかを順に解説していきます。

ドライ・ミル工程

1. 脱殻：ハリング（Hulling）
2. 風力選別：エアー・ソーティング（Air Sorting）
3. スクリーン選別：スクリーニング（Screening）
4. 比重選別：ディンシティー・ソーティング（Density Sorting）
5. 色差選別：カラー・ソーティング（Color Sorting）
6. 手選別：ハンド・ソーティング（Hand Sorting）
7. 梱包：バッギング（Bagging）

工程の最初は脱殻機を使用してドライ・パーチメントまたは乾燥果実（ドライ・チェリー）から生豆を摘出します。

脱殻機

脱殻された生豆には破砕されたパーチメントや外果皮が混在するため、風を送り込んでこうした夾雑物を除去していきます。この段階では生育が悪く、比重の軽い生豆も除去することができます。

風力選別機（右側）

夾雑物が取り除かれた生豆は穴の開いた篩にかけられ、粒の小さいものが除去されていきます。

篩にかけられることである程度スクリーンが揃った生豆は、次に比重選別にかけられます。小刻みに振動する傾斜台に進んだ生豆は、比重の重いものが高い位置にとどまり、比重の軽いものが低位置に移動していきます。このうち、高い位置を進んでいったものが品質上位になり、中程度の位置のものが低位、最も低い位置のものは国内消費用として選り分けられます。これはウエット・ミルの比重選別と同じで、比重の重たい物体は摩擦力が高くて移動しづらい性質を利用しています。ウエット・ミルで十分な比重選別が行えなかった場合は、このドライ・ミルでの比重選別の精度が、品質区分を行ううえでの最後の関門と言えます。

比重選別機

スクリーンと比重が揃えられた生豆は、色味を測定して不良生豆を除去する色差選別機にかけられます。日本のサタケ製の選別機の導入率が高く、多くの生産国のドライ・ミルで採用されています。ここでは1粒ずつ1列に高速で排出される生豆にレーザーを照射することで色味が判定され、不適切な色合いの生豆をエア・ガンで1粒ずつ吹き飛ばして除去していきます。旧式では1列だった生豆のラインは性能の向上により、16列まで同時に判定することができるようになっています。

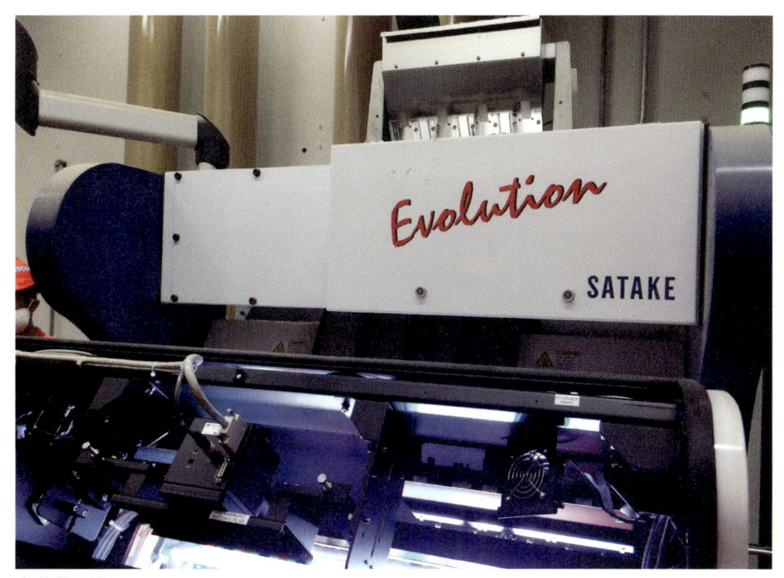

光学選別機

最後は人の手による選別です。熟練の工員によってそれまでの工程で取り除くことができなかった不良生豆を除去（ハンド・ピック）していきます。この工程は品質向上において、とても重要で、ドライ・ミルによっては多くの作業員を動員して行うこともあります。

手選別

最終精選後のエチオピア生豆
上：ナチュラル、下：ウオッシュド

ドライ・ミルの最終工程は梱包です。コーヒーの場合は麻で編んだ頑丈な麻袋に生豆を入れてミシンで縫います。麻袋の規格は国によって様々で、コロンビアを除く南米、アジア、アフリカ：60kg、コロンビア：70kg、中米諸国：69kgなどが一般的な重量となっています。2010年以降は、スペシャルティ・コーヒーの興隆における包材の品質向上が見られ、輸出用の梱包形態に多様性が生まれました。やや小ぶりの麻袋の中に穀物用ビニールを入れたもの（GrainPro、Ecotact）や、真空包材で脱気したヴァキューム・パック（VP：Vacuum Pack）を段ボールのカートン・ボックスに梱包したものなどが現在用いられています。こうした高品質梱包は湿気、汚染などからコーヒー生豆を守り、鮮度維持に大きな効果を発揮しています。

それぞれの梱包形態と一般的な重量

- 麻袋：60〜70kg
- 穀物用ビニール：30〜69kg
- VPカートン：20〜40kg

グレインプロ入り46kg麻袋（左：グアテマラ）
60kg麻袋（右：エチオピア）

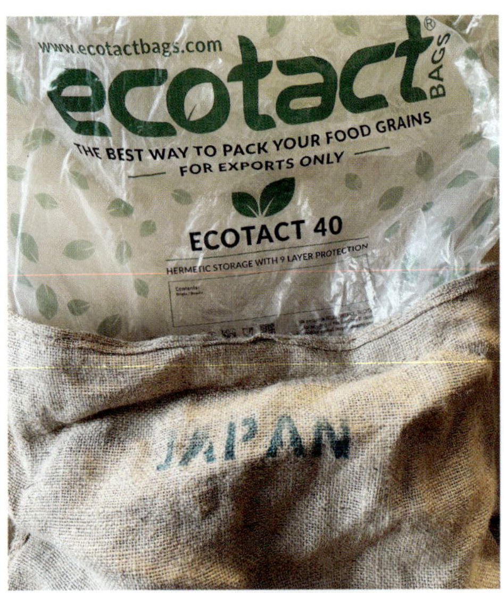

エコタクト製の穀物用ビニール（エチオピア）

アルミ蒸着の高品質VP梱包（ホンジュラス）

カートン・ボックスとビニールのVP梱包（ルワンダ）

6

コーヒーの取引

コーヒーは食品ではあるものの嗜好飲料に該当するため、小麦や米のような穀物と異なり、人間の生命活動に必要な栄養を提供してくれるものではありません。しかし、それにもかかわらず、コーヒーのコモディティ（取引商品）としての世界の売上高は石油に次いで2位の座を保持しており、小麦や金属よりもはるかに大きい、巨大な市場を形成しています。

2023〜2024年にかけての年間コーヒー世界生産量は1億7,430万袋（1袋＝60kg換算）と予測されており、これは重量換算すると1,045万MTに上ります。対して、消費は1億7,020万袋を見込んでおり、こちらは1,021万MTと、需給は大変拮抗した状態になっています。

参考サイト

● USDA

コーヒーは年に一度花を咲かせるため、それぞれの生産国においては基本的に年に一度しか収穫ができません（ケニア、コロンビア、インドネシアなどを除く）。作物全般に言えることですが、その年の天候状況によって作柄や収穫量が大幅に変動するリスクが存在します。また、消費側もある程度仕入れや販売の見込みが立った状態でなければ安定したビジネスを運営することが難しくなります。こうした背景から、将来発生する農作物の売買を、実際の引き渡しの前に行う取引がコーヒーのみならず、様々な農作物を対象に形成されてきました。

こうした将来の取り決めを実際の引き渡しの前に行って商品を売買することを"先物取引"と言い、英語でフューチャーズ（Futures）と言います。取引予定である商品の数量、価格があらかじめ決まっていると、供給者である生産者はそれを見込んだ生産計画を立てることができ、また消費側であるロースターは将来の在庫を確保することで販売計画を立てることができます。コーヒーの原料調達ではこうした先物取引が行われ、市場が形成されています。

コーヒーの先物市場

世界的に流通しているコーヒーの種にはアラビカ種とロブスタ種（カネフォラ種）があり、世界各国それぞれにこれらの先物市場が存在しています。生産国からの売り、そして消費国からの買いによってコーヒーの価格は決定されていきますが、世界的なコーヒーの価格設定に大きく影響を与える重要な市場が2つあります。それがニューヨーク市場とロンドン市場です。

■ ニューヨーク市場：アラビカ

アメリカのニューヨーク州にあるインターコンチネンタル・エクスチェンジ＝ICE. Futures U.S.（Intercontinental Exchange Futures U.S.）で取り扱われるアラビカ・コーヒーの先物市場で

す。アラビカ・コーヒーの消費は、アメリカの需要に応える形でブラジルの作付けが増大した歴史があります。一時期は世界供給の80%を賄うまでにブラジルへの生産依存が拡大したことから、世界で最も消費する国＝北米のアメリカ、世界で最も生産する国＝ブラジルのように、南北アメリカでのアラビカ・コーヒーの取引が世界的に最も大きくなりました。よって、この市場で形成される価格が世界各国でのアラビカ・コーヒーの取引における価格形成の根拠となります。

KC5年チャート（アラビカ） KCは商品ティッカーシンボル＝ID

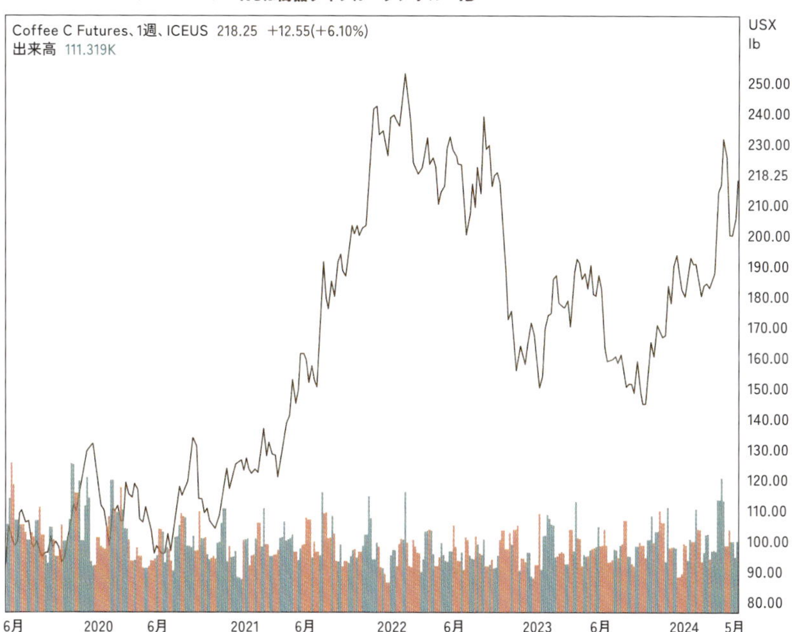

ロンドン市場：ロブスタ

イギリス、ロンドンのインターコンチネンタル・エクスチェンジ・ヨーロッパ＝ICE. Futures Europeで取引されるロブスタ・コーヒーの先物市場です。病害虫に高い抵抗力を発揮し、多産であるロブスタ種は1897年に初めてコーヒーの種（Species）の1つであると公式に認知され、その市場は比較的近年と言える1958年にロンドンに形成されました。ロブスタ種は西～中央アフリカにかけての地域が原産地であり、タンザニアのビクトリア湖周辺から西のエリアが発生地と見られています。アフリカ大陸の北にはヨーロッパ諸国が存在しており、南北アメリカと同じように、北に消費国、南に生産国という配置になっています。世界の金融センターの1つとしての大きな役割を果たしてきたイギリスのロンドンでロブスタ・コーヒーの先物市場が誕生したのも自然の成り行きだと言えるでしょう。こうしてロンドン市場で形成される価格はロブスタ・コーヒー取引における重要な指標となっています。

参考サイト

- The Royal Botanic Gardens, Kew
- The Coffee Guide

RC5年チャート（ロブスタ）

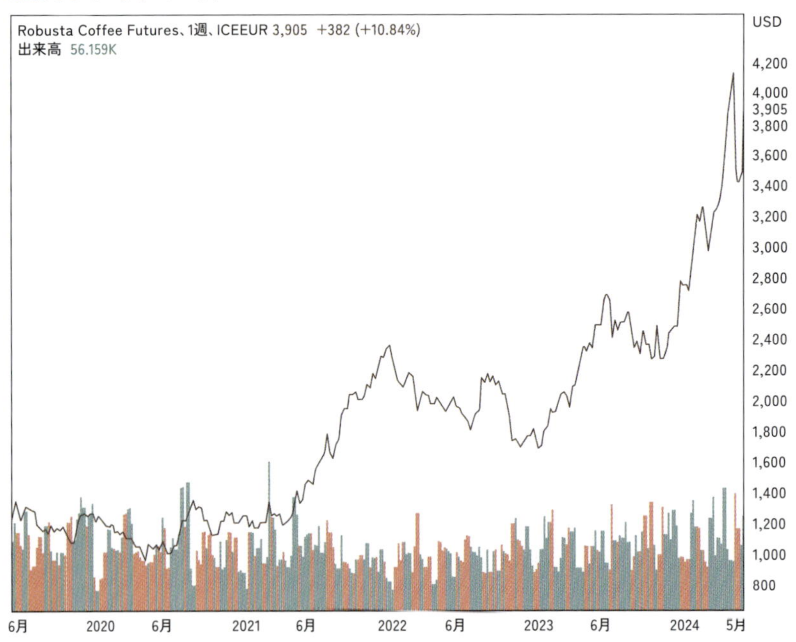

ディファレンシャル取引 Differential

すでに述べた通り、世界各国のコーヒーの取引においては、ニューヨークまたはロンドン市場で形成された価格を根拠として、コーヒーの値づけを行うことが通例です。しかし、コーヒーの生産国はそれぞれ経済基盤も異なれば、生産コスト、生産量、品質も千差万別です。アラビカ・コーヒーの場合、ニューヨークの先物市場で形成される相場価格はその取引量の多さから、大抵は最も安価なコーヒーの価格を示します。ブラジルの輸出規格で一般的な低位のアラビカ・グレードはNo.4/5という規格ですが、世界的生産量の内訳が大きく変わらなければ、大体このNo.4/5のコーヒーの価格を表すようになっています。ブラジルは最も生産量が多く、また安価なアラビカ・コーヒーを生産できますが、他の生産国ではブラジルよりも生産量が少なく、品質や味わいなどの付加価値が異なるため、同じ価格で販売することができません。よって、流通量やそれに付随する需給バランス、品質、付加価値などの“値差”をニューヨークの相場価格に上乗せすることで価格形成を行います。こうした取引はディファレンシャル取引（Differential）と呼ばれます。

世界的な需給バランスで形成される先物市場価格を価格形成の根拠に置くことは、ある意味誰にとっても公平であると言えます。基盤となる相場価格は日々変動しているため、付加価値分の値差を設定して相場価格に連動させておけば、市場のセンチメント（Sentiment：温度感）から乖離して割高になったり割安な価格になったりする心配がなく、確実に値差分のマージンを得ることができます。

ディファレンシャル取引におけるコーヒーの決済価格は、それぞれ限月（Delivery Month）と呼ばれる渡し月を基準に行われることになっており、アラビカ・コーヒーの取引では3月、7月、9月、12月の各限月までに実際の販売価格の値決めと貨物の引き渡しを行うことが定められています。この時、売り手側の裁量で値決めすることをセラーズ・コール（Seller's Call）、買い手側の裁量で値決めすることをバイヤーズ・コール（Buyer's Call）と言います。世界各国ではニューヨーク市場のルールや相場価格に準じて取引を行っていますが、実際にニューヨークの市場を介してコーヒーの売買を行っているわけではありません。よって、生産各国では当該限月の末日までに船積みを行い、この船積み完了時、またはその直前に値決めを行うことが通例です。

このようにディファレンシャル取引は市場原理に沿ったものであるものの、その時の需給状態によって価格が大きく変動するリスクがあります。さらに投機筋と呼ばれるヘッジファンドなどの介入で相場価格そのものが恣意的に操作される場合もあるため、一長一短があります。

ヘッジ Hedge＝つなぎ取引/保険

すでに述べたように、ディファレンシャル取引ではニューヨークの先物市場価格に値差を連動させることで価格的整合性を保つことができますが、やはり値が下がれば生産者の収入が減り、値が上がれば購入者にとって負担になる図式は変わりません。船積み直前の値決め時に相場価格が低調である場合、売り手にとっては全体の価格が低下することによって利益を圧迫する恐れがあり、反対に相場が高騰している場合は値差以上の利益を得ることができます。また、買い手にとっては相場が低調であれば低価格で仕入れることができるものの、相場高騰時には売り手が設定している値差以上に余剰マージンが発生して、コーヒーを高値で購入することになってしまいます。さらに限月や船積み時点での相場価格がどのように変動するかを完璧に予測することはできず、当然その相場価格を操作することも原則できません。

このように将来の不確定な相場価格の変動を相殺するために発明された仕組みがあります。それが"ヘッジ（Hedge）"です。日本では、つなぎ取引、あるいは保険と呼ばれるこの仕組みは、ディファレンシャル取引を用いた先物市場で頻繁に使用され、コーヒーの商品取引における、まさに保険としての役割を担っています。

このヘッジという仕組みは反対売買という取引を行うことで成り立っており、簡単に説明すると、実際の取引と並行して別の取引をニューヨーク市場で行うことで、実際の取引で発生した損益を相殺する仕組みです。

実際に在庫として仕入れるコーヒーの売買を行う際、ニューヨーク市場を介して売買取引は行いませんが、ニューヨーク相場の価格を参照し、それに値差（ディファレンシャル）を加算して価格条件を決定します。例として、ニューヨーク相場が110セントの時にロースターが輸入者と売買契約を結んだとします。この場合、輸入者はロースターへ110セントをベースとした価格で販売します。そして輸入者は、当該の在庫をディファレンシャル取引で輸出者から調達を開始します。輸入者と輸出者の契約締結後の限月、つまり生産国での船積み時に相場が120セントに上昇したとしましょう。この場合、輸入者は上昇した10セント分が余剰損となり、輸出者にとっては10セント分が余剰益になります。

- 輸入者からロースターへの販売額＝110セント（＋利益）
- 輸入者が輸出者から購入するコーヒーの価格＝120セント
- 輸出者の損益＝＋10セント
- 輸入者の損益＝−10セント

この取引は、実際の商品の受け渡しを伴う売買になるため"実需の売り買い"と言います。

この時、上記の取引を行うと同時に、別の取引を今度はニューヨークのコーヒー先物市場を介して行います。先物市場で輸出者が110セントでコーヒーを販売（スポットの売りと言う）、つまり先売りを建てて、輸入者がその110セントのコーヒーを購入します。ニューヨーク市場の取引では限月までにそれぞれの売り建て玉、買い建て玉を反対売買で解消することで実際の貨物の受け渡しを伴わないで、損益だけを発生させることができます（限月を過ぎると実際に貨物を引き取り、または引き渡す義務が生じてしまう）。するとどうなるでしょうか。その後の相場は120セントに上昇するので、それぞれの建て玉をお互いに反対売買で決済すれば、買い戻した輸出者は10セントの損、そして売り戻した輸入者は10セントの益となります。

- 輸出者は110セントで売り建てた玉に対して120セントで買い戻す＝−10セントの損
- 輸入者は110セントで買い建てた玉に対して120セントで売り戻す＝＋10セントの益

この取引は、先物市場で行う売買になるため、"相場の売り買い"と言います。

実需の売り買いで発生した輸入者と輸出者の損益は、相場の売り買いで発生した損益にそれぞれ補填されるので、結果として相場の変動の影響は排除されます。

このようにヘッジは物量が多い先物取引の場合はほぼ必ず用いられており、国によっては、ヘッジを行わないで大幅な損を計上した輸入者に対して重い経営責任を問う場合があります。なぜなら、石油、天然ガス、小麦などといった生活に直結する商品取引で商社や企業が倒産した場合、国内での供給が寸断されることによって、国民の生活インフラを揺るがしかねないからです。

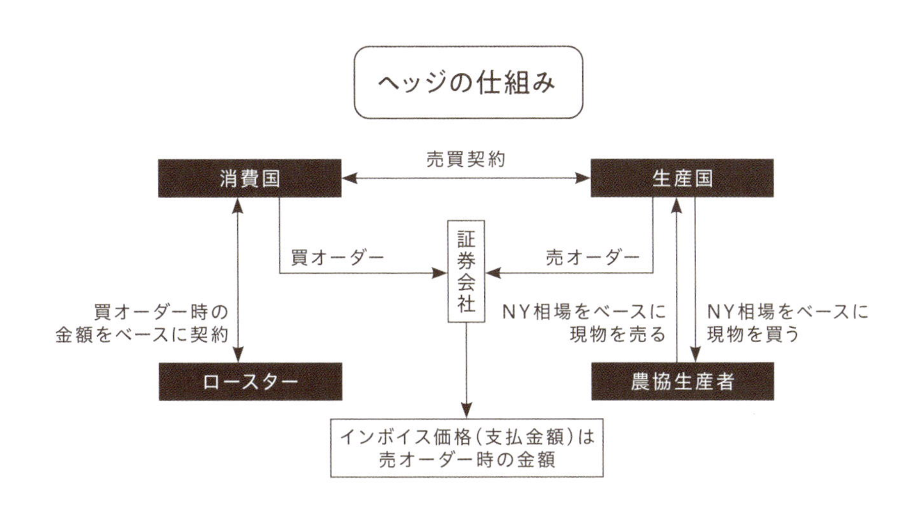

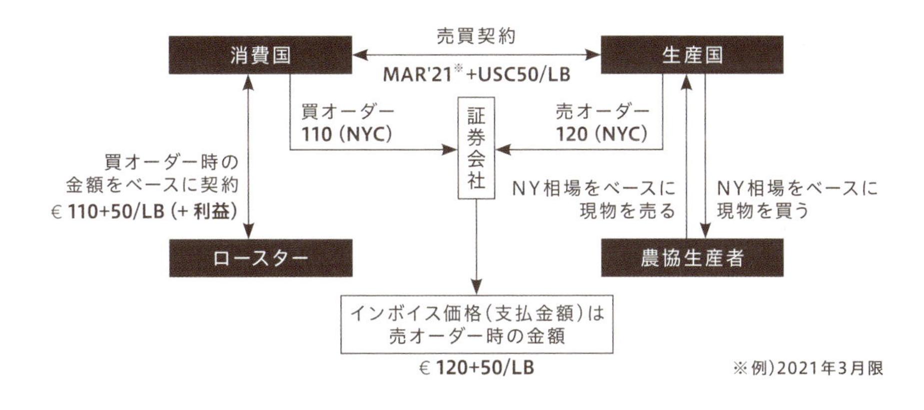

	買い	売り	損益
NY	110	120	＋10
実務	170	160	－10

アウトライト取引 Outright

コーヒーの取引ではヘッジを用いることのできるディファレンシャル取引が主流ですが、これとは別の取引形態があります。それがアウトライト取引（Outright）です。アウトライト取引では、ニューヨーク相場価格に値差を加算して値づけを行うのではなく、実際にコーヒーの生産において発生したコスト、期待する利益を加算して価格形成がなされます。輸出者は輸入者に対してコーヒーのグレード、数量、渡月、価格をオファーし、輸入者と合意のもとに売買契約を締結します。これをサブジェクト・トゥ・コントラクト（Subject to Contract：通称サブコン）と言います。ディファレンシャル取引との大きな違いは、この売買契約が締結された時点で、商品となるコーヒーの価格が固定されることです。このアウトライト取引ではニューヨーク相場を参照せず、契約締結時に売買価格が成立するため価格変動の心配がありません。

比較的高額なコーヒー、例えばフェアトレード、オーガニックなどの認証系や、プレミアム、スペシャルティなどの付加価値型のコーヒーにおいて締結されることの多い取引です。相場に連動したディファレンシャル取引では相場価格自体の落ち込みによって、市場のセンチメントから大きく乖離した値差（ディファレンシャル）を付けられない場合があります。こうした場合には、全体の価格が落ち込むことによってコストや利益を割り込んでしまうことがあるため、付加価値分の利益を得ること自体が難しくなってしまいます。よって、あらかじめ価格が固定されていれば価格変動のない安定した取引を行うことができます。

しかし、一見安定しているように見えるアウトライト取引でも、実は先物市場の影響から逃れることはできません。例えば、ニューヨーク相場が1ポンドあたり120セント台の時に、通常のスペシャルティ・グレードが300セントだったとしましょう。相場価格との乖離は180セントであり、十分付加価値分の値差があると言えます。ですが、2020年頃に発生したブラジルの霜害では相場価格が260セント台に達しました。こういった相場高騰局面では付加価値における実質の値差は40セントにまで減少してしまいます。アウトライト取引では相場価格の上昇に対するヘッジを行うことができません。輸出者は300セントで売買契約を結んでいるため、スペシャルティ・グレードなのに、相場のコマーシャル・グレード（260セント）と比較しても、たったの40セントしか余剰益を得ることができないという見方ができます。

こうした局面では、コーヒーの生産者は輸出者に収めるべきであるコーヒーの契約を一方的に破棄し、換金速度が速い地元の市場でコーヒーを販売してしまうことがあります。これをノン・デリバリー（Non Delivery：契約不履行）と言います。

コマーシャル市場で買える品質と比べて明らかにコストと手間がかかっているコーヒーに対して、上記の値差では生産者の意欲が低下しますし、当然付加価値分の余剰益を得たいという心理が働きます。よって、相場価格が高騰した場合にスペシャルティ・コーヒーなどの付加価値型のコーヒーの価格も上がっていきます。こうして見ると、実は付加価値型のコーヒーにも相場価格に対して付加価値相当の値差（ディファレンシャル）が加算されているとみなすことができます。なお、こういった付加価値における値差は“プレミアム（Premium）”という言葉に置き換えられます。

このようにコーヒーの取引にはディファレンシャル、アウトライトの2種類があり、それぞれの用途や目的に準じて使い分けられています。

マクロ経済が与えるコーヒーの価格への影響

すでに述べた通り、コーヒーは世界で2番目に取引額の多い商品であるため、世界的な需給のみならず、マクロ経済の影響を大きく受けます。日本は消費国なので、生産国から買い付けを行う必要があり、その際に互いの経済事情や為替、インフレなどの要素が複雑に絡み合ってきます。

特に為替については取引自体の基軸が米ドル建てになるため、ドル/円の為替が重要になってきます。下記はコーヒーの取引を行ううえで念頭に置くべき経済指標になります。

為替

- ドル/円
- ドル/レアル

消費者物価指数

- ブラジルCPI※
- 日本CPI
- アメリカCPI

※ CPI：Consumer Price Index＝消費者物価指数

為替

日本でのコーヒーの取引はそのほとんどがドル建てであるため、アメリカにおいての金融政策に大きく影響を受けます。2023年9月現在では、アメリカの政策金利は5%を超え、反対に日本の政策金利は〜0.1%となっています。この場合、日本円では金利が全くつかないため、金利の高い米ドルに世界的な資金が流れ、円安/ドル高に傾倒します。結果、日本への仕入価格は高騰することになります。

USD/JPY 5年（ドル/円）

ブラジルにおいても、同じくドルが高くなると自国通貨が安くなるのですが、この場合はアメリカがブラジルからコーヒーを購入する際に安く仕入れることができます。結果、ニューヨーク相場の価格は軟化します。

2023年後半の時点ではすでに相場が高く推移していたため、為替の影響が日本においては高く、注視すべきポイントであったと言えるでしょう。

■ 消費者物価指数

2021～2022年頃にコロナ禍における現金支給政策を世界各国がこぞって施策しました。これにより世界的なインフレが進行し、ブラジル、アメリカ、日本を含めて物価高が発生することとなります。各国で物品の価格が上昇すれば、当然取引される商品（コモディティ）の価格も上昇していきます。生産国のコーヒーの値上がりはニューヨーク市場での値上がりをもたらし、日本国内で販売されるコーヒー価格も上昇します。

BRCPI 20年（ブラジル消費者物価指数）

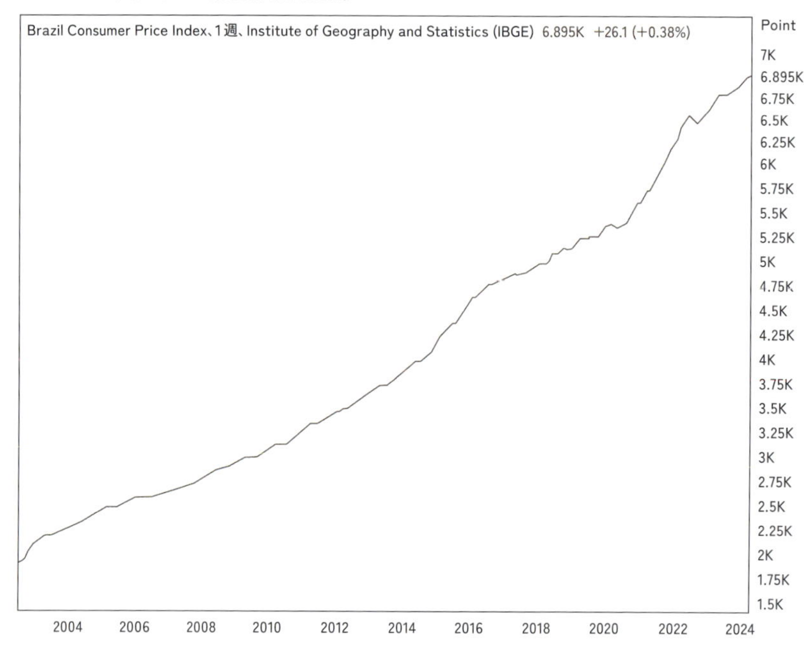

ウォール街のニューヨーク証券取引所ビル向かいに立つFearless Girl（恐れを知らない少女）像（2018年著者撮影）

ニューヨークのOne World Trade Center

7

コーヒーの流通

コーヒーの流通は生産国側（川上）と消費国側（川下）の 2つに大別されます。生産国流通では果実の収穫直後からウエット・ミルへの運搬、そして最終的な精選設備であるドライ・ミルまでの物流が相当し、船積みまでが輸出業者の責任によってなされます。消費国流通はコーヒーが生産国を出港した時点、もしくは船積み指示がなされた時点を起点とし、入港から通関、倉庫保管、そしてそれらが焙煎業者に運ばれるまでの物流が相当します。

生産国内でのコーヒーの流通

ブラジルを除くコーヒーの生産国では、農地面積が5ha未満の小規模生産者（Small ScaleまたはSmall Holder）が生産の主体となっており、生産者は収穫したチェリーを集荷業者、農協、または輸出業者などに販売して生計を立てています。小規模生産者が自前で生産処理（ウエット・ミル）を行うことは稀ですが、近年のスペシャルティ・コーヒーのムーブメントにより、小さいトレーサビリティを持ったコーヒーの流通に焦点が集まってきています。生産者によっては小型の生産処理設備を導入し、ドライ・パーチメントやドライ・チェリーの段階まで自家精選してから出荷することもあり、こうしたケースは増加傾向にあります。このような小規模生産処理設備は、マイクロミル（Micromill：小規模ウエット・ミル）とも呼ばれています。

■ 生産国における一般的な生産者規模区分

- 極小規模（1ha未満）
- 小規模（5ha未満）
- 中規模（20ha未満）
- 大規模（100ha未満）
- 大大規模（100ha以上）

小規模生産者たち（ホンジュラス）

複数の生産者家族（ブルンジ）

前述は生産者規模の区分の一例ですが、世界的なコンセンサスを得られるところでは、5ha未満の農地を持つ生産者が、いわゆる小規模生産者と認知されています。世界にはおよそ1,250万軒の農家があるとされ、世界生産量の80%はこれらの小規模生産者が占めています。このうち、コーヒーの生産者の94.5%が5ha未満で、84%が2ha未満の小規模生産者です。2～5ha程度の生産者は10.5%になることから、実際の生産者規模は、そのほとんどがかなりの小規模であることが分かります。

ブラジル以外の国では、基本的に20ha以上の農地を持つ生産者は大規模（Large Scale）に相当します。

参考文献

● COFFEE PRODUCTION IN THE FACE OF CLIMATE CHANGE ：BRAZIL

■ ブラジルの生産者規模区分

ブラジル全土の生産者のうち、5ha未満の小規模生産者の割合は75%程度を占めるとされますが、コーヒー総生産量の67%は中～大規模（10ha以上）と大大規模（100ha以上）によって供給されています。同国のコーヒー生産においては小、中、大規模の分布が比較的均一で、多様性があるものの、基本的に農園の大きさが他国に比べてかなり広いのが特徴です。次ページ上は、ミナス・ジェライス州の大手農協であるクーシュペ（Cooxupe）における規模区分です。

■ Cooxupeにおける生産者規模区分

- **家族経営農園**：0 ～500袋
  0 ～17.8ha
- **小規模生産者**：501 ～ 2,000袋
  17.9～71.4ha
- **平均的生産者**：2,001 ～ 5,000袋
  71.5～178.5ha
- **大規模生産者**：5,001 ～10,000袋
  178.6～357.1ha

注）農園面積（ha）は、ブラジルの1haあたりの生産袋数の平均値＝28袋/haをもとに算出

こうして見ると、ブラジルの基本的な生産単位は他国と比べて著しく大きいことが分かります。

参考文献

- Cooxupe：MANAGEMENT REPORT AND FINANCIAL STATEMENTS

機械収穫の風景

ブラジルの大規模農園

収穫後の流通

生産者は収穫後、チェリー、ウエット・パーチメント※、ドライ・パーチメントいずれかの状態で農協や輸出業者などに納めますが、生産国内における初期流通の基本は、次の通りとなっています。

※ ウエット・パーチメント：生産処理を行った後の乾燥前内果皮付きコーヒー。

それぞれの生産国における主な国内流通の形態

アフリカ・アラブ	チェリー、またはドライ・チェリー	
アジア	インドネシア	ウエット・パーチメント、またはチェリー
	その他のアジア生産国	チェリー
南米	ブラジル	ドライ・チェリー
	その他の南米生産国	チェリー
中米	メキシコ	チェリー
	グアテマラ	ドライ・パーチメント
	エルサルバドル	チェリー
	ホンジュラス	ウエット・パーチメント
	ニカラグア	ウエット・パーチメント
	コスタリカ	チェリー
	パナマ	チェリー

生産国によっては上記のような流通の違いがあるものの、やはり小規模生産者の初期流通がチェリーの販売であることは世界的に見ても基本になります。中米の国々やインドネシアではパーチメント・コーヒーが流通することがありますが、農協などに販売する際はチェリーの場合もあり、実際の取引のバリエーションは多岐にわたり、かなり複雑になっています。なお、農園経営においては、生産者規模が大きくなるにつれて自家生産処理を行う割合が増えていく傾向があります。さらに、ある程度の規模を持った生産者（農園）は輸出免許を取得し、自前で輸出を行う事例も増えています。

小規模生産者の一般的な流通形態

生産者家族が収穫したチェリーを販売する。

- チェリー集積場に持ち込んで販売。
- または、集果業者（チェリー・コレクター）に販売。
- または、農協に販売。
- または、輸出業者に販売。

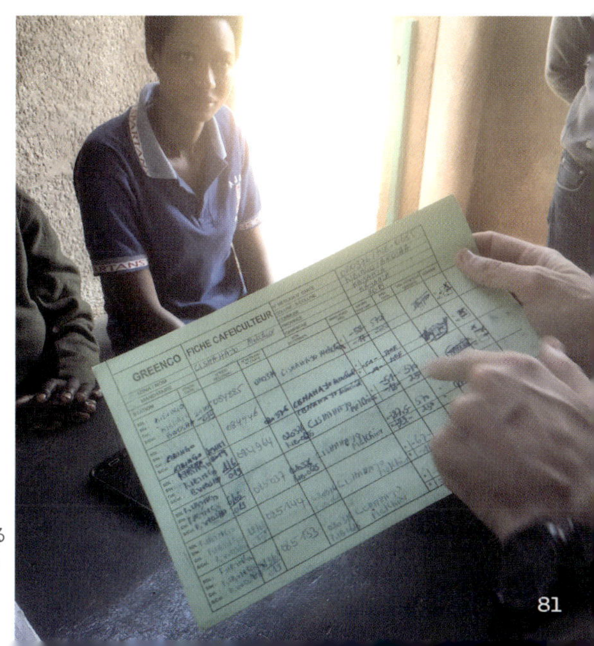

ウエット・ミルが発行する
生産者のチェリー納入書（ブルンジ）

■ 中規模農園の一般的な流通形態

農園作業員、または季節労働者を雇用してチェリーを収穫する。

❶ 自社で生産処理（ウエット・ミル）を行う。

❷ 農協、または輸出業者にパーチメント・コーヒー、またはドライ・チェリーを販売。

ドライ・ミルから出港用のコンテナに積載されるコーヒー麻袋（グアテマラ）

■ 輸出者免許を持つ大規模農園の流通形態

収穫作業を外注してチェリーを収穫する（季節労働者または収穫業者）。

❶ 自社で生産処理（ウエット・ミル）を行う。

❷ 自社でグレーディング（ドライ・ミル）を行う。

❸ 自社で輸出手続き（農薬検査、輸出事務、船積み）を行う。

消費国内でのコーヒーの流通

消費国にコーヒー生豆を持ち込むためには、納入する業者が輸入手続きを行うことが可能で、保管倉庫を所有、もしくは契約していることが条件になります。せっかくコーヒーを運んできても通関手続きが行えない、あるいは保管場所がない場合には輸入が不可能になってシップ・バック（生産国差し戻し）することになってしまいます。日本におけるコーヒーの輸入には、次の３種の書類を生産国輸出業者に作成してもらう必要があります。

■ 輸入における必要書類

- インボイス/請求書(Invoice)
- 植物検疫証明書
  (Phytosanitary Certificate)
- 原産地証明書
  (Certificate of Origin)

Original

1. Exportador/Expedidor (nombre/clave) Exporter/consignor(name/code)
SOC.COOP.CHALCHUAP.DE PRODUC.DE CAFE
CUZCACHAPA DE R.L.
0 0 3 0

Certificado de origen
INTERNATIONAL COFFEE ORGANIZATION
ORGANIZACIÓN INTERNATIONAL DEL CAFÉ
ORGANIZAÇÃO INTERNATIONAL DO CAFÉ
ORGANISATION INTERNATIONALE DU CAFÉ

2. Dirección para notificaciones Notify address
WATARU & CO., LTD

3. Número de referencia interno Internal reference No.
02036 2140/02223

4a. Clave de país Country code: 0 0 9
4b. Clave de puerto de embarque: Port of shipment code: 0 1
4c. No. de serie: Serial No.: 0 2 1 4 0

5. País productor (nombre/clave) Producing country (name/code)
EL SALVADOR 0 0 9

6. País de destino (nombre/clave) Country of destination(name/code)
JAPON 0 6 0

7. Fecha de exportación (DD/MM/AA) Date of export (DD/MM/YY)
27/08/2023

8. País de transbordo (nombre/clave) Country of trans-shipment (name/code)

9. Nombre del medio de transporte (nombre/clave) Name of carrier (name/code)
NYK JOANNA 0176W

10. Marca de identificación de la OIC/ ICO identification mark
009 / 0030 /121
CUZCACHAPA
SACOS 26.09 SHGE-ORGA
Otras Marcas: Other marks: LOT 1-133

11. Cargados/Shipped in:
En Sacos Bags [X] A granel Bulk [ ] En Contenedores Containers [ ] Otros Other [ ]

12. Peso neto de la partida: Net weight of shipment
1,800.00

13. Unidad de peso Unit of weight
Kg [X] lb [ ]

14. Descripción del café (forma, tipo, si procede)/ Description of coffee (form/type, where relevant)
Arábica verde Green Arabica [X] Robusta verde Green Robusta [ ] Tostado Roasted [ ] Soluble Soluble [ ] Líquido Liquid [ ] Otros Other [ ]

15. Método de elaboración/ Method of processing
Descafeinado/ Decaffeinated [ ] Orgánico/Organic Certificado/ Certified [ ] No certificado/Uncertified [ ]
Café Verde/ Green Coffee: Vía seca/Dry [ ] Vía húmeda/Wet [X] Café Soluble/Soluble Coffee: Centrifugado/Spray-dried [ ] Liofilizado/Freeze-dried [ ]

16. POR EL PRESENTE SE CERTIFICA QUE EL CAFÉ ARRIBA DESCRITO FUE PRODUCIDO/ BENEFICIADO EN EL PAÍS QUE SE INDICA EN LA CASILLA 5 Y EXPORTADO EN LA FECHA QUE SEGUIDAMENTE SE HACE CONSTAR. ESTE CERTIFICADO SE EXPIDE EXCLUSIVAMENTE PARA FINES ESTADÍSTICOS DE LA OIC Y NO CONFIERE ORIGEN AL CAFÉ./IT IS HEREBY CERTIFIED THAT THE COFFEE DESCRIBED ABOVE WAS PRODUCED/PROCESSED IN THE COUNTRY NAMED IN BOX 5 ABOVE AND HAS BEEN EXPORTED ON THE DATE SHOWN BELOW. THIS CERTIFICATE IS INTENDED SOLELY FOR THE STATISTICAL PURPOSES OF THE ICO AND DOES NOT CONFER ORIGIN ON COFFEE.

Fecha/Date:
Localidad/Place:
Ricardo Ernesto Beltrán López
Administrador de Aduanas
Dirección General de Aduanas
a. Firma del funcionario de Aduanas autorizado y refrendo de la Aduana
Signature of authorized Customs Officer and Cathchet of Customs Authority

Fecha/Date:
Localidad/Place:
CSC
b. Firma del funcionario Autorizado del Organismo Certificante y refrendo del Organismo Certificante
Signature of authorized Certifying Officer and Cathchet of Certifying Agency

17. Otra información pertinente: ICC Resolución Número 420; Características especiales; Código del SA; Valor del embarque (información voluntaria)
Other relevant information: ICC Resolution 420; Special Characteristics; HS Code; Value of the shipment (Voluntary information)

a. Normas óptimas de calidad del café verde (ICC Resolución Número 420)
Quality standards of green coffee (ICC Resolution 420):
"S": Plena observancia de las normas óptimas sobre defectos y humedad / "S": Full compliance with the target defect and moisture standards [X]
"XD": El café no responde a las normas óptimas sobre defectos / "XD": Coffee does not conform to the target defect standard [ ]
"XM": El café no responde a las normas óptimas sobre humedad / "XM": Coffee does not conform to the target moisture standard [ ]
"XDM": El café no responde a ninguna de las normas óptimas (ni la referencia a defectos ni la referente a humedad) / "XDM": Coffee does not conform to either standard (target defect and moisture) [ ]

b. Características especiales (especifique el nombre o el código)
Special Characteristics (please specify name or code)

c. Código del Sistema Armonizado (SA):
Harmonized System (HS) code:
Código del SA/HS Code:

d. Valor (FOB) del embarque:
Value(FOB) of the shipment:
Moneda nacional National currency [ ] Dólares EE UU US dollars [ ] Euros Euros [ ]

e. Información adicional/Additional information

Certificados de origen ICC-102-5
Organización Internacional del Café Reglamento de Estadística

原産地証明書(エルサルバドル)

■ 陸揚げ~ドレージ~デヴァン~海事検定~港湾倉庫保管

コーヒーの生産国からの輸送は、空輸などの配送方法もありますが、コンテナを使用することが主流であり、海上輸送で輸出国から輸入国へコーヒーの生豆を運搬するのが基本です。港湾のガントリー・クレーンで陸揚げされたコンテナは、専用の運搬トラックに積載されて、輸入者が契約、もしくは所有している倉庫へ運ばれます。この運搬作業を"ドレージ"と言います。大抵の輸入者の場合は港湾に倉庫を契約していることが多く、ドレージの費用はそれほどかかりませんが、自社倉庫が港湾から離れている場合には運賃がかさむ場合もあります。

港湾倉庫、または自社倉庫にコンテナが到着すると、通関士立ち合いのもとで通関作業が行われます。コンテナを開封し、積み下ろしを行うことは"デヴァン/デヴァニング(Devan/Devanning)"と呼ばれています。コンテナの開封にあたっては、海上輸送中にコンテナ内部の積み荷が荷崩れしている場合があるので、作業は安全に十分配慮して行う必要があります。これを怠った場合、開封時の荷崩れに巻き込まれて甚大な事故が発生する危険があります。

コンテナ開封(コンテナ内の茶色の養生は湿度対策のために使用される紙)

無事開封されたコンテナからはコーヒー生豆の麻袋、またはカートン・ボックスが運び出され、港湾業者が荷下ろしをしながら重量を計量します。これは"海事検定ウエイト(切り付け重量とも)"と呼ばれ、これをもとにコーヒーの輸入業者や商社は、ロースターに対して商品代金や運賃などの請求計算を行います。

海事検定ウエイトの計測（中央が重量計）

パレットに積載されるコーヒー麻袋

検疫所による農薬検査

行政の検疫所による農薬検査（モニタリング）が必要な場合は一時保管扱いとなり、到着した貨物は保税倉庫（関税の支払いを留保できる外国貨物を一時保管できる倉庫）などに保管され、農薬検査を経た後に通関手続きが行われます。

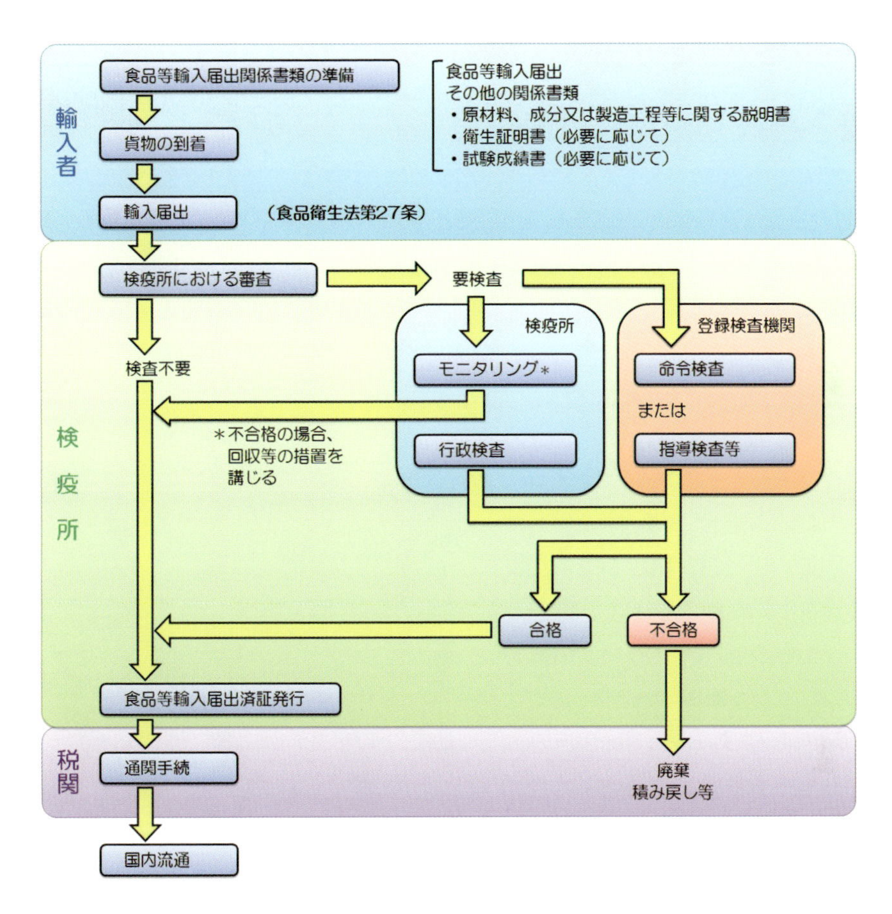

出典：東京検疫所 食品監視課ホームページ、2.厚生労働省検疫所での輸入届出手続きの流れ

検疫所によるモニタリングは、いわゆる抜き打ちの農薬検査となっており、ここで違反があった場合、つまりは日本で使用が認められていない農薬成分が検出されたり、日本が定める残留農薬基準を上回っていたりする場合には輸入ができません。こうした場合は貨物を積み戻して輸出国へ返品するか、もしくは第三国への転送などの措置をとる必要があり、その両方が無理である場合は港湾での滅却処分を行います。このようにその後の処置が大変であるため、輸入業者は行政による検査の前に自主検査を行うことが推奨されています。

モニタリング違反が発生すると、違反者である輸入事業者が公表され、当該国の輸入貨物＝コーヒー生豆に対するモニタリング検査の頻度が上昇します。これはモニタリング強化と呼ばれており、この検査頻度上昇中に再度違反が発生すると、“検査命令（命令検査とも）” に移行します。検査命令では当該国の貨物全てが農薬検査の対象となり、一定の検査回数を消化するまで措置が解かれません。ケニアなど日本へのコーヒー生豆の輸入本数が少ない国では、検査命令が解除されるまでに数年を要する場合があるので、こういった事例を防ぐためにも、やはり輸入者による自主検査は必須と言えます。

しかし自主検査は、検査する品目の種類や数によって費用や精度が異なるため、完全な予防策にはなり得ないのが実情です。検査品目から漏れた農薬が検疫所で特定されてしまった場合には、違反事例となってしまいます。検査命令中に違反が発生した際（直近60件の違反率が5％以上である場合）は、より厳しい措置に以降し、対象国からの輸入が禁止される"包括的輸入禁止措置"がとられる可能性があります。

近年では、小規模輸入者やロースターによる自社輸入の件数が増えてきましたが、残留農薬についての違反は業界に対して大きな負の影響を与える可能性が高いため、輸入者は十分に留意する必要があるでしょう。

■ 港湾倉庫～ロースター

港湾倉庫や自社倉庫に納品されたコーヒー生豆は多くの場合、定温倉庫と言われる庫内温度が16～18℃程度に保たれた環境で保管されます。輸入者はロースターと締結した売買契約にもとづき、指定の期間内に引き渡しを行う義務（ロースターは引き取る義務）があります。しかし、コーヒーの生豆の運送は、麻袋の場合は60kg以上、カートン・ボックスの場合は30kg程度になるため、重量が重過ぎて、いわゆる宅配便が利用できません。引き渡しにおいては倉庫前渡し（庫前渡しと言う）が基本であるため、本来であればロースターが自らの責任において物流を確保する必要がありますが、実際の物流では各港湾倉庫が契約している指定運送業者がコーヒー生豆の配送を代行します。運送業者にはそれぞれ独自の運送ルートや傘下の提携先業者などが存在しており、こうした配送形態は"路線便"と呼ばれています。

焙煎所に到着したグアテマラのニュー・クロップ（新豆）

coffee break 「コンテナ革命とギャング」

今ではコーヒーのみならず、あらゆる貨物の運搬に利用されているコンテナ。しかし、その活用の歴史は意外と浅く、1950年代に入ってからこの箱型の格納器を基軸とした物流システムが世界各国で急速に構築されていきました。コンテナを活用した物流は今までの海上輸送における一大革新を引き起こしたことから、この世界的なイノベーションは"コンテナ革命"とも呼ばれています。

この革命以前は、コーヒーの物流の場合、麻袋を1つずつ船に人力で積み込む方法しか存在せず、荷役を行う労働者たちが貨物の出し入れを行っていました。アニメの主人公で古くから親しまれているキャラクターである"ポパイ"は、こういった、かつてのたくましい港湾労働者の姿を表し、象徴しています。

コーヒーの麻袋は大変重い（60～70kg）ので、昔は船底に格納されることが多く、船を安定させる重り（バラスト）の役割も担うことがありました。例えば、インドネシアで船積みされたコーヒーは世界の様々な港を経由し、1年以上経過してアメリカなどに到着することがあったのですが、コーヒーはそれ以外の貨物を降ろす間、船体を安定させるための重りでもあったのです。

さすがに1年も湿気や気温の高い船底に置かれていると、メイラード反応が自然に進んでしまうため、コーヒーは褐色劣化します。これがいわゆる"エイジド・コーヒー"の発祥です。「劣化した」と言うとイメージが良くないので、「熟成した」と言ってブランド・マーケティングしたことがことの始まりになります。このために近代に入るまで消費国の人々は、コーヒーの生豆が実は緑色であることすら知りませんでした。

このように船底に置かれているコーヒーは、機械などで運搬することができないので、人力で1袋ずつ運び出すしか他にありません。麻袋を持ったことがない方だと分かりづらいかもしれませんが、60kgのコーヒー袋は現代人にとっては重過ぎて、担ぎ上げることができません。日本も江戸時代末期以降、米俵の規格が約30kgから60kgに変更されましたが、その当時の農民は大変膂力（りょりょく）があり、これらを担いで運搬している写真が多く残されています。しかし、現代の我々ではその当時の作業負荷に耐えることができなくなっており、2010年代に入ってからは、ブラジルでは60kg以上の荷役を防ぐために、59kg以下で麻袋梱包するように制度が変わりました。このように陸上/海上の両方の運搬では、荷下ろし/荷揚げに多大な労力が必要で多くのコストがかかっていたため、基本的に製造業の工場などは、運搬コストを下げるために港湾の近くに建設されていました。

重たい麻袋を担ぐ港湾労働者たちは、船から艀（はしけ）（船と陸の間を運送する小型の船）に板を渡して積荷を降ろし、また陸に接岸した時に板を渡し、積み荷を陸揚げしていました。ちなみに、この艀にかける渡し板のことを"ギャング（Gang）"と言い、次第に港湾労働者たちを指す言葉になっていきます。これが今のいわゆるギャングの語源になっています。このような過酷な労働状況下では、自然と港湾労働者たちの結束は強くなります。仲間意識や同族意識が生まれ、やがて労働組合のような組織が結成（ギャングの結成）されていきました。

当時の港湾労働者たちは、みな腕っぷしが強くてやや粗暴でもあったため、給金が安いと仕事をボイコットしたり、客の貨物を盗んだり（高級時計やウイスキーなど）する不祥事が相次ぎました。何より問題だったのは、被害が生じていても対処の手立てがないことでした。このような港湾労働者の問題に対応するために台頭してきた組織が、今でいう“マフィア”です。マフィアは、クライアントの代わりに港湾労働者との交渉を代行して請け負うことで収入を得るようになりました。荒くれ者との交渉は基本的にハード・ネゴシエーションになるので、その筋の交渉に長けた業者が誕生してきたのはある意味必然と言えるでしょう。なお当時のマフィアはそれほど非合法な活動をしていませんでした。非合法の度合を強めるのはコンテナ革命が起こってからです。

このように、当時の港湾の港湾労働者は物流において必須の職種であったものの、彼らの機嫌を損ねると物流が滞るので、ナイーブな問題でもありました。しかし、こうした問題を根底から覆したのが、コンテナ革命でした。

なお、コーヒーの麻袋の運搬は以前であれば、以下のようになっていました。

コンテナ導入前

生産国

- ドライ・ミルから手作業でトラックへ積載
- 港湾でトラックから荷下ろし
- 艀に積載
- 艀から船積み

消費国

- 船から艀に積載
- 艀から陸揚げ
- 陸揚げ地でトラックへ積載
- トラックから商社の港湾倉庫に荷下ろし

コンテナ導入後

生産国

- ドライ・ミルでコンテナに荷詰め
- コンテナごとにトラックに積載
- トラックからガントリー・クレーンでコンテナをコンテナ船に積載

消費国

- コンテナ船からコンテナをガントリー・クレーンで荷下ろし
- ガントリー・クレーンで直接トラックに積載
- トラックで商社の港湾倉庫まで運搬

こうした作業が全て人力だったのです。しかし、コンテナの運搬ではコンテナごと移動するため、生産国のドライ・ミルで荷詰めを行った後は、消費国の倉庫に届くまで一度も開封する必要がありません。よって、盗難、破袋や紛失、雨による水濡れなどの品質劣化リスクなどを大幅に低減することが可能になりました。

コーヒーの輸送では、20ftまたは40ftコンテナが使用されますが、20ftコンテナの場合、60kgの麻袋を300（350）袋強積載することができ、重量換算すると60kg×300＝18,000kg、約20t弱となります。

このように人力がかからず、生産国で荷詰めした後は、商社の倉庫に運ばれるまで基本的に荷ほどきという作業がありません。コンテナは強大なガントリー・クレーンで積み上げ/積み下ろしをするので、体力が必要とされた港湾労働者による労働は、その需要を失っていくこととなります。

荷積み前のコンテナ（ケニア）

現在の船積みはコンピューターで管理されており、船積みと荷下ろしがシステマティックに行われています。港湾事務所では積載計画を管理するプログラマーが、どの港でどのコンテナを降ろし、そして空いたスペースに何のコンテナを積載するのかという積載計画を、航路の順番に即してプログラムし、そのデータを次の経由地の港湾作業員に引き継ぐ作業を行っています。このように機械化された港湾作業においては、港湾労働者の熟練の船積み

コンテナ船

サントス港のガントリー・クレーン（ブラジル）

手順などはもはや必要なくなり、コンテナの開封からの荷下ろしや、海事検定の重量測定ではベルト・コンベアーを用いるようになり、倉庫での保管はフォークリフトが使用されるようになりました。昔の港湾労働者は、それぞれが専業で徒党を組んでいましたが、現在の港湾労働者は港湾倉庫に勤める社員に変わったため、雰囲気も随分と穏やかになりました。

しかし、こうした変革は港湾労働者だけでなく、マフィアの方にも影響を及ぼすこととなります。マフィアは港湾労働者との交渉代行を請け負うことで収入を得ていたのですが、交渉相手がいなくなってしまったため、収入源がなくなってしまいました。職を失ったマフィアや港湾労働者は、次第に非合法な取引に手を染めていくことになり、アメリカのニューヨークでは、こうした勢力が台頭するようになりました。実は日本でも同じようなことが起こっており、いわゆる暴力団の発生は、そのルーツを辿ると港の港湾労働者たちの集団であったことが分かっています。コンテナ革命によって、その仕事を失った労働者たちの一部はこういった非合法な組織へと変貌を遂げたのでした。

コンテナの発明によって物量におけるコストは激減し、製造業は港湾に工場を持つ必要がなくなりました。コーヒーの物流においては、生産国と消費国では共に運搬に伴う荷揚げや荷下ろしといったコストを節約することができるようになり、さらに貨物の品質と安全性を保ったまま運搬することが可能になりました。こうしてコンテナは世界のありとあらゆるビジネスの常識を変革し、システマティックな物流システムの構築はコーヒーの取引にも多大な影響を与えたのです。

参考文献

- マルク・レビンソン（著）、村井章子（翻訳）：コンテナ物語 世界を変えたのは「箱」の発明だった、日経BP、2007年
- Blumhardt, C.：The book of roast：The craft of coffee roasting from bean to business（1st ed.）, JC Publishing, 2017

8

コーヒーの テロワール

エチオピア、イエメンより世界に放たれ、様々な国々に根づいたコーヒー。ここでは、それぞれの生産国における代表的な生産エリアや品種、そして生産形態を紐解きます。コーヒーの多様性や風味のユニークさといったものは生産地域の土壌エリアが、小さくかつ詳細に限定されていくに従って増していく傾向があります。こういった小規模区画における土壌や気候条件を英語でマイクロクライメット（Microclimate：微気候）と呼びますが、ワインやコーヒー業界では、限定された土地や気候による風味特性の発現をテロワール（Terroir）という言葉で表現します。それぞれの生産地域では気候、土壌、品種、栽培方法、生産処理方法によって固有のテロワールが形成されていきますが、特に忘れてはならないのは、こうした土壌の風味の表現者である生産者たちです。

7 コーヒーの流通でも述べましたが、世界にはおよそ1,250万軒の農家があるとされています。世界生産量の80%はこれらの小規模生産者が占めているため、どの生産国でも小規模生産者の割合が最も高くなっています。生産国ごとに取引の慣習や文化は異なりますが、それぞれの生産規模に応じた一般的な販売経路をもう一度おさらいしたいと思います。

生い茂るコーヒーの木々（ホンジュラス）

生産者の収穫果実（チェリー）の販売経路

極小規模（1ha 未満）	チェリー販売所、チェリー・コレクター または、農協 / 輸出業者のウエット・ミル
小規模（5ha 未満）	チェリー販売所、チェリー・コレクター または、農協 / 輸出業者のウエット・ミル または、自家生産処理（マイクロミル）後に輸出業者へ
中規模（20ha 未満）	農協 / 輸出業者のウエット・ミル または、自家生産処理（ウエット・ミル）後に輸出業者へ
大規模（100ha 未満）	自社生産処理＆輸出 （輸出免許有 / ウエット・ミル / ドライ・ミル所有）
大大規模（100ha 以上）	自社生産処理＆輸出 （輸出免許有 / ウエット・ミル / ドライ・ミル所有）

※ 小規模生産者における小型生産処理設備（ウエット・ミル）は、通称“マイクロミル”と呼ばれ、小規模生産者による自家生産処理は“マイクロ・ミリング”と呼ばれる。

生産者の収穫チェリーの販売経路は複数ありますが、規模が大きくなるにつれて、自ら生産処理（ウエット・ミル）を行うようになり、さらに規模が大きくなると輸出規格化であるグレーディング（ドライ・ミル）や輸出業務などを自社で完結できるようになっていきます。販売所や農協などへの販売ルートでは集積された地域までのトレーサビリティが追跡可能ですが、スペシャルティ・グレードの小ロット・コーヒー（Microlot：マイクロロット）のように、輸出業者などへ直接販売できる場合は、それぞれの生産者単位でのトレーサビリティが確立されるようになってきています。アフリカの生産国では生産者規模が大変小さく軒数が多いため、生産者世帯まで追跡できるトレーサビリティの構築がいまだ困難な状況になっています。

生産者の規模と労働力構成

極小規模（1ha 未満）	■ 運営形態：個人事業主 ■ 労働力構成：家族
小規模（5ha 未満）	■ 運営形態：個人事業主 ■ 労働力構成：家族
中規模（20ha 未満）	■ 運営形態：中小企業、または大企業傘下 ■ 所有者（オーナー）が輸出業者に農園管理を委託する場合もある。 ■ 労働力構成：従業員、農業技師、季節労働者（チェリーピッカー）などを雇用。
大規模（100ha 未満）	■ 運営形態：中小企業、または大企業傘下 ■ 労働力構成：従業員、農業技師、季節労働者（チェリーピッカー）などを雇用。
大大規模（100ha 以上）	■ 運営形態：中小企業、または大企業傘下 ■ 労働力構成：従業員、農業技師、季節労働者（チェリーピッカー）などを雇用。

小規模生産者の労働資源は農園主の家族や周辺コミュニティを活用することになりますが、農園も規模が大きくなると住み込み従業員を雇用したり、農業技師を配置して事業の安定化と収益の向上性を図るようになります。中規模農園の農園主の中には直接農園運営を行わず、所有権を保持したまま農園管理を輸出業者などに委託するケースもあります。また、農園の規模が大規模になってくると、運営や管理が企業体によって行われることが多くなります。こういったケースでは、グローバル企業の資本下に入った傘下企業が運営を行うこともあります。

スペシャルティ・コーヒーの興隆によって、類まれな品質を育む小規模生産者のコーヒーが消費国で流通するようになりました。こうした素晴らしい品質ポテンシャルの発掘には、コーヒーの品評会であるCOEが多大な役割を果たしてきたことが知られています。今まで農協物などの広域ロットに埋もれていた小規模生産者のマイクロ・テロワールに光をあて、多様性に富んだ素晴らしい風味のコーヒーを見出すこの画期的な試みは、アメリカのNGO団体であるAlliance for Coffee Excellenceや品評会に参加するロースターの尽力によってなされてきました。2000年代初頭より運営されている、この品評会を通じて、各マイクロ・テロワールの生産者や優秀なエステイト・コーヒー（Estate Coffee：農園/農場コーヒー）の多くが、世界中のロースターの目に留まるようになりました。

それではいよいよ、各生産国の生産概要に触れていきたいと思います。ここでは日の目を見るようになった小規模生産のコーヒーから、農園面積が20haを超える中〜大規模農園まで、それぞれの生産国におけるコーヒーの栽培、グレーディング、流通、土壌、風味特性などを取り上げていきます。紙面の関係上、全ての生産国を網羅するのは不可能であるため、コーヒーの伝播上で重要な国や、近年注目されている生産国を中心に紹介したいと思います。

参考文献

● BRAZIL：COFFEE PRODUCTION IN THE FACE OF CLIMATE CHANGE

アラブ/アフリカ

アラブやアフリカのエリアはコーヒーの原生地に近く、フルーティでエキゾチック、そして甘いスパイスを思わせる風味などが特徴です。かなり小さい規模の生産者たちがコーヒー生産のほとんどを占めており、自宅の庭に数十本のコーヒーの木を所有する世帯から1,000本以上を所有する世帯まで、大小様々な生産単元が存在しています。こうした生産者たちは自ら実の収穫を行い、集果業者や最寄りの農協、水洗設備やチェリー売買所などに収穫果実（チェリー）を販売することで収入を得ます。コーヒーのロットは農協名や地域名などを冠することが一般的で、私営農園や企業経営の農園の割合がかなり少ないのが特徴です。

イエメン

■ イエメンの生産概要

- 伝播時期：7世紀
- 年間生産量（2022年）：124,000袋
- 主な生産処理：自家精製によるナチュラル（非水洗式）
- 主なコーヒー・ロットの単位：農協などによるエリア集積型
- 主な品種：Yemenia
- 主な生産形態：小規模農家/家族
- 主な収穫時期：11～1月
- 主要港：アデン

アル・ハイマ・アドゥ・ダカリージヤのコーヒー棚畑

イエメンは、アラビカ・コーヒーにおける第二の故郷と言える生産国で、7世紀にはコーヒーが伝来して耕作が始まったとされています。系統としては、エチオピア南部、現在のゲデオ県やグジ県（Gedeo、Guji）の野生種が北部のハラー地方（Harrar/Hararghe）に伝播した後、海を渡って渡来した可能性を示唆する研究が発表されています。2022年の生産量は124,000袋＝7,440MT（1袋＝60kg換算）ですが、生産国としてはかなり少なく、年々減少傾向にあります。イエメンでは渇水の問題があり、農業用井戸水の枯渇の懸念が長らく解消されていません。水資源が貴重なため、ウオッシュド（水洗式）などの生産処理や、水路によるサイフォンを利用した選別などが行えない状態です。このように品質向上や新しい生産処理への取り組みが困難である生産国ではあるものの、近年では伝統的なナチュラル（非水洗式）を発展させ、嫌気性発酵やアルケミー・プロセス（Alchemy Process：錬金術）と呼ばれる、高圧下で温度調整を行った特殊嫌気性発酵などのロットが市場に出るようになり、品質向上における新たな潮流も現れ始めています。

キマ・コーヒーの近代的な乾燥風景

農業用の貯水槽

イエメンでは国が定める公的な輸出規格が存在しておらず、コーヒーのロットは生産地域の名を冠することが通例です。Matari、Bani Mattar、Matari No.9などの一般的な規格/銘柄は、いずれもサナア県（Sanaa）、バニ・マタール地区（Bani Mattar）産のコーヒーですが、この他にも企業体などが独自に実施している等級が存在しています。スペシャルティ・コーヒーの高まりにより、各地区（District）に属する村やコミュニティまでのトレーサビリティが徐々に確立されてきており、より多様なテロワールを知ることが可能になってきました。

今は廃港となっているモカ港（Mocha）が歴史的に長く利用されていたため、エチオピア/イエメン両国産のコーヒーは、この港名にちなんで“モカ”と呼ばれるようになりました。現在のイエメンでは、アデン港がコーヒー出港地として機能しています。

国内流通

イエメンにおけるコーヒーの栽培は他国と異なる特徴があり、山の斜面に直接コーヒーの木を植えるのではなく、棚畑を形成して階段状にコーヒーの農地を形成する方式をとっています。こうした風景はアジア圏での米の棚田栽培にとてもよく似ています。生産者世帯は規模が小さく、そのほとんどが家族経営で農地は広くて1～2ha程度、通常はもっと小さい農地を各生産世帯が所有しています。女性の就農割合が75%とかなり高いのも特徴です。生産者は収穫したチェリーを自家で乾燥させ、農協や集果業者、または売買所などにドライ・チェリーを販売します。よって、

コーヒーの実を摘む生産者

同国では単一農園という形態よりも、ローカル・コミュニティの混合集積ロットでの扱いが通例となっています。

参考サイト

- Coffee Arabica - The identity of Yemen, Coffee Business Intelligence

イエメンに限らず、アラブ/アフリカの生産国では農家の単位がとても小さく、生産者たちが暮らしているコミュニティがその地を代表とするコーヒーの風味特性を現します。よって、こういったコミュニティ単位によるテロワールが、そのまま中規模の農園のようなものを形成しているとみなすことができます。

棚畑に植えられるコーヒーの木々

栽培品種はイエメンに古くからある在来種が主になっており、他の生産国で栽培されているコーヒーの品種とは異なった独自の遺伝系統を保持しています。現在、これらの品種群は総じて"イエメニア（Yemenia）"と呼称されており、今後の研究によって新たな品種名を冠した栽培品種の分類が進んでいくと考えられます。また、伝統的に栽培されている品種については形態学上（Morphology）の分類がなされています。例えば、背の高いコーヒーの木にはウダイニ（Udaini）、ジュファイニ（Jufaini）、ジャディー（Jadi）という名付けがなされており、一方で、背の低いコンパクトな木にはダワイリ（Dawairi）、トゥファヒ（Tufahi）、シェイバニ（Sheibani）といった名が与えられています。しかし、これらの名称区分は遺伝的整合性を欠いているため、別のエリアで同じ名前の木が栽培されていたとしても、実際は異なる品種である可能性が高くなっています。

イエメンのテロワール

イエメンの生産県はサナア県、ザマール県、イッブ県、タイズ県などがあり、コーヒー産地は西側、紅海に沿って形成される山脈地帯に分布しています。イエメンで最も有名な生産県は北部のサヌア県であり、バニ・マタール（Bani Mattar：いわゆるモカ・マタリ）やハラーズ（Haraaz）、バニ・イスマイリ（Bani Ismaili）といった地区名や村名がコーヒーの銘柄として流通しています。味わいは、ナチュラルらしい果肉臭とベリーの風味にしっかりした甘さが感じられ、イエメンならではの甘いスパイスの香りが特徴です。また、伝統的に麻袋の香り移りが発生することが多く、こういった麻袋臭（またいしゅう）（Baggy：バギー）もイエメン・コーヒーの特徴の1つとも言えます。

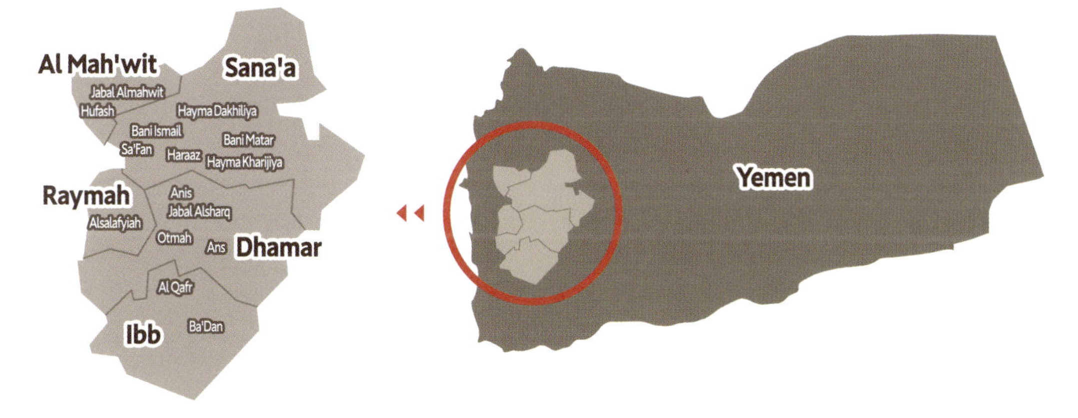

2019年に始まったイエメン初の国内品評会であるキマ・コーヒーPCA（Qima Coffee Private Coffee Auction：現Best of Yemen）では、より小さなテロワールに焦点があたり、小規模生産者の名前を冠したコーヒー・ロットなども流通するようになってきました。同国で最も偉大なテロワールであるサナア県では、アル・ハイマ・アル・カリージヤ地区、アル・ハイマ・アドゥ・ダカリージヤ地区、そしてハラーズ地方であるマナカー地区の3つが多くの入賞実績を誇っています。

参考サイト

- Best of Yemen 2023
- Qima Coffee

品評会での出品ロットや特殊な処理を施したロットでは従来のナチュラルだけではなく、様々な生産処理が試みられているケースも増えています。こうしたコーヒーはイエメンらしさを保持しながらも、よりフルーティで乳酸のようなニュアンスを有しており、新時代のイエメン・コーヒーが台頭してきています。また生産地域を見てみると、サナア県以外にもザマール県のアンズ地区（Anns）や、イッブ県のアル・カフール地区（Al Qafr）などに代表される南側のテロワールのコーヒーにも入賞実績があり、さらなる多様性の発見に今後の期待も高まっています。

行政区分	● **Governorate（県）** ▸**District（地区）** ▸Hamlet（地方自治体／村）

サナア県 Sanaa Governorate

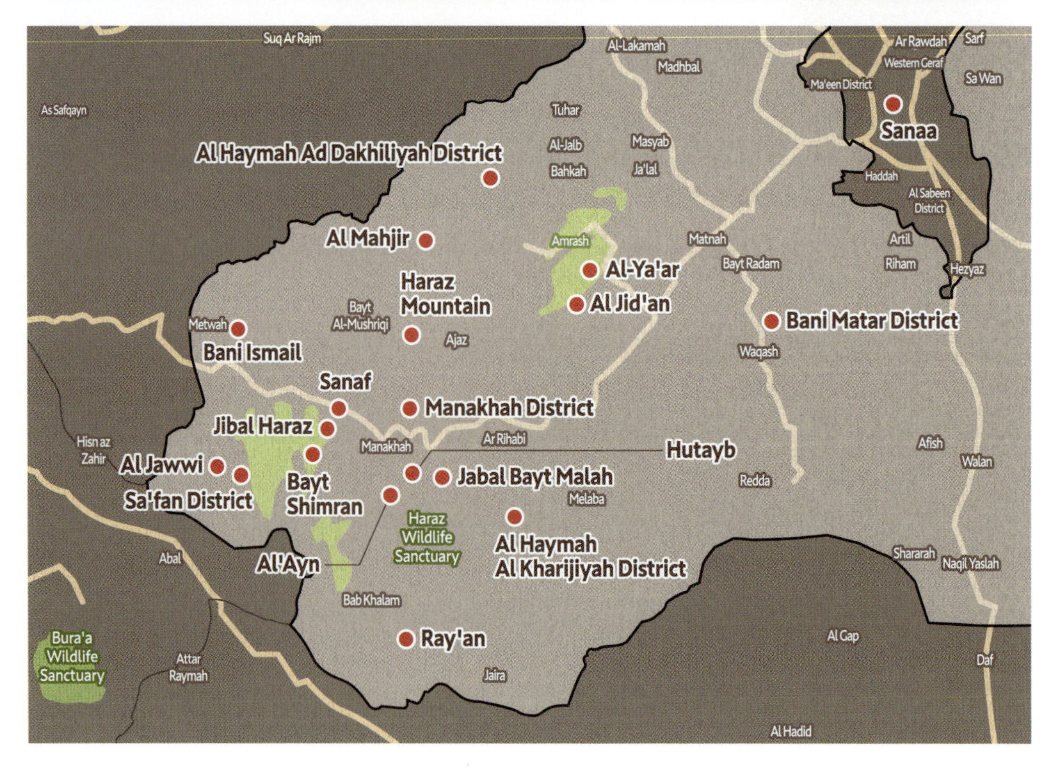

- Sanaa Governorate（サナア県）
- Bani Matar District（バニ・マタール地区）

- **Manakhah District (Haraaz) (マナカー地区 (ハラーズ地方))**
  - Haraz Mountain (ハラズ・マウンテン)
  - Jibal Haraz (ジバール・ハラズ)
  - Bayt Shimran (ベイト・シマラン)
  - Bani Ismail (バニ・イスマイリ)
  - Hutayb (Akwait Hitzb?) (ハタイブ)
  - Sanaf (サナフ)
- **Sa'fan District (Haraaz) (サファン地区 (ハラーズ地方))**
  - Al Jawwi (Al Taweel? Al Tawi?) (アル・ジャウィー)
- **Al Haymah Ad Dakhiliyah District (アル・ハイマ・アドゥ・ダカリージヤ地区)**
  - Al'Ayn (Hejarat Alayn?) (アライン)
  - Al Mahjir (アル・マハジール)
  - Al-Ya'ar (Al Riwaa?) (アル・イワー)
- **Al Haymah Al Kharijiyah District (アル・ハイマ・アル・カリージヤ地区)**
  - Al Jid'an (アル・ジダーン)
  - Jabal Bayt Malah (Bait Alar?) (ジャバール・バイト・マラー)
  - Ray'an (Rayyan) (ライアン)

サナア県はバニ・マタール地区、ハラーズ地方などを擁するイエメンで最も代表的な産地として名高いエリアです。県中心はサナア市にあたりますが、県の行政から独立した別の政令区域となっています。産地の標高は2,000mを超えるところもあり、コーヒーに適したテロワールを有しています。日本でも有名な“モカ・マタリ”は、このサナア県から産出されます。

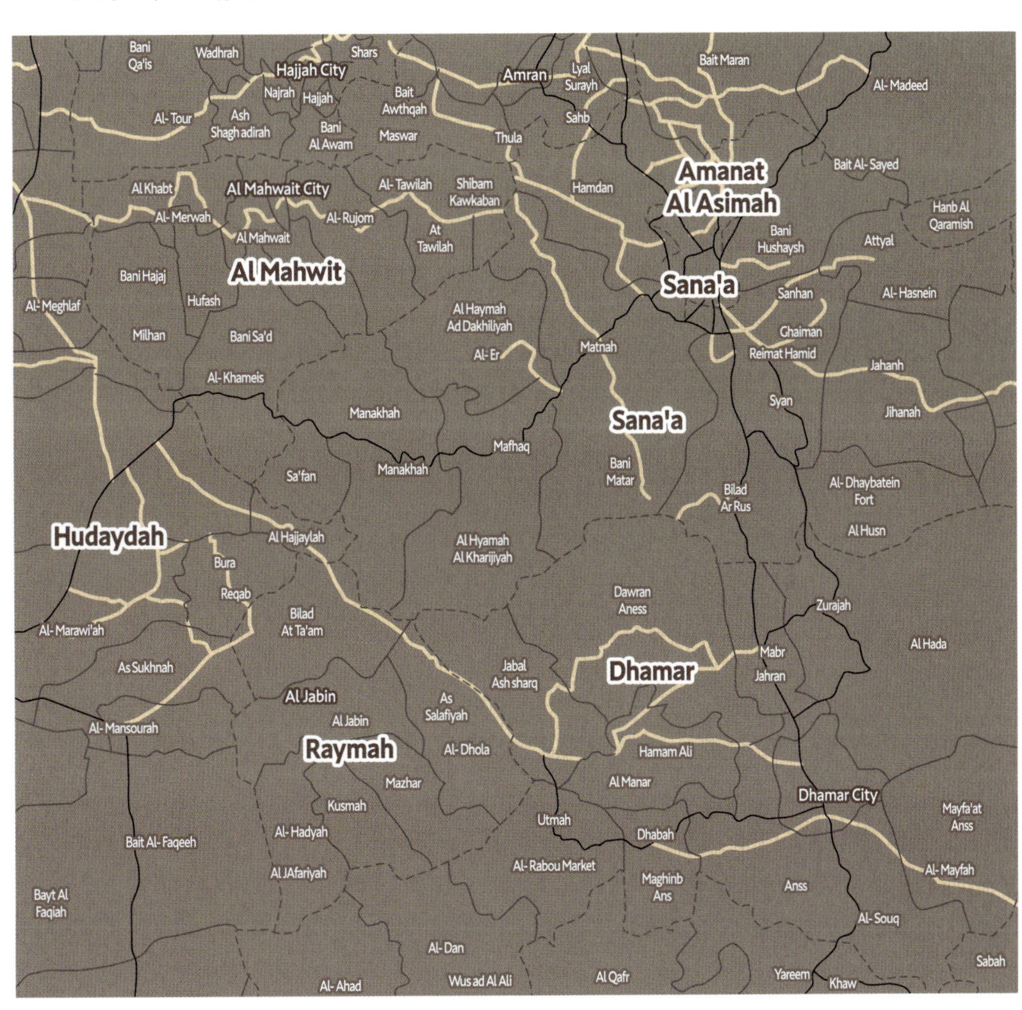

ザマール県 Dhamar Governorate

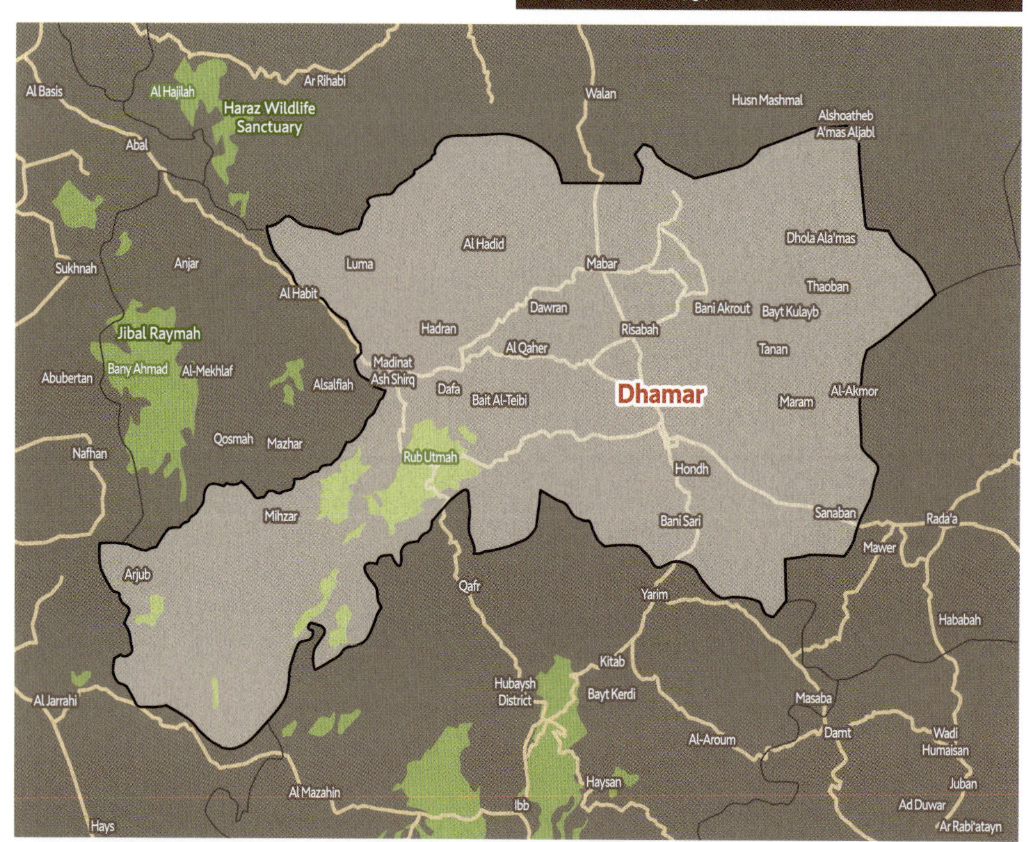

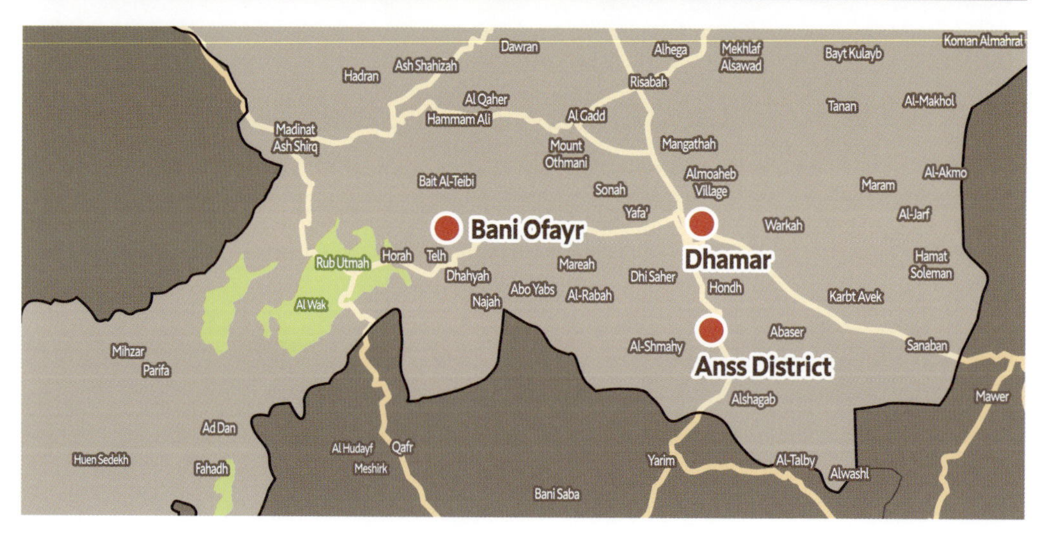

- **Dhamar Governorate（ザマール県）**
- ▸ **Anss District（アンズ地区）**　▸Bani Ofayr（バニ・オファイル）

ザマールの県名はサバア王国のザマール・アリ・ヤフベル2世（Dhamar Ali Yahbur II）に由来しており、かつてはイスラム文化と化学の中心地でした。近年のプライベート・オークションなどではアンズ地区のロットが入賞するようになってきたため、この地域も知名度が上がってきました。生産地特性は北のサナア県に近似していると考えられます。

イッブ県 Ibb Governorate

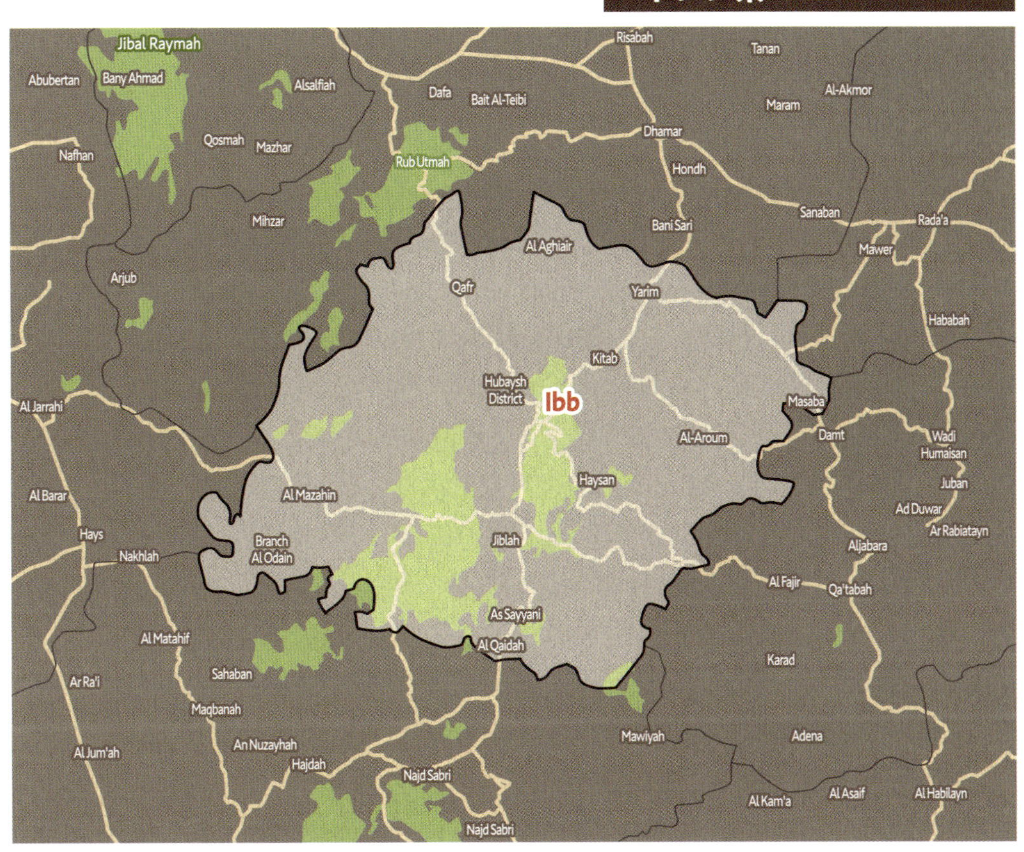

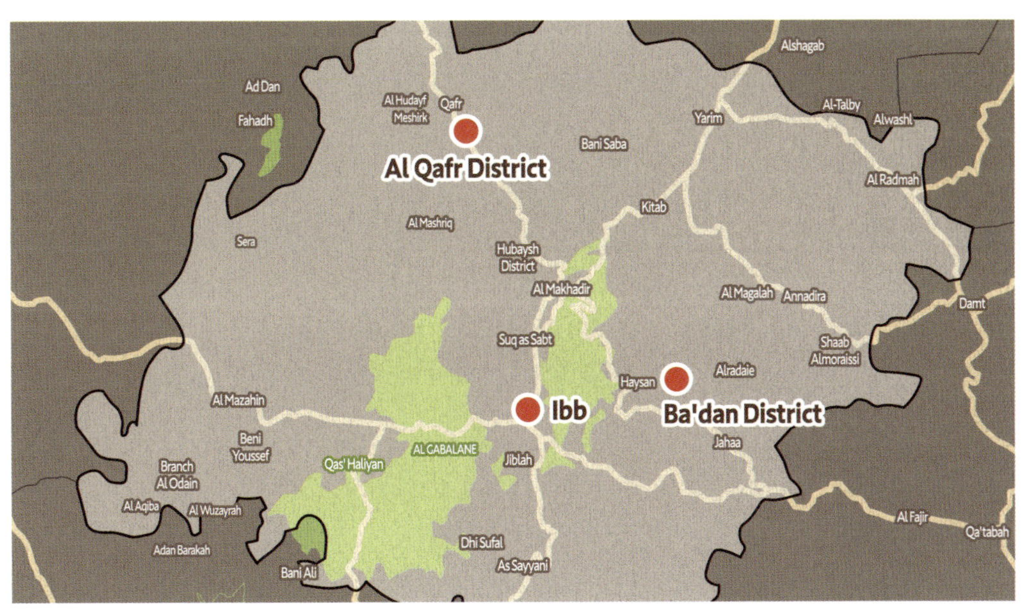

- **Ibb Governorate（イッブ県）**
  - **Al Qafr District（アル・カフール地区）**
  - **Ba'dan District（バダン地区）**

イッブ県はザマール県の真南に位置するイエメン西部の県です。県都であるイッブ市は土壌が肥沃(ひよく)で緑が多く、渇水が問題視される同国においては珍しく農業が盛んなエリアです。ここでは市の人口の70%近くが農業に従事しています。品評会では、アル・カフール地区の入賞が見られるようになってきています。水分はコーヒーの育成や風味に重要なため、水資源の問題が解決すれば、いずれ本来のポテンシャルを発揮したイエメンのロットが生まれる可能性があります。

タイズ県 Ta'izz Governorate

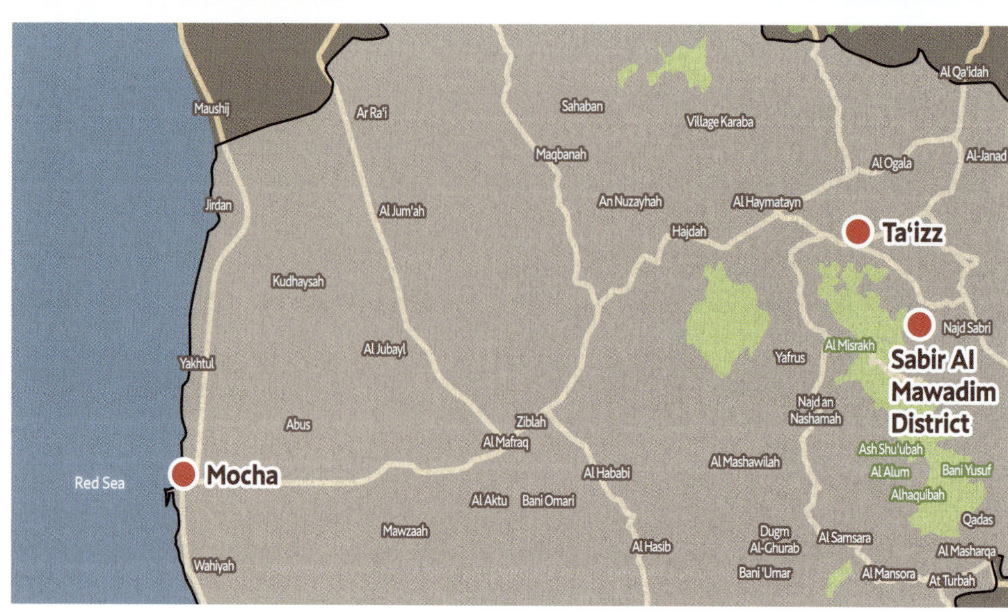

- **Taʻizz Governorate（タイズ県）**
  - **Sabir Al Mawadim District（サビル・アル・マワディム地区）**
  - **Mocha Port（モカ港）**

かつては北イエメン領と呼ばれ、内陸の産地には標高3,000mを超える地域があります。3,000mではコーヒーが育ちませんが、標高の高さに余力があるため、栽培条件として好ましい地理特性を有しています。このタイズ県には歴史的に重要な、かの“モカ港”がありました。

エチオピア

エチオピアの生産概要

- 発見時期：7世紀以前
- 年間生産量（2022年）：7,932,000袋
- 主な生産処理：非水洗式または水洗式
- 主なコーヒー・ロットの単位：農協などによるエリア集積型
- 主な品種：Local Land RaceやHeirloomなどと呼ばれる在来種
- 主な生産形態：極小規模農家/家族
- 主な収穫時期：10～1月
- 主要港：ジブチ（ジブチ共和国）

アラビカ・コーヒーの発生地であるエチオピア。7世紀にはイエメンにコーヒーが伝来していたことから、それ以前から人為的な栽培は行われていた可能性があるものの、商業用作物として耕作され始めるのは1500年代に入ってからと考えられています。2022年の生産量は7,932,000袋で、その重量は475,920MTに上り、世界第5位の生産量を誇る生産国です。この国の基本的な生産処理はナチュラルですが、ウオッシュドも生産しており、水洗式の方が品質上位とされています。国が公式に定める輸出規格はGrade1（通称G1）からGrade5（G5）までであり、G5に満たないものは国内消費用の輸出不適合品となります。以前G1、G2といった上位グレードの記載は水洗式のみでの使用が認められていましたが、昨今のスペシャルティ・コーヒーの台頭により、ナチュラルの生産処理でも、これらの名乗りが許されるようになりました。

エチオピアのコーヒー・セレモニー

エチオピアは他の生産国と比べてかなり異なる生産形態を持っており、国の生産内訳の45%近くがフォレスト/セミ・フォレスト（Forest 10%、Semi Forest 35%）と呼ばれる森林で育成されたコーヒーで占められ、次いで40%程度がガーデン・コーヒー（Garden Coffee）と呼ばれる生産者世帯で栽培されているコーヒー、残りの15%はプランテーション・コーヒー（Plantation Coffeeまたは、Small Holder/Estate Coffeeとも言う）となっており、これは企業などが運営する私営農園などになります。

エチオピアの公的なコーヒー研究は、ジマ・ゾーンにあるJARCが担っており、1970年代から国内の品種改良、選抜などを行って自国のコーヒー産業を支えています。

参考サイト

- Ethiopia Forest Coffee：Frequently asked Questions, Partnerships for Forests

ガーデン・コーヒーにおける生産者住居

森の中のコーヒー（セミ・フォレスト）

生産形態と国内流通

フォレスト・コーヒー(10%)は、国営森林公園や自然保護地区に相当するエリアで自生しているコーヒーの木々が相当し、これらには基本的な手入れが許されておらず、剪定や施肥などはもちろん、いかなる人為的な介入も禁止されます。

セミ・フォレスト・コーヒー(35%)では、シェイド・コントロール(日照調整)や他の植物と栄養の取り合いにならないようにするための木の移植、競合植物の低減、コーヒーの木の自然な生育と再生を促すための野生動物の管理、野生種子の繁栄を助ける意図的なスペースマネージメントなどの管理が行われます。こうした森林コーヒーにおける生産者は、栽培者というより狩猟採集者に近い形態と言えるでしょう。

ガーデン・コーヒー(40%)は、生産者世帯の敷地内で栽培されるコーヒーの木々から収穫されます。一般的なアフリカの生産国と同様に、世帯が抱えるコーヒーの木の数に偏差が大きく、数本から数千本と大小様々です。生産者は農協やチェリー・コレクターやチェリー売買所等に収穫果実(チェリー)を販売しますが、コーペラティブ・ユニオン(Cooperative Union)という大規模農協連合などに販売する事例も一般的です。こうした農協連合には5,000世帯にわたる生産者世帯が所属することもあり、生産者向けの融資や農業指導、農薬の供給などのサポートなどが提供されていることから、同国のコーヒー生産における産業の安定化に大きな役割を果たしています。

生産形態の多様化に目を向けると、2017年以降の規制緩和を受けて、近年では個人経営(法人)の農協の設立が増加傾向にあります。新進気鋭の小農協(または農協機能を持つチェリー・コレクター)では、生産者から品質の高いチェリーを買い入れて、嫌気性発酵やハニー・プロセスなどの特殊ロットの生産を行っており、付加価値が高く、かつ風味特性に優れるコーヒーの生産が多く見られるようになってきました。

ウエット・ミルの女性従業員たち

プランテーション・コーヒー（15%）は、個人や企業が運営する私営農園を指します。2000年代初頭におけるパナマのゲイシャ種の台頭より、その発生地とされるベンチ・マージ県のゲシャ地区に業界の注目が集まりましたが、この森林エリアで農園プロジェクトを行っているゲシャ・ビレッジ・コーヒー・エステイト（Gesha Village Coffee Estate）では独自の品種を選抜/開発し、特殊な生産処理を用いて高付加価値、高価格型の商品展開を行っています。

参考サイト

- YCFCU（Yirgacheffe Coffee Farmers' Cooperative Union）
- OCFCU（Oromia Coffee Farmars' Cooperative Union）

水路（Canal）を使用する水洗式のパーチメント洗浄

ベンチ・マージ県 Bench Maji Zone

Gesha Forest & Gesha Village Coffee Estate

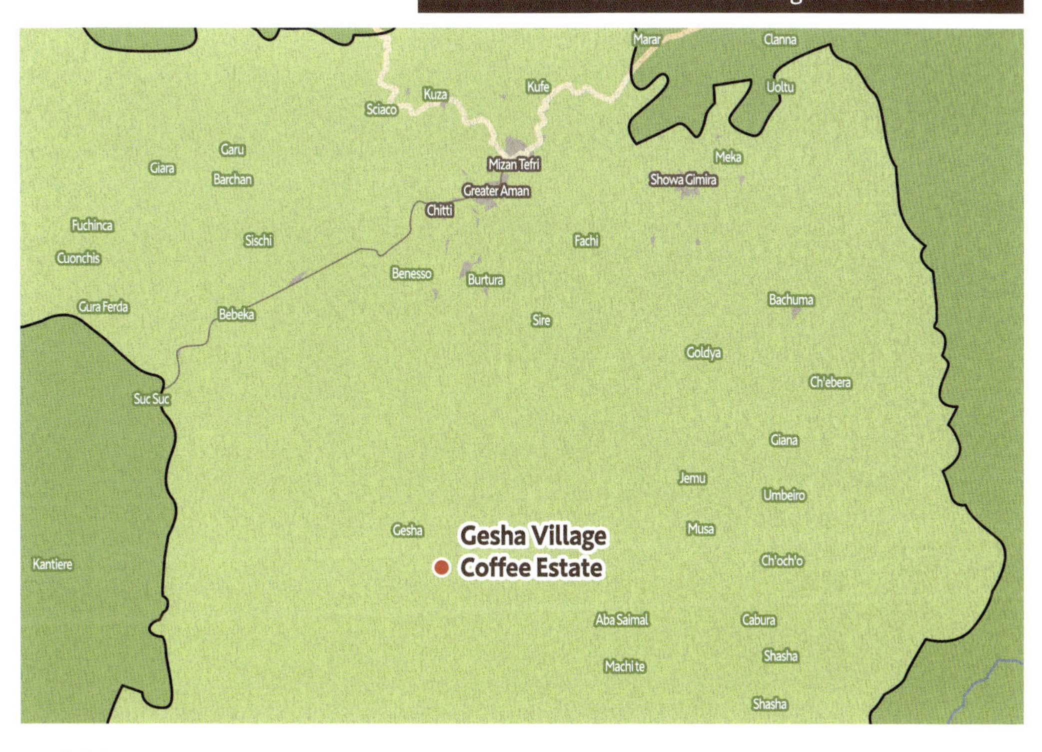

参考サイト

- Gesha Village Coffee Estate

エチオピア原生種と森林

エチオピアで栽培、あるいは自生しているコーヒーの品種は森林に存在する在来種を含めると1,000以上に上ると言われていますが、経済発展による森林伐採や温暖化による気候変動によって、こうした天然の品種バンクであるフォレスト・コーヒーが危機にさらされています。なお、ヨーロッパでは森林破壊防止規則（EUDR）が発効されようとしており、コーヒーの生産国は森林破壊を行っていない証明をEUの消費国に対して行うことが必須化されようとしていますが、森林減少率の高いエチオピアでは特にこの規則への適応が喫緊の課題となっています。

国内で流通している耕作品種の多くは、それぞれの地域で生育していたローカル・ランドレイス（Local Landrace）、またはエアルーム（Heirloom）と呼ばれる土着品種群ですが、これ以外にもJARCが1970年代に選抜したCBD耐性種などがエチオピア全土に配布されています。その類まれな風味特性の可能性から、近年のコーヒー・シーンではエチオピアにルーツを持つ品種や交配種に注目が集まっており、今後も同国が保有するコーヒーの耕作品種群はコーヒー業界にとって貴重な財産であり続けるでしょう。

エチオピアのテロワール

エチオピアの地域(Region)区分

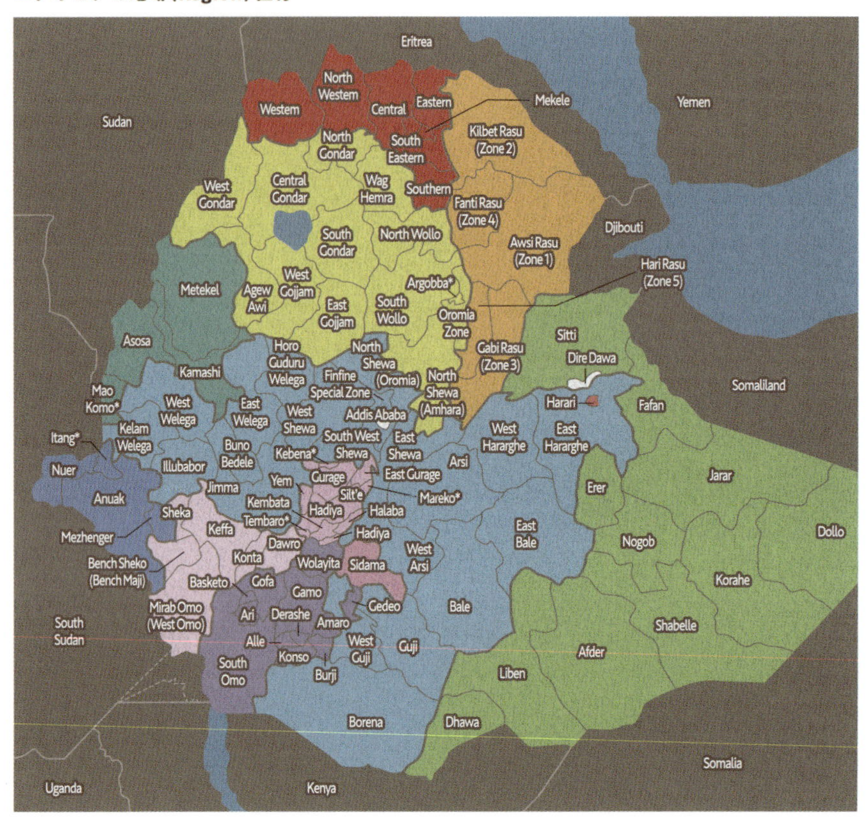

エチオピアでは、古くから名を馳せてきた北部県、特にハラー/ハラルゲ地方や、西部県であるカッファ地方、ジマ地方などが著名ですが、ここでは、より類まれな風味特性を生み出す南部県を紹介したいと思います。シダマ州(Sidama)、ゲデオ県、西グジ県(West Guji)、グジ県の4州県は、世界各国のコーヒー愛好家にとって特に重要な意味を持つ生産地域と言えるでしょう。なお、エチオピアの行政区画は政情が安定していない事情もあって頻繁に変更されるため、地域名と実際の地図上のエリアとの紐づけには注意する必要があります。

行政区分	● **Zone/Regional State(県/州)** ▸**Woreda(区)**　▸Kebele(地方自治体/村)

シダマ州 Sidama Regional State

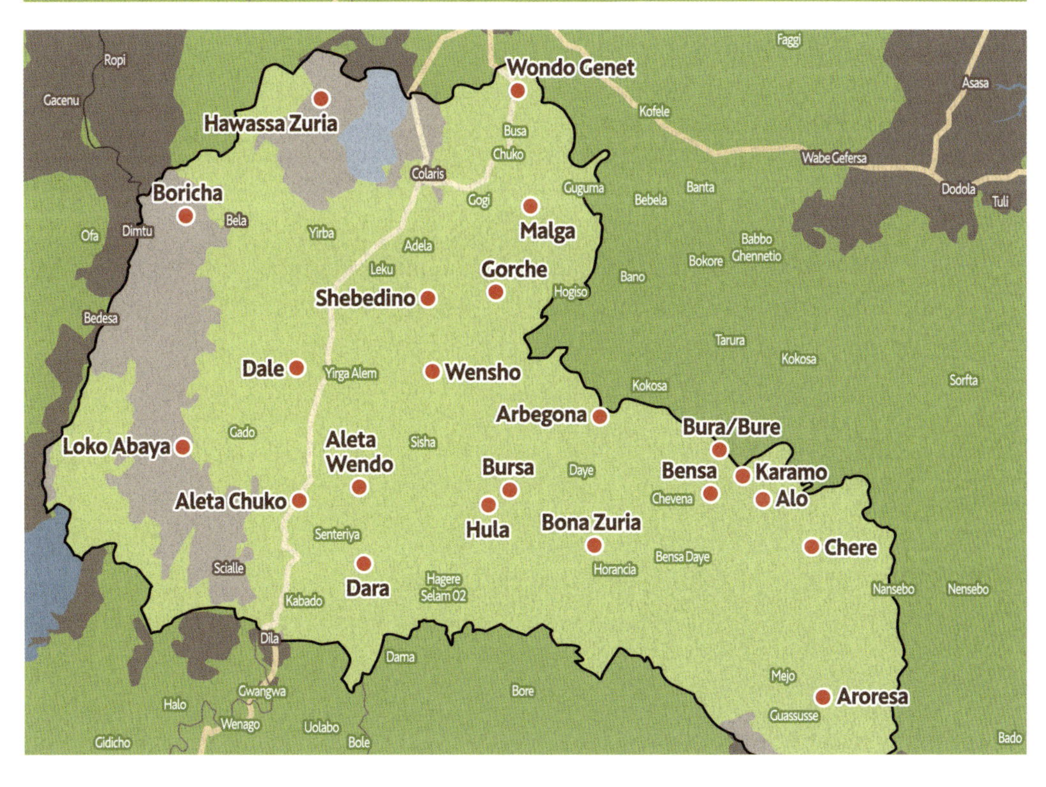

- **Sidama Regional State（シダマ州）**
  - **Aleta Wendo（アレタ・ウェンド）**
  - **Arbegona（アルベゴナ）**
  - **Aroresa（アロレサ）**
  - **Hawassa Zuria（アワッサ・ズリア）**
  - **Bensa/Benssa（ベンサ）**
    - Alo（アロ）
  - **Bura/Bure（ブラ）**
    - Karamo（カラモ）
  - **Bona Zuria（ボナ・ズリア）**
  - **Boricha（ボリチャ）**
  - **Bursa（ブルサ）**
  - **Chire/Chere（チェレ）**
  - **Aleta Chuko（アレタ・チェコ）**
  - **Dale（ダレ）**
  - **Dara（ダラ）**
  - **Gorche（ゴルチェ）**
  - **Hula（ウラ）**
  - **Loko Abaya（ロコ・アバヤ）**
  - **Malga（マルガ）**
  - **Shebedino（シェベディノ）**
  - **Wensho（ウェンショ）**
  - **Wondo Genet（ウォンド・ゲネ）**

エチオピアの行政区画ではゾーン（Zone：県）が一般的ですが、シダマ州はステート（State：州）という名称区分がなされており、シダマ民族の居住地であることがその名の由来となっています。この州は、かつて広大な面積を誇った旧シダマ地方（Province）の北部地域にあたり、2019年にシダマ州として分離独立しました。コーヒー業界では"シダモ（Sidamo）"の名称が一般的ですが、これは"シダマ民族の"という意味があり、その名の通り、シダモ・コーヒーの主要生産地の1つとして重要な土地です。今までは南に隣接するゲデオ県で生産された、いわゆるイルガチェフェ（Yirgacheffe）のコーヒーが格上の扱いを受けていましたが、近年開催されているエチオピアCOEでは、上位入賞ロットのほとんどをこのシダマ州が独占しており、改めてこの土地のテロワールが再評価されるようになってきました。ブラ・ウォレダ（Bura/Bure）のカラモ村（Karamo）で農協を営むニグセ・ゲメダ（Niguse Gemeda）氏によるコーヒー・ロットが1位を獲得したのを皮切りに、翌年はベンサ・ウォレダ、アロ村（Alo）のチェリー・コレクターであるタミル・タデッセ（Tamiru Tadesse）氏が1位となり、世界各国のロースターがこぞって彼らのコーヒーを求めるようになりました。また輸出業者であるモプラコ（Mocca Plantation Coffee）もベンサのコーヒーに早くから着目し、数多くの優良ロットを市場に紹介してきました。

当地のコーヒーはフローラルかつ明確なフルーツ・キャラクターを持つ甘い味わいが特徴で、典型的なエチオピアライクな印象をさらに洗練させたかのような風味特性を持っています。

参考サイト

- Moplaco Treding PLC

ゲデオ県 Gedeo Zone

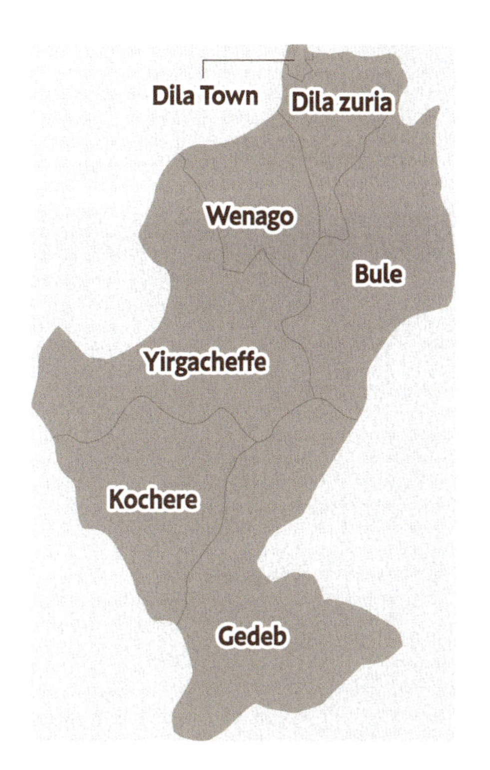

- **Gedeo Zone**
  - **Dila Town（ディラ・タウン）**
  - **Dilazuria（ディラズリア）**
  - **Wenago（ウェナゴ）**
    - Adame/Adamea（アダメ）
  - **Bule（ブーレ）**
  - **Yirgacheffe（イルガチェフェ）**
    - Dumerso（デュメルソ）
    - Idido/Adido（イディド）
    - Gersi（ゲルシ）
    - Konga（コンガ）
    - Aricha（アリチャ）
    - Haru（ハル）
    - Suke（スケ）
  - **Kochere（コチェレ）**
    - Chelelektu（チェレレクトゥ）
    - Fisehagenet（フィセハゲネ）
    - Beloya（ベロヤ）
  - **Gedeb（ゲデブ）**
    - Worka Sakaro（ウォルカ・サカロ）
    - Banko Gotiti（バンコ・ゴティティ）
    - Banko Chelchele（バンコ・チェルチェレ）

エチオピアのコーヒーの中でも別格とされるゲデオ県。ここで生まれたコーヒーは通称イルガチェフェと呼ばれ、"イルガチェフェ・フレーバー"と称されるフローラルかつ紅茶様の風味を持つのが特徴です。エレガントなコーヒーが醍醐味であるゲデオ県の中でも中央から南部にかけてのテロワールは特に秀逸で、イルガチェフェ、コチェレ（Kochere）、ゲデブ（Gedeb）の各ウォレダには、イディド、コンガ、アリチャ、チェレレクトゥ、ベロヤ、ウォルカ・サカロ（Worka Sakaro）、バンコ・ゴティティ（Banko Gotiti）など、数多くの著名な村（Kebele）が連なっています。

エチオピア国内の原産地呼称（Coffee Contract）の一覧（水洗式スペシャルティ）

原産地呼称	生産地域（ウォレダまたは県）	シンボル	グレード	集果センター
YIRGACHEFFE A*	Yirgacheffe	WYCA	Q1, Q2	Dilla
WENAGO A*	Wenago	WWNA		
KOCHERE A*	Kochere	WKCA		
GELENA ABAYA A*	Gelena/Abaya	WGAA		
YIRGACHEFFE B**	Yirgacheffe	WYCB		
WENAGO B**	Wenago	WWNB		
KOCHERE B**	Kochere	WKCB		
GELENA ABAYA B**	Gelena/Abaya	WGAB		
SIDAMO A	Borena (except Gelena/Abaya), Benssa, Guji,Chire, Bona zuria, Arroressa, Arbigona	WSDA		Hawassa
SIDAMO B	Aleta Wendo, Dale, Chuko, Dara, Shebedino,Wensho, Loko Abaya, Amaro, Dilla zuria	WSDB		
SIDAMO C	Kembata & Timbaro, Wollaita	WSDC		Soddo
SIDAMO D	W. Arsi (Nansebo), Arsi (Chole), Bale	WSDD		Hawassa

つづき

<table>
<tr><th>原産地呼称</th><th>生産地域（ウォレダまたは県）</th><th>シンボル</th><th>グレード</th><th>集果センター</th></tr>
<tr><td>SIDAMO E</td><td>S.Omo, Gamogoffa</td><td>WSDE</td><td rowspan="12">Q1, Q2</td><td>Soddo</td></tr>
<tr><td>LIMMU A</td><td>Limmu Seka, Limmu Kossa, Manna, Gomma,Gummay, Seka Chekoressa, Kersa, Shebe,Gera</td><td>WLMA</td><td>Jimma</td></tr>
<tr><td>LIMMU B</td><td>Bedelle, Noppa, Chorra, Yayo, Alle, Didu,Dedessa,</td><td>WLMB</td><td>Bedelle</td></tr>
<tr><td>KAFFA</td><td>Gimbo, Gewata, Chena</td><td>WKF</td><td rowspan="6">Bonga</td></tr>
<tr><td>GODERE</td><td>Mezenger (Godere)</td><td>WGD</td></tr>
<tr><td>YEKI</td><td>Yeki</td><td>WYK</td></tr>
<tr><td>ANDERACHA</td><td>Anderacha</td><td>WAN</td></tr>
<tr><td>BENCH MAJI</td><td>Sheko, S.Bench, N.Bench, Gura ferda, Bero</td><td>WBM</td></tr>
<tr><td>BEBEKA</td><td>Bebeka</td><td>WBB</td></tr>
<tr><td>KELEM WELEGA</td><td>Kelem Wollega</td><td>WKW</td><td rowspan="3">Gimbi</td></tr>
<tr><td>EAST WELLEGA</td><td>East Wollega</td><td>WEW</td></tr>
<tr><td>GIMBI</td><td>West Wollega</td><td>WGM</td></tr>
</table>

A*：イルガチェフェ・フレーバー　B**：イルガチェフェ・フレーバーとしては劣る

参考文献

- ECX Coffee Contract

原産地呼称の地図

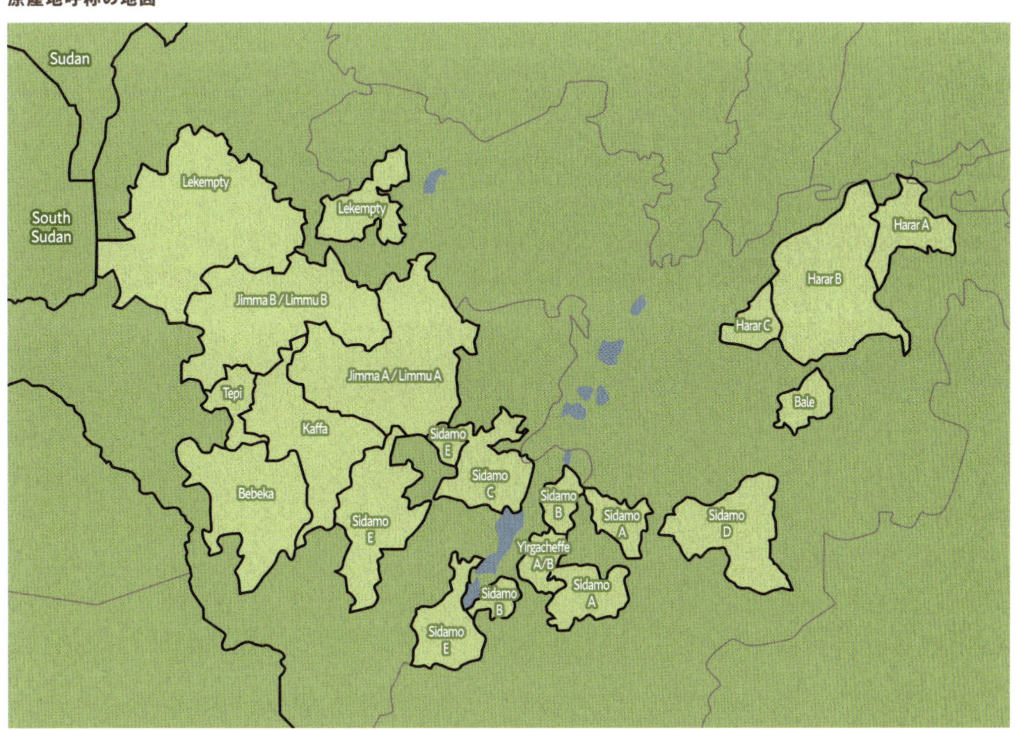

上記の図表は、エチオピア国内の穀物取引所であるECX（Ethiopia Commodity Exchange）で取引されるコーヒーの原産地呼称を表したものです。ゲデオ県はイルガチェフェ、ウェナゴ（Wenago）、コチェレの各ウォレダが、それぞれの単独地域の呼称を許されており、これに加え

てイルガチェフェ・フレーバーの有無も記載されています。このように、この県がいかにエチオピアのコーヒー・シーンで重要であるかがよく分かるかと思います。ゲデオ県もチェリー・コレクターらの活動が活発化しており、嫌気性発酵を用いた特殊なロットや、代表者の人名を冠したロットなども散見されるようになってきました。輸出業者であるトラコン（Tracon）は、こういった銘柄を多く取り扱っており、当地は現在もテロワールの細分化が進んでいるため、今後もさらなる多様化と発展に期待が持てます。

近年、西グジ県に隣接する南端のゲデブ・ウォレダの評価が高まっており、ウォルカ・サカロ、チェルチェレ（Chelchele）、バンコ・ゴティティの各村では明確なフローラルなフレーバーを持ち、まるで紅茶のアール・グレイを思わせるような香り高いコーヒーが生み出されています。

参考サイト

- Tracon Trading PLC

西グジ県 West Guji Zone

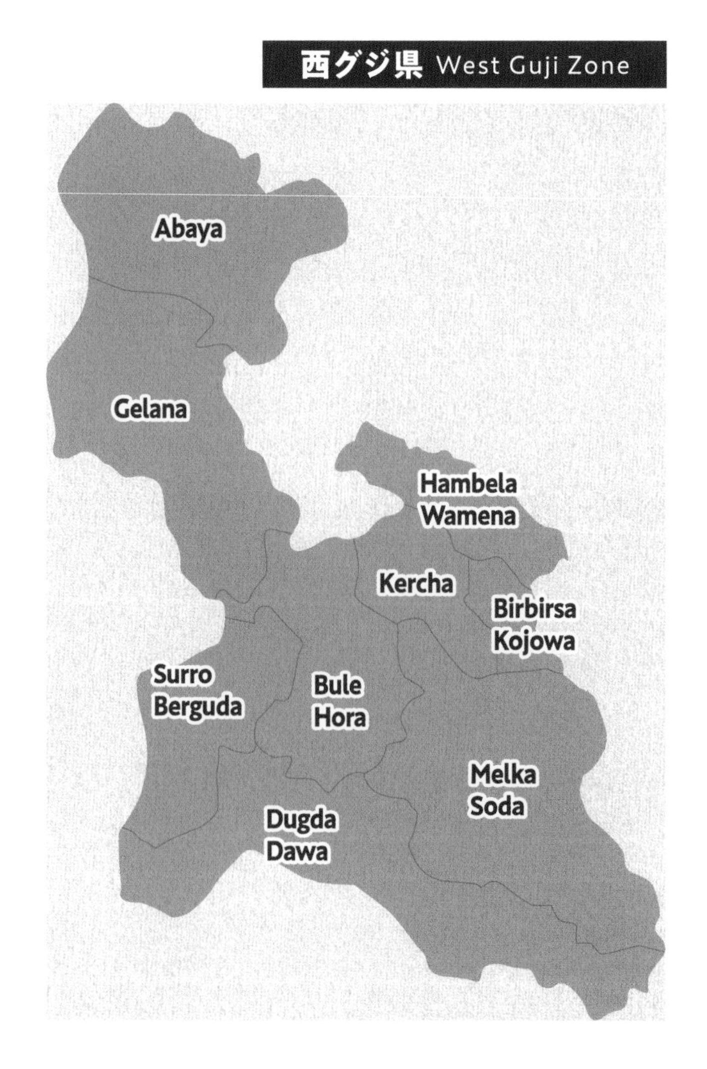

- **West Guji Zone**
  - **Abaya（アバヤ）**
  - **Gelana（ゲレナ）**
    - Chelbesa（チェルベサ）
  - **Bule Hora（ブーレ・オラ）**
  - **Kercha（ケルチャ）**
  - **Hambela Wamena（ハンベラ・ワメナ）**
    - Alaka Korchena（アラカ・コルチェナ）
    - Buku Sayisa（ブク・サイサ）
  - **Birbirsa Kojowa（ビルビルサ・コジョワ）**

ゲデオ県の西部そして南部を取り囲むように位置しているのが西グジ県です。このエリアも以前はシダモのコーヒーとして扱われていました。この西グジ県は東と南に隣接するグジ県から分離し、近年に成立した比較的新しい行政区画となっています。当地のコーヒーは、ゲデオ県のエレガントさとグジ県の明るいフルーツ・キャラクターの両方を有しており、人気のある生産県です。ハンベラ・ワメナ（Hambela Wamena）、ケルチャ（Kercha）、ゲレナ（Gelena）といったウォレダの評価が高く、大変優秀なテロワールを有しています。この西グジ県でもゼレラムCWS（Zerelam Coffee Washing Station）をはじめとした様々なチェリー・コレクターが活動を行っています。

グジ県 Guji Zone

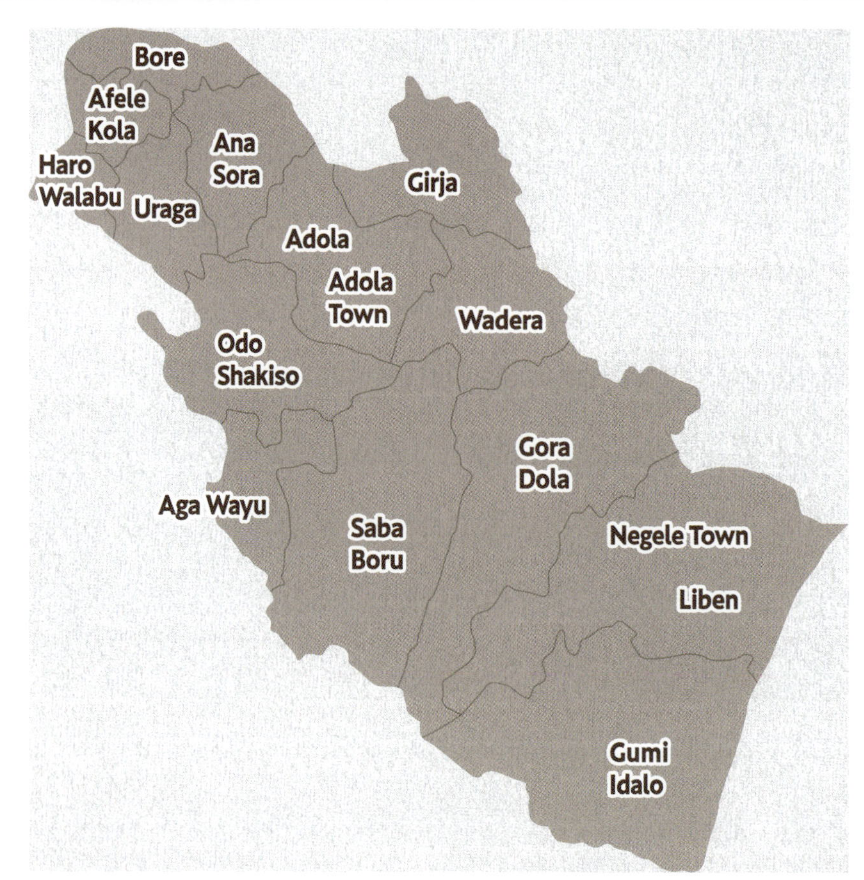

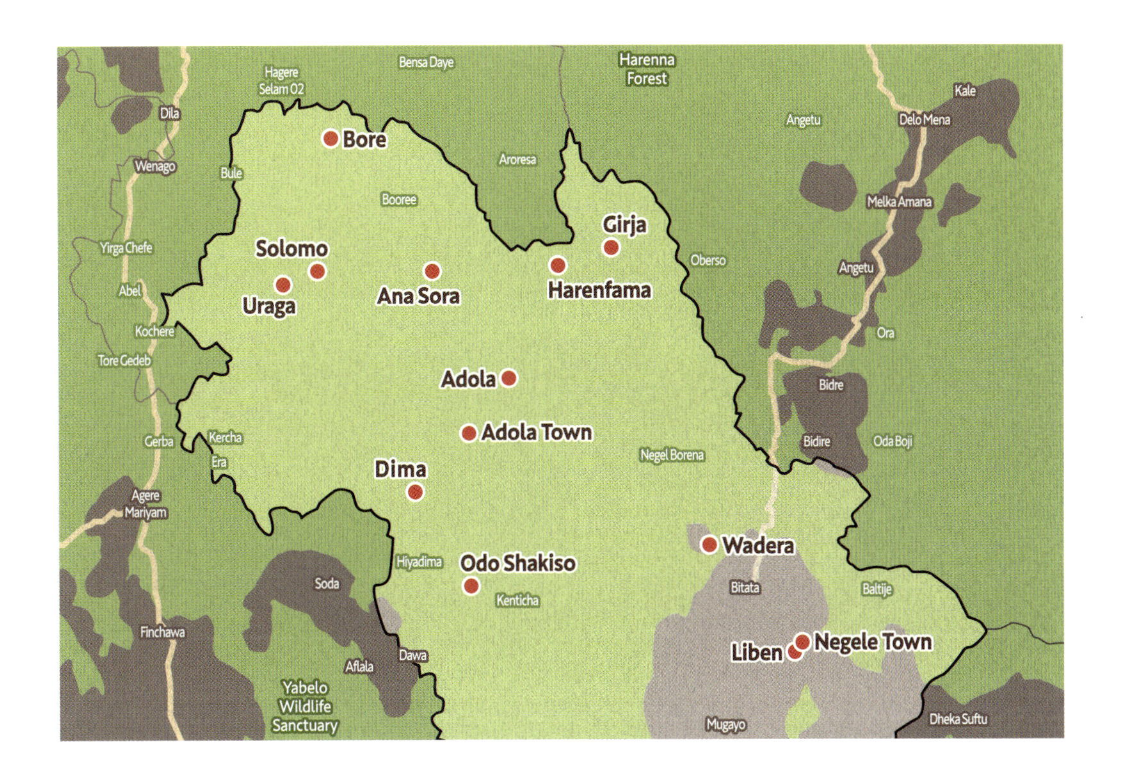

- **Guji Zone**
  - Adola（アドラ）
  - Adola Town（アドラ・タウン）
  - Ana Sora（アナ・ソラ）
  - Bore（ボレ）
  - Dima（ディマ）
  - Girja（ギルジャ）
  - Harenfema/Harenfama（アレンフェマ/アレンファマ）
  - Liben（リベン）
  - Negele Town（ネゲレ・タウン）
  - Odo Shakiso（オド・シャキソ）
  - Uraga（ウラガ）
    - Solomo（ソロモ）
  - Wadera（ワデラ）

グジ、西グジの両県は南部に隣接するボレナ県（Borena）の一部でしたが、近年になってからまずこのグジ県が分離し、次いで西グジ県が分離しました。すでに述べたように、これらの地区はSidamoのコーヒーと呼ばれていましたが、2010年代中頃から、Guji、West Gujiといったように、県名が明記されるようになってきました。南部のキャラクターはやはり、明るいジューシーな柑橘の風味です。水洗式では鮮烈な柑橘系を思わせながらも、ナチュラルでは一転してリンゴやベリー系の風味を現すのがこの地域の面白いところです。当県では、スペシャルティ・シーンで大きな注目を浴びたオド・シャキッソ（Odo Shakiso）をはじめ、ウラガ（Uraga）、アナソラ（Anasaora）など、西側ウォレダのテロワールが素晴らしく、いずれも個性が明確で力強いコーヒーを育んでいます。

ケニア

不良パーチメントを取り除く女性たち

■ ケニアの生産概要

- 伝播時期：19世紀
- 年間生産量（2022年）：785,000袋
- 主な生産処理：水洗式（ソーキング：Soaking）
- 主なコーヒー・ロットの単位：農協などによるエリア集積型（ファクトリー）
- 主な品種：SL28、SL34、Ruiru11、Batian
- 主な生産形態：極小規模農家/家族
- 主な収穫時期：メイン・クロップ10～12月、フライ・クロップ6～8月
- 主要港：モンバサ

1862年にフレンチ・ミッション（French Mission）によってブルボン種系のコーヒーが伝播したケニアは、“コロンビア・マイルド”とカテゴライズされる、上質な水洗式アラビカ・コーヒー生産国の一角として名を馳せてきました。コロンビア・マイルドに属する生産国はコロンビア、タンザニア、ケニアの3国のみとなっており、ケニアはこの3か国の中では品質において筆頭とも言える存在です。通常の水洗発酵後に、もう一度水でパーチメントを濯ぐ、ソーキング方式（Soaking）を伝統的に採用しており、クリーンで酸の明るいコーヒーを特徴としています。2022年の生産量は785,000袋（47,100MT）で、それほど多くありません。輸出規格におけるグレーディング・システムは粒の大きさが基準になっており、大粒スクリーンの割合が高いものから、AA（SC17/18）、AB（SC15/16）、

C（SC14/15）などの序列がなされ、これにFine、Good、Fair to Good、Fair to Average Quality（FAQ）…といったカップ・クオリティが付加されます。ケニアに限らず、アフリカの諸国のコーヒー生産における脅威としてはCBDがよく知られていますが、これに並ぶ脅威が旱魃です。ケニアではこの旱魃の問題が完全に解決には至っておらず、いまだに過去の生産水準に回復していません。品質とその生産量から、当国のコーヒーは高価なプレミアム・グレードが基本であり、やや格下グレードのABでさえ他国のコーヒーに比べて高い価格水準を維持しています。また、ケニアは赤道からの距離が近く、熱帯収束帯が年に2回南北に移動するため、雨季が2回発生します。よって、収穫時期も2期存在し、主要収穫期のメイン・クロップと呼ばれる10〜12月、そして二次収穫期であるフライ・クロップ（サブ・クロップとも言う）の6〜8月がそれぞれ相当します。

アフリカ大陸の北にヨーロッパが位置すること、そして歴史的な植民地政策などの背景から、エチオピア、ケニア、タンザニアのコーヒーはヨーロッパ諸国でのシェアが高い特徴があります。

国内流通

ケニアにおけるコーヒー生産の形態は、アフリカのコーヒー栽培の典型例とも言え、家族単位でのコーヒー栽培が主体となります。数本から数百本まで、それぞれの世帯が所有する農地とコーヒーの木の数には偏差が大きく、農園というより、やはり村や集落といった地方コミュニティがテロワールを形成していると言えます。ケニアの生産県はカウンティ（County：郡）という単位で構成され、それぞれの群にはFCS（Farmer's Cooperative Society）と呼ばれる生産者農協組合が複数存在し、担当生産エリアの栽培サポートや監督を行っています。こうした組合には、さらに細かいコミュニティのコーヒーの生産処理を行うファクトリー（Factory＝ウエット・ミル）が複数連なっており、ケニアのコーヒーは、このファクトリー名で市場に流通することが通例になっています。

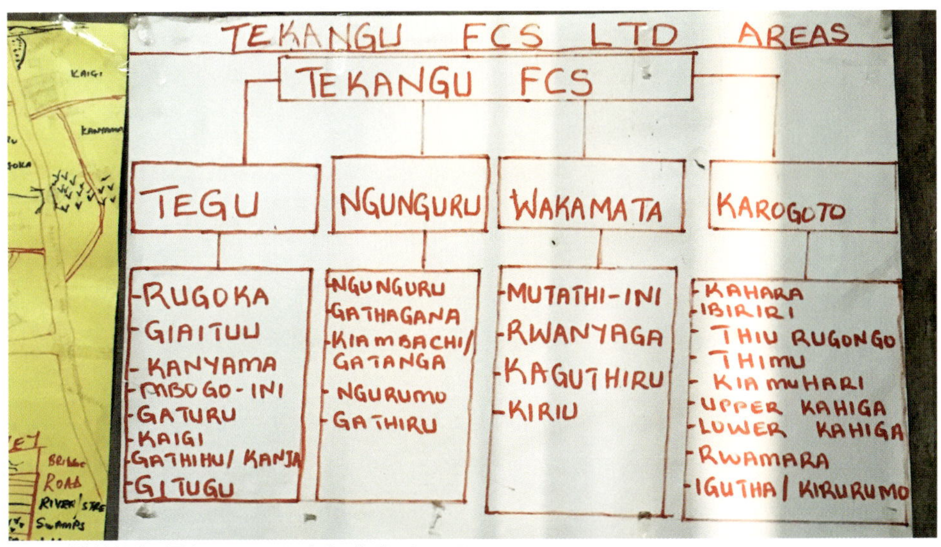

テカング農協組合に属するファクトリーとその生産コミュニティ

アフリカで一般的に使用されているマッキノン（Mckinnon）製のディスク・パルパー（果肉除去機）

生産者世帯は収穫したチェリーをファクトリーに持ち込み、受け渡し前に水を用いた簡易比重選別やハンド・ピックを行ってからファクトリーの作業員にチェリーを納品します。作業員はそれぞれの生産者が持ち込んだチェリーの重量を計測し、受領書を生産者に渡します。この受領書は生産者からファクトリーに対する請求書の役割を担っており、コーヒーが消費国に販売された後に配金処理が行われます。支払いまでのサイクルは長い場合でおよそ6か月にわたり、場合によっては複数回注)に分けて支払われることがあります。このように1日に様々な世帯から集積されたチェリーは、当日集果ロット＝デイリー・ロット（Daily Lot：1日ごとロット）としてカウントされ、これが1つの銘柄のロットとして流通します。

注）短期サイクルでまとまった換金を行うと、生産者がコーヒー生産用資金を使いきってしまう恐れがあるため、農薬用の買い付けや生産におけるコスト管理を行えるように、農協側で資金管理することがある。

ケニア国内の優良ファクトリーのプロモーションにおいては、イギリス系のルーツを持つ、1950年創業の輸出業者であるドーマン（Dormans）が特に著名で、現在も多くのロースターが同社を通じて素晴らしい風味を持つコーヒー・ロットを輸入しています。ケニアでは、スペシャルティ・コーヒーの潮流に伴って今まで追跡が不可能であった各ファクトリーまでのトレーサビリティが確立されただけでなく、それぞれの品種構成が明確化されたコーヒー・ロットの流通という革新がもたらされました。

カンゴチョ・ファクトリー

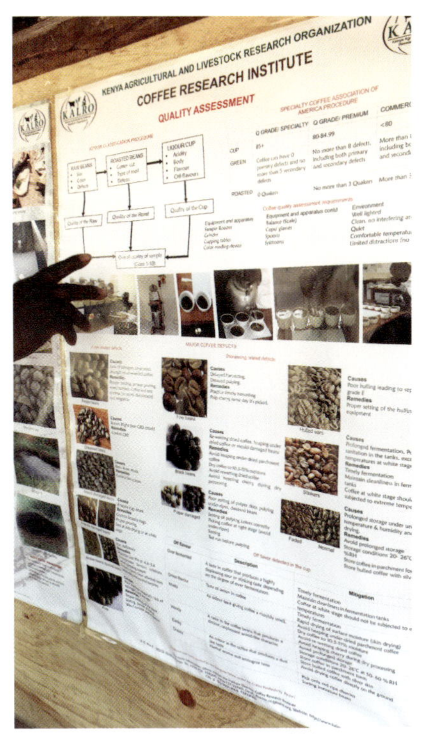

ファクトリー内で掲示されている品質向上のためのガイダンス

参考サイト 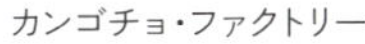

- Dormans

■ オークション・システム

ケニア、タンザニアの両国ではコーヒーオークション制度が実施されており、個人経営農園を除く原則全てのロットのコーヒーが国内オークションを通して公平に入札/落札されるようになっています。農協組合は各ファクトリーからの生豆サンプルを買い手である輸出業者に事前提出し、輸出業者はサンプルの品質確認を行ってから入札当日に備えます。こうした仕組みはコーヒーの流通価格の低下や値崩れを防ぐことができ、その時点でのニューヨーク相場やコーヒーの品質、または付加価値を反映した価格がオークション市場で形成されます。ケニアのオークション・システムは品質と価値の維持に一定の成果を挙げているため、国内流通の成功例の1つとしても認知されていますが、農協組合からのサンプルをプレシップメント・サンプル（船積み前サンプル）として消費者国の輸入者に提示することができないといったデメリットもあります。輸入業者へのサンプル送付は植物検疫を実施する必要があり、さらに輸入者によるサンプル焙煎をしてから品質を確認するまでにそれなりの時間がかかります。この間にオークションで当該のロットが流れてしまうのです。よって、輸出業者は見込みで販売用の在庫をオークションで落札して確保しなければならないため、それぞれの出品ロットの価格や品質属性が、世界市場における買い手の意向や温度感に沿っているかどうかを詳細に把握する必要があります。なお、輸入業者やロースターが直接産地に赴き、国内オークションに参加（輸出業者に落札を委託）する場合はこの限りではありません。

ナイロビのオークション会場

■ ケニアの品種

世界的に有名なコーヒーの農業研究機関であった旧スコット・ラボラトリーでは、アフリカに逆輸入される形となったイエメン由来の品種群（ティピカ種とブルボン種の系譜）の選抜と改良が行われました。SL28種やSL34種といった現在のケニアでは馴染みの品種はこのスコット・ラボラトリーに由来し、先頭にSLの名を冠しています。また、この他にも複数の品種をかけ合わせたF1種と呼ばれる系統のルイル11種やバティアン種などの採用例も近年増えています。こういったF1種には遺伝的に遠い品種をかけ合わせることで樹勢の強化や、病害虫の耐性、高い生産性とカップ・クオリティの向上など様々な能力を獲得することが可能になりました。ケニアでは旱魃の耐性が求められたため、耐性に秀でる矮小種のコーヒーの木に、カップ・クオリティの優れる樹高の高い木をかけ合わせるなどの交配が行われました。

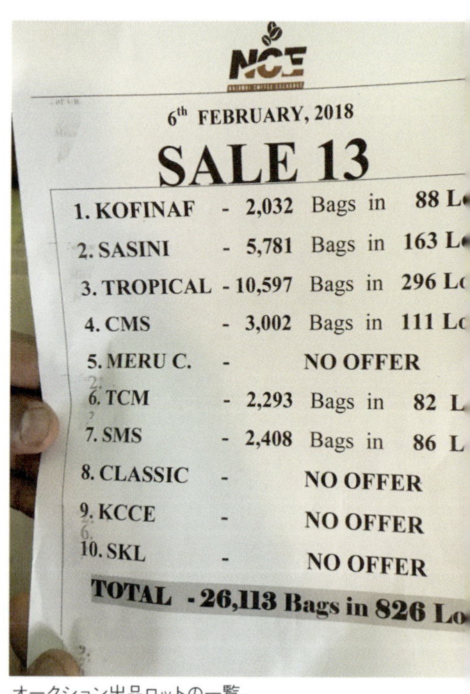
NCE
6th FEBRUARY, 2018
SALE 13

1. KOFINAF	- 2,032	Bags in	88 L
2. SASINI	- 5,781	Bags in	163 L
3. TROPICAL	- 10,597	Bags in	296 L
4. CMS	- 3,002	Bags in	111 L
5. MERU C.	-	NO OFFER	
6. TCM	- 2,293	Bags in	82 L
7. SMS	- 2,408	Bags in	86 L
8. CLASSIC	-	NO OFFER	
9. KCCE	-	NO OFFER	
10. SKL	-	NO OFFER	
TOTAL	- 26,113	Bags in	826 Lo

オークション出品ロットの一覧
（左側が農協などの出品者名）

■ ケニアのテロワール

ケニアのコーヒー主要生産地は、4,000m級の高峰であるケニア山の南部に広がっており、ニエリ郡（Nyer）、キリニャガ郡（Kirinyaga）、エンブ郡（Embu）、ムランガ郡（Muranga）、ティカ郡（Thika）などが代表的な生産地として挙げられます。ここでは素晴らしいコーヒーを多く生み出す、ニエリ郡とキリニャガ郡のテロワールを取り上げてみます。

各County(郡)の生産者組合とファクトリー

● FCS/Farm(生産者組合/農園)
▸ Factory(ファクトリー)

ニエリ郡 Nyeri County

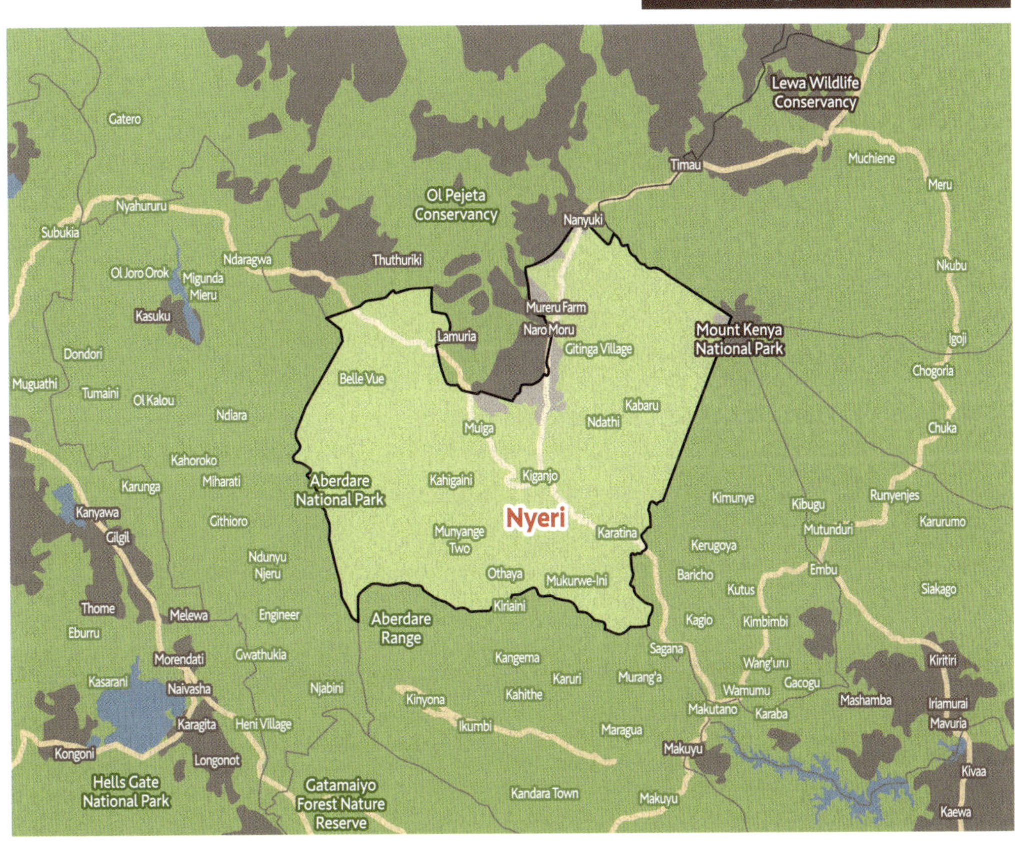

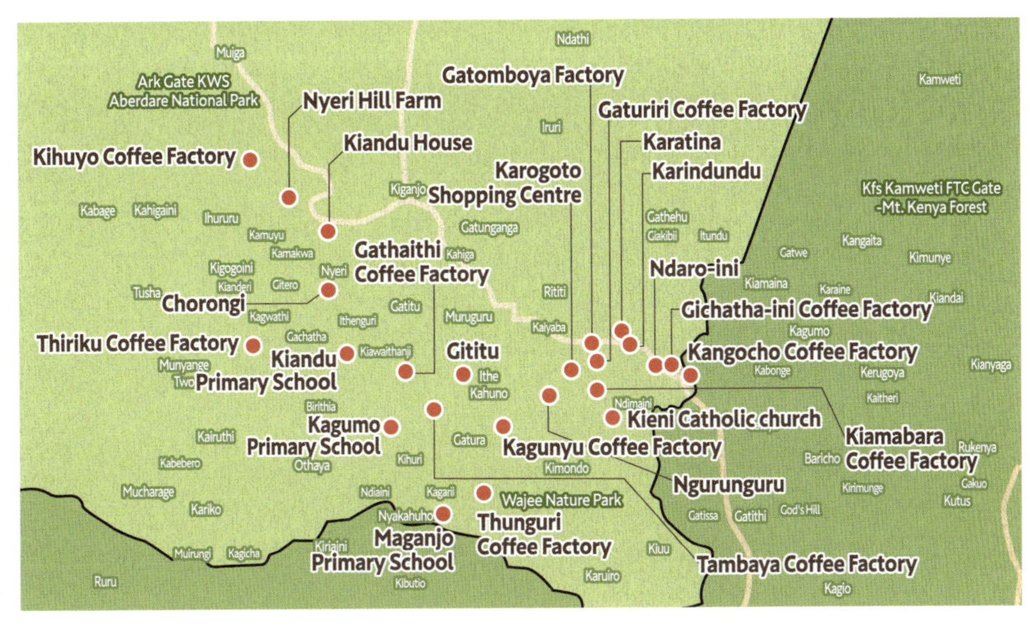

ニエリ郡はケニア山の南西部の麓に位置し、同国で最も素晴らしいテロワールを誇る有名な生産エリアです。各生産者組合やファクトリーの名称は、そのまま地域やコミュニティの名称となっているケースがほとんどで、これらの名称を辿ると細かいテロワールを特定することが可能です。ここには総勢23組合が存在し、数多くの著名ファクトリーが名を連ねています。私営農園もありますが、やはり農協ロットが一般的かつ基本的な銘柄となります。下記は、特に著名な生産者組合とファクトリーです。

- **AGUTHI FCS（アグチ生産者組合）**
  - Kagumo（カグモ）
  - Thageini（タゲイニ）
  - Gakii Central（ガキイ・セントラル）
  - Gititu（ギティツ）
  - Mungaria（ムンガリア）
- **BARICHU FCS（バリチュ生産者組合）**
  - Karatina（カラティナ）
  - Karindundu（カリンドゥンドゥ）
  - Gaturiri（ガトゥリリ）
  - Gatomboya（ガトンボヤ）
- **GIKANDA FCS（ギカンダ生産者組合）**
  - Gichatha-ini（ギチャタイニ）
  - Ndaro-ini（ンダロイニ）
  - Kangocho（カンゴチョ）
- **MUGAGA FCS（ムガガ生産者組合）**
  - Kagumoini（カグモイニ）
  - Kiamabara（キアマバラ）
  - Kieni（キエニ）
  - Gathugu（ガトゥグ）
  - Gatina（ガティナ）
- **MUTHEKA FCS（ムテカ生産者組合）**
  - Chorongi（チョロンギ）
  - Kamuyu（カムユ）
  - Kiandu（キアンドゥ）
  - Kigwandi（キグワンディ）
  - Kihuyo（キフヨ）
  - Mutha-ini（ムタイニ）
  - Kaiguri（カイグリ）
- **TEKANGU FCS（テカング生産者組合）**
  - Tegu（テグ）
  - Karogoto（カロゴト）
  - Ngunguru（ングングル）
  - Wakamata（ワカマタ）
- **GATHAITHI FCS（ガサイシ生産者組合）**
  - Gathaithi（ガサイシ）
- **RUMUKIA FCS（ルムキア生産者組合）**
  - Kagunyu（カグンユ）
  - Thunguri（トゥングリ）
  - Kiwamururu（キワムルル）
  - Gaikundo（ガイクンド）
  - Gatura（ガトゥラ）
  - Maganjo（マガンジョ）
  - Tambaya（タンバヤ）
  - Ndiaini（ンディアイニ）
- **Nyeri Hill Farm（ニエリ・ヒル・ファーム）**

参考文献

- Kenya Coffee Traders Association, Kenya Coffee Directory, 2012

ギチャタイニ、カンゴチョを擁するギカンダ生産者組合や、テグ、カロゴト、ングングルなどのファクトリーを傘下に持つテカング生産者組合のコーヒーはカシスのような甘さと重厚なボディを持つことで珍重され、ニエリ郡で特に評価の高い生産者組合です。ムガガ生産者組合傘下のカグモイニ、キアマバラ、キエニも日本では知名度が高いファクトリーです。また、チョロンギやガサイシなどは近年多くのファンを獲得した実力派と言えるでしょう。私営農園としては、1904年創業のカトリック系農園であるニエリ・ヒル農園（Nyeri Hill Farm）の評価が高く、こちらも多くのロースターに愛用されています。ニエリ郡のコーヒーはカシスやベリーなど、水洗式であるにもかかわらず黒色系フルーツを連想させる風味が発現しやすく、当郡が格別であることを知らしめています。

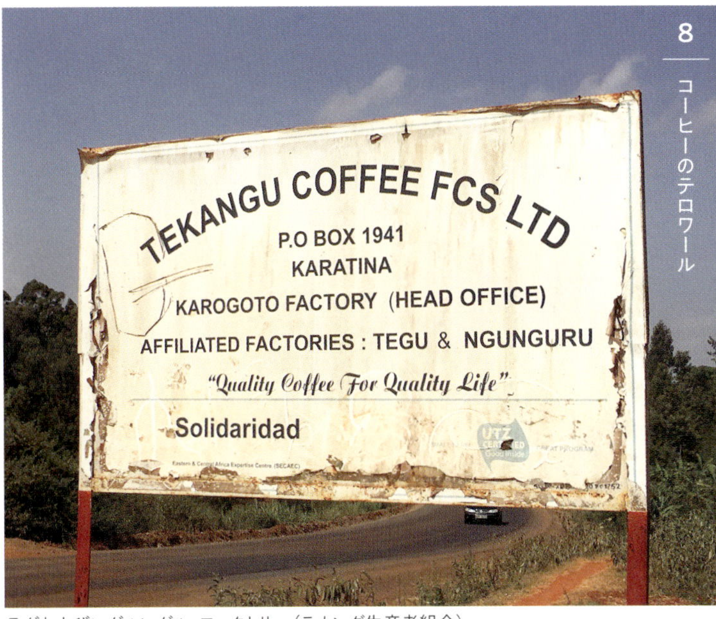

テグおよびングルングル・ファクトリー（テカング生産者組合）

キリニャガ郡 Kirinyaga County

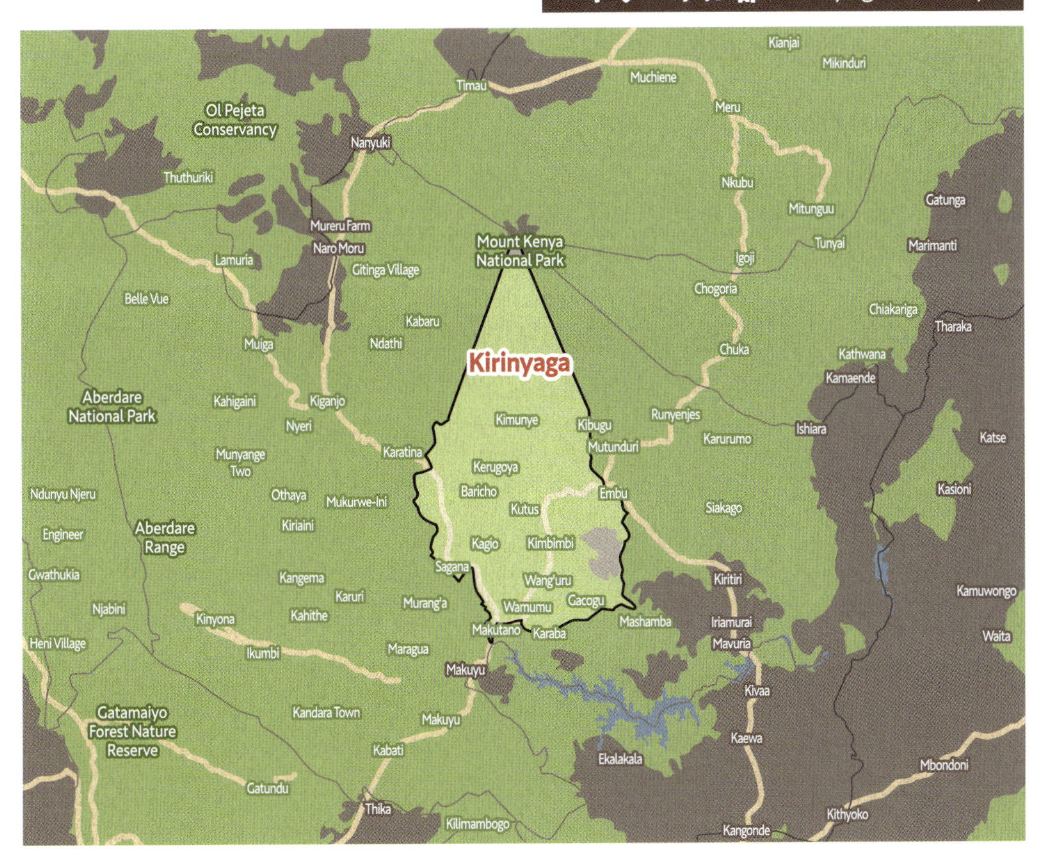

- **KARITHATHI FCS(カリタシ生産者組合)**
  - Kiunyu(キウニュウ)
  - Kabingara(カビンガラ)
- **KIBIRIGWI FCS(キビリグイ生産者組合)**
  - Ragati(ラガティ)
  - Thunguri(トゥングリ)
  - Nguguini(ンググイニ)
  - Kianjege(キアンジェゲ)
  - Mukangu(ムカング)
  - Chewa(チェワ)
  - Kiangai(キアンガイ)
  - Kibirigwi(キビリグィ)
  - Kibingoti(キビンゴティ)
- **MWIRUA FCS(ムウィルア生産者組合)**
  - Kariaini(カリアイニ)
  - Kiaragana(キアラガナ)
  - Mitondo(ミトンド)
  - Kiambwe(キアンブウェ)
  - Gatuya(ガトゥヤ)
  - Rwamuthambi(ルワムタンビ)
  - Gathambi(ガタンビ)
  - Riakiania(リアキアニア)

ニエリ郡の東、そしてケニア山の真南に位置する生産地域です。ケニアのコーヒー・シーンではニエリ郡と並んで優良なロットのコーヒーを輩出してきたことから、この2つの郡は双璧(そうへき)と言えるでしょう。このキリニャガ郡にも多くの生産者組合が存在し、傘下により細かいテロワールを持つファクトリーが連なっています。

この郡で最も重要なファクトリーはやはり、ムウィルワ生産者組合に属するカリアイニでしょう。ここは1954年の創業で、ケニアの中でも古参のテロワールとしてとても有名なファクトリーです。同じく傘下のミトンドやキアラガナなども評価が高く、ロースターから注目されています。また、キビリグイ生産者組合のンググイニ、キアンガイ、トゥングリなども2000年代からケニアのブランド・イメージを支えてきた重要な立役者と言えます。キリニャガ郡のコーヒーは柑橘系の酸が特徴で、明るくジューシーな特徴を現すケニア・コーヒーですが、一部はニエリのように重厚な風味を感じさせるロットも存在しています。

タンザニア

タンザニアの生産概要

- 伝播時期：19世紀
- 年間生産量（2022年）：887,000袋
- 主な生産処理：アラビカ/水洗式（ソーキング）、カネフォラ/非水洗式
- 主なコーヒー・ロットの単位：農協などによるエリア集積型（ファクトリー）、または大規模私営農園
- 主な品種：Kent、Typica、Bourbon、Blue Mountain、Arusha、N39
- 主な生産形態：小規模農家/家族
- 主な収穫時期： 7～12月
- 主要港：ダル・エス・サラーム

収穫作業を行う女性たち

日本では、キリマンジャロのブランドネームで有名な東アフリカの生産国であるタンザニアですが、実は隣国のケニアの方が世界的な知名度は高くなっています。同国のコーヒー生産量は2022年で887,000袋（53,220MT）となっており、ケニアよりやや多いものの、それほど多い生産量ではありません。タンザニアもコロンビア・マイルドに属する水洗式コーヒーの代表的な生産国ですが、コマーシャル・コーヒーの価格水準はコロンビアとほぼ同等となっています。輸出規格はスクリーン・サイズと欠点数※カウントにもとづいたグレーディングを行っており、アラビカ種ではAA、A、ABといった等級、ロブスタ種ではスクリーン18、17、16…といった表記となっています。また、国内流通にオークション・システムを採用していることから、ケニアと同じく、コーヒーのロットは公平に入札/落札され、輸出業者が販売用在庫として落札する形態をとっています。

タンザニアは過去のヨーロッパ諸国の植民地政策で、特にドイツやイギリスの支配を受けたため、ドイツ系のルーツを持つ農園が多く存在しています。1839年にドイツの入植者の手によってキリマンジャロ山の麓にコーヒーの木が植えられて農園が形成され、第一次世界大戦以降はイギリス人の手によって西側エリアにアラビカ・コーヒーがもたらされました。1961年には多くの大規模農園が国有化され、各生産州において政府管轄による農協組合を中心とした管理体制に移行することになりましたが、過剰な農協組合の設立と人口の大移動により、コーヒーの生産は減産の一途を辿ってしまいます。1990年にタンザニア政府がコーヒー農務局に管理を委任してからは、農園などの私有化といった自由化もある程度進みましたが、効率が良いとは言えない運営形態も多々あり、タンザニアはいまだに本来の品質ポテンシャルを発揮できていないとされています。

※ 欠点数：EP、APが規定する欠点豆の許容数やスクリーンなどの内訳。国によって異なる。

タンザニアの品種

国内の生産内訳では70%がアラビカ種ですが、残りの30%はロブスタ種にあたります。タンザニアの北西にあるビクトリア湖（Victoria）の西側がカネフォラ種の発生地とされていますが、これに連なる耕作種であるロブスタ種はタンザニアのもう1つの代表的なコーヒー作物であり、特にブコバ（Bukoba）産のロブスタ種は、ブコバ・ロブという名称で流通しています。アラビカ種においては、伝統的なティピカ種やブルボン種以外にも同じくイギリス植民地であったインドで開発されたケント種、ジャマイカからもたらされたブルー・マウンテン・ティピカ種のほか、タンザニアのコーヒー研究機関であるTACRIが開発したブルボン種系のN39種、そしてティピカ種またはフレンチ・ミッションがルーツとされるアルーシャ種（Arusha）などが耕作されています。

ナーサリーで養育されているアラビカ種の木

実成の多いロブスタ種の木（ブコバ）

国内流通とコーヒーオークション

他のアフリカ諸国と同じように、タンザニアにおけるコーヒーの生産形態は90%が小規模農家によるものですが、これ以外にも企業体による大規模農園なども存在します。農家は自宅の庭に成っているチェリーを最寄りの農協組合やチェリー・コレクターに販売し、農協などが保持するウエット・ミルで生産処理を行うのが基本になっています。生産者からチェリーを買い上げた農協やチェリー・コレクターは、オークションに出品するか、または直接海外のバイヤーと販売契約を結ぶか、いずれかの選択肢があります。なお、アラビカ種のオークション会場はモシ（Moshi）にあり、ロブスタ種のオークション会場はブコバにあります。

以前は海外のバイヤーとの関係性を重視していたため、トップ・グレードのコーヒーの多くは、オークションを介さなくても海外の輸入業者と契約販売することがタンザニア・コーヒー農務省（Coffee Board of Tanzania）によって許可されていましたが、2018年からはこういった直接販売が禁止されました。タンザニア農務省は各生産エリアに小規模農協、アムコス（AMCOS：Agricultural Marketing Cooperative Society）を設立し、原則全ての生産者に対してチェリー、あるいはパーチメントを各生産エリアに設置されたアムコスに販売するよう義務付けました。これは同時にオークションでの入札を義務付けることとなり、アムコス単位でのトレーサビリティが制定されたため、細かいテロワールへの追跡が不可能になりました。ある程度の規模を持つ企業体や私営農園は農務局からの認可を受けることで、この措置の適用を免れることができますが、現在は生産量のおよそ95%にあたるコーヒーが、このアムコスを通じて流通しています。

大規模私営農園におけるチェリーの集積作業（モンデュール農園）

設備の充実したウエット・ミル（モンデュール農園）

■ タンザニアのテロワール

タンザニアのアラビカ・コーヒー生産エリアは、大きく北部（North）と南部（South）に分類されますが、品質の面では北部に優良なテロワールが集結していると言えます。キリマンジャロ州やアルーシャ州といった地域はタンザニアでも著名な生産エリアです。タンザニアはケニアとは対照的に、農協組合のコーヒーよりも農地面積が数百haに及ぶ規模の大きなエステイト・コーヒーの方が知名度は高く、かつ品質における評価も高いものが多くなっています。

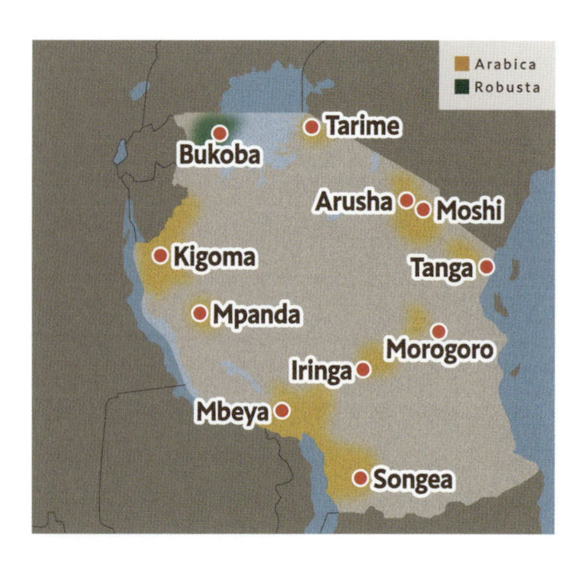

Region（州）以下の行政区分 | ● District（地区）
▸Ward（区）　▸Estate（農園）

キリマンジャロ州 Kilimanjaro Region

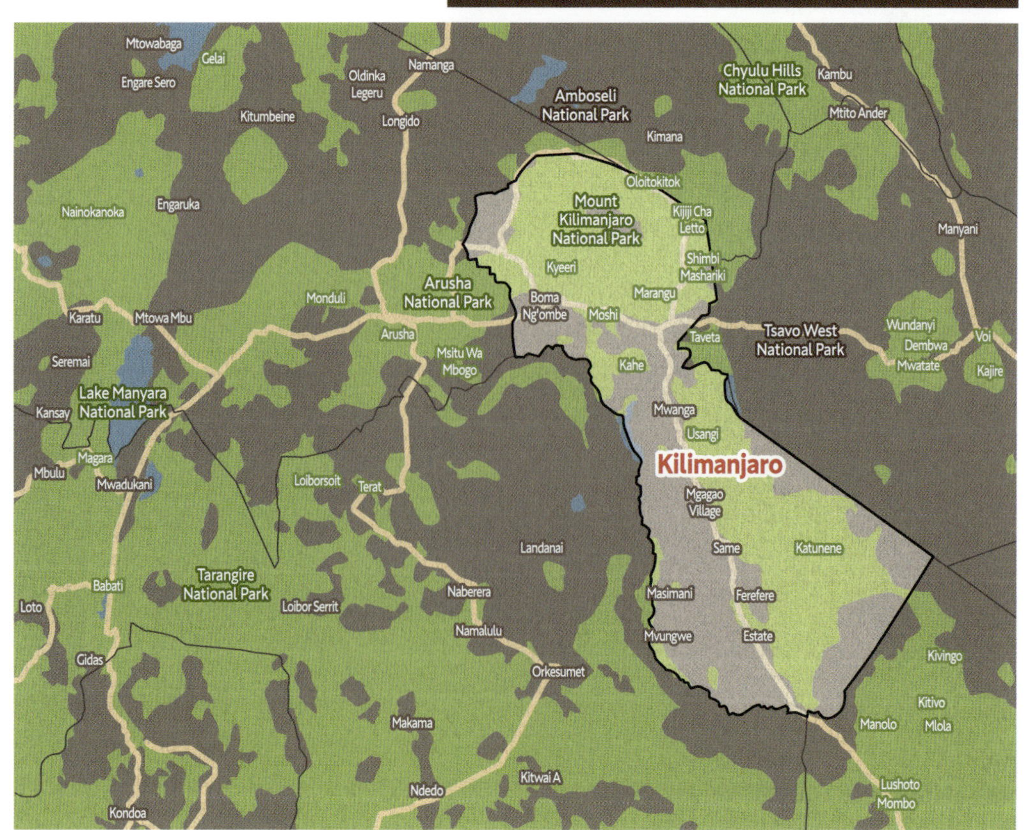

モシ・ルーラル地区 Moshi Rural District

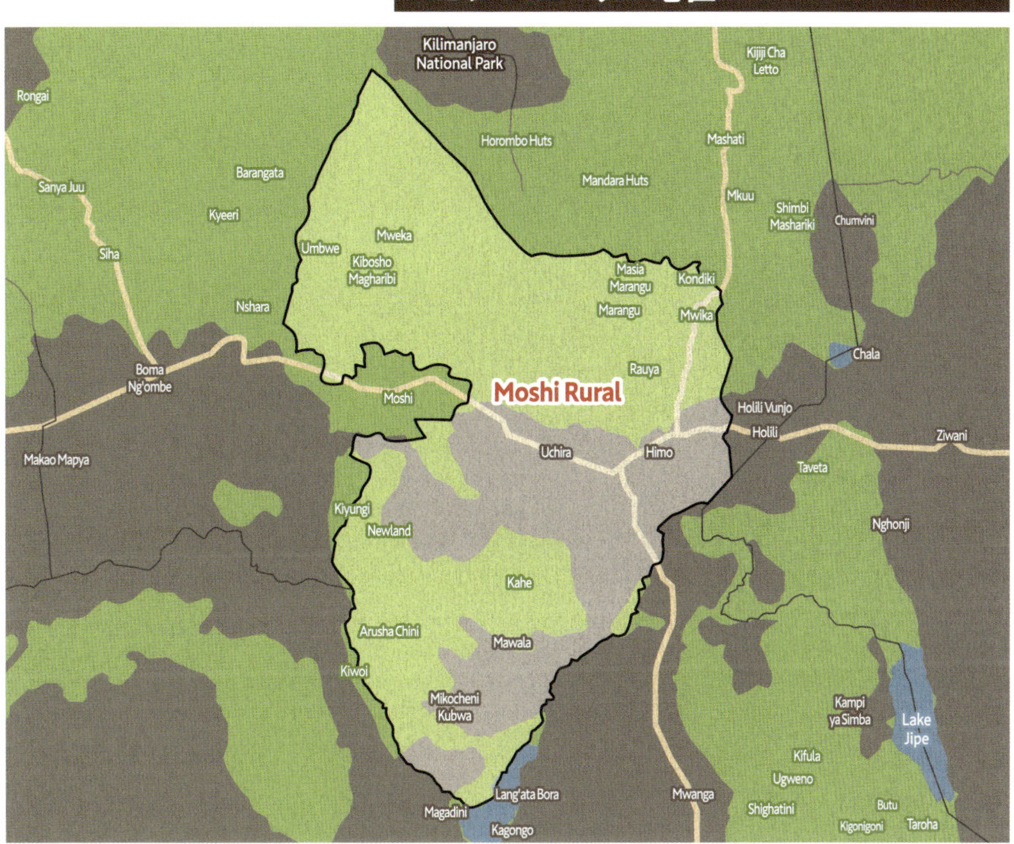

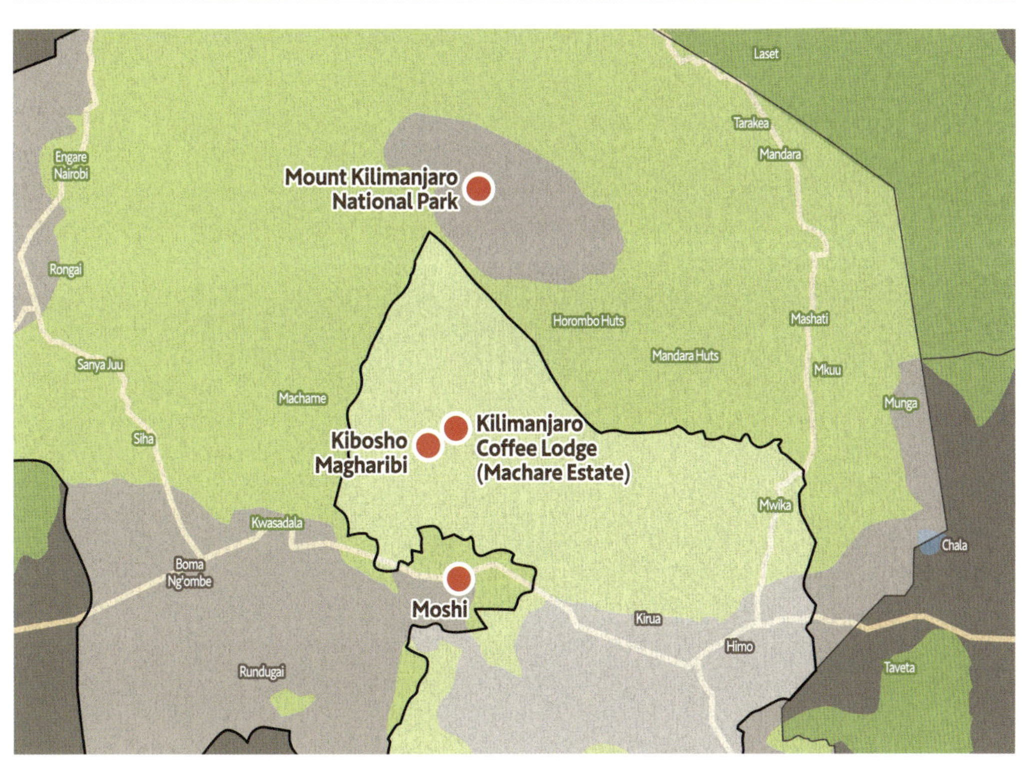

● **Moshi Rural District（モシ・ルーラル地区）**

▸ **Kibosho Magharibi（キボショ・マガリビ）**

▸Machare Coffee Estate（マチャレ・コーヒー・エステイト）

タンザニア北部の上位グレードのコーヒーは、日本では伝統的に“キリマンジャロ”の通称で愛飲されてきましたが、キリマンジャロ州のモシ地区にあるマチャレ・エステイトは、まさにキリマンジャロ山の麓に存在しており、タンザニアの上品質なコーヒーが持つ明るい酸と滑らかなボディを現しています。

アルーシャ州 Arusha Region

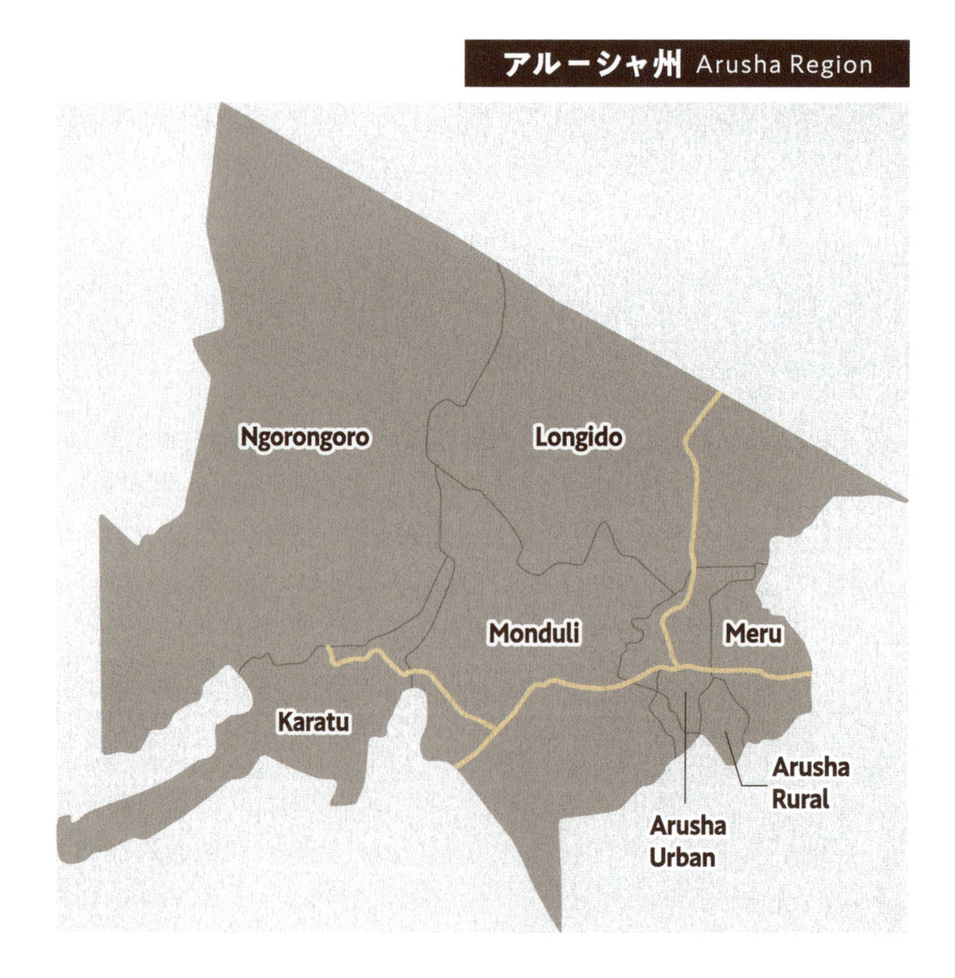

キリマンジャロ州と共にタンザニア北部のコーヒーの名声を支えるのが、アルーシャ州です。アルーシャ州はタンザニアにおけるアラビカ・コーヒーの生産地の中に重要な位置を占めており、東側と西側に優良なテロワールを保持しています。品種名にもなったアルーシャ種はこの州から発生し、パプア・ニューギニアなど、他の生産国にも伝播しています。

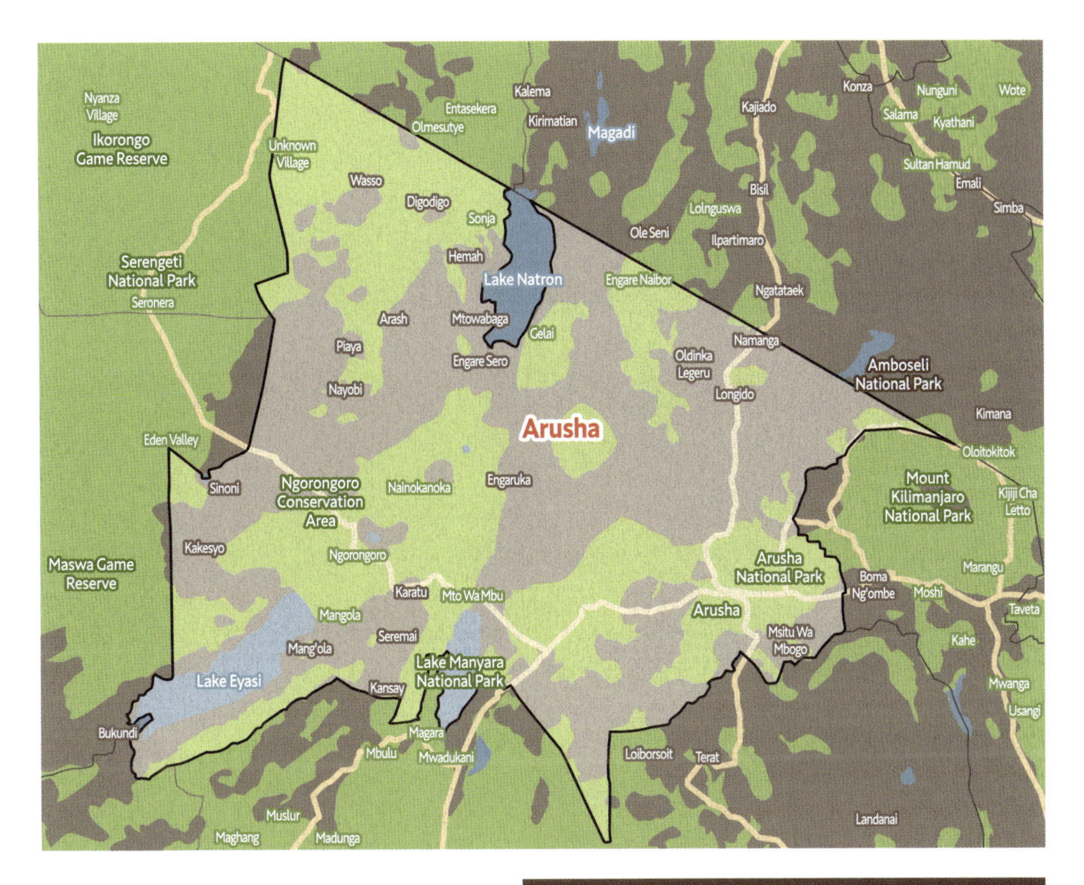

モンデューリ地区 Monduli District

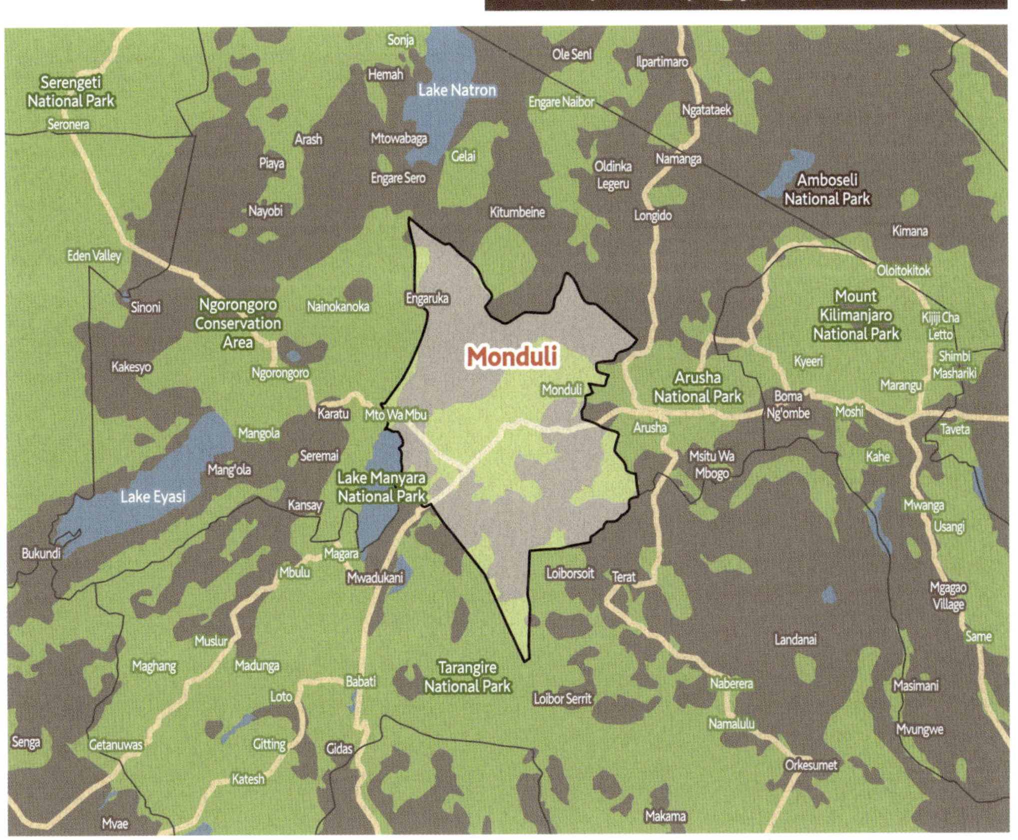

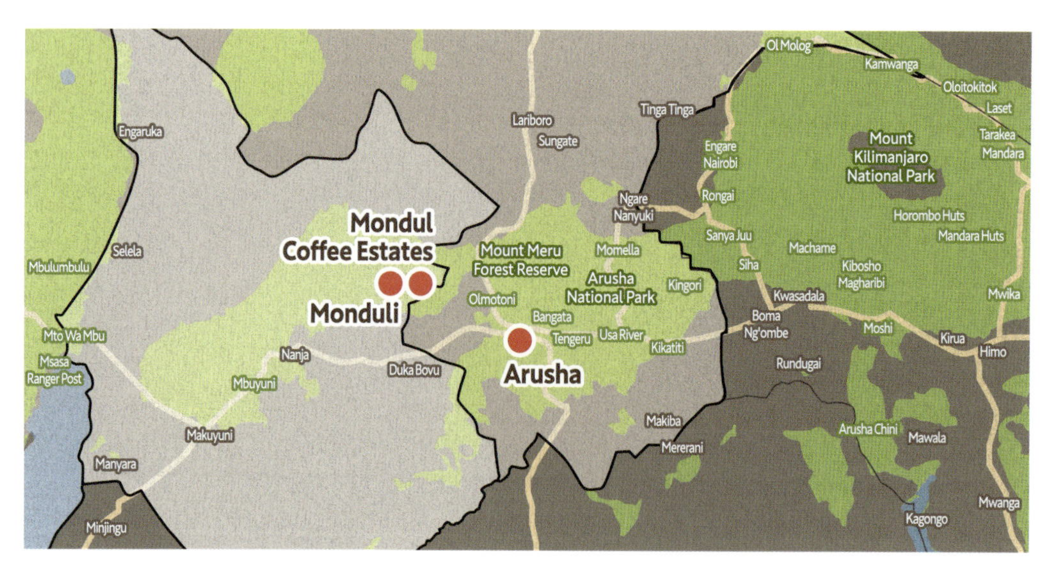

- Monduli District（モンデューリ地区）
- Mondul Coffee Estates（モンデュール・コーヒー・エステイト）

アルーシャ州東部ではモンデューリ地区にあるモンデュール農園が有名で、日本でも知名度の高い銘柄として認知されています。同州では地理的にキリマンジャロ側に最も近いテロワールであることから、この地区のコーヒーもキリマンジャロ・コーヒーらしい柑橘系のニュアンスがあり、模範的な銘柄と言えるでしょう。

カラトゥ地区 Karatu District

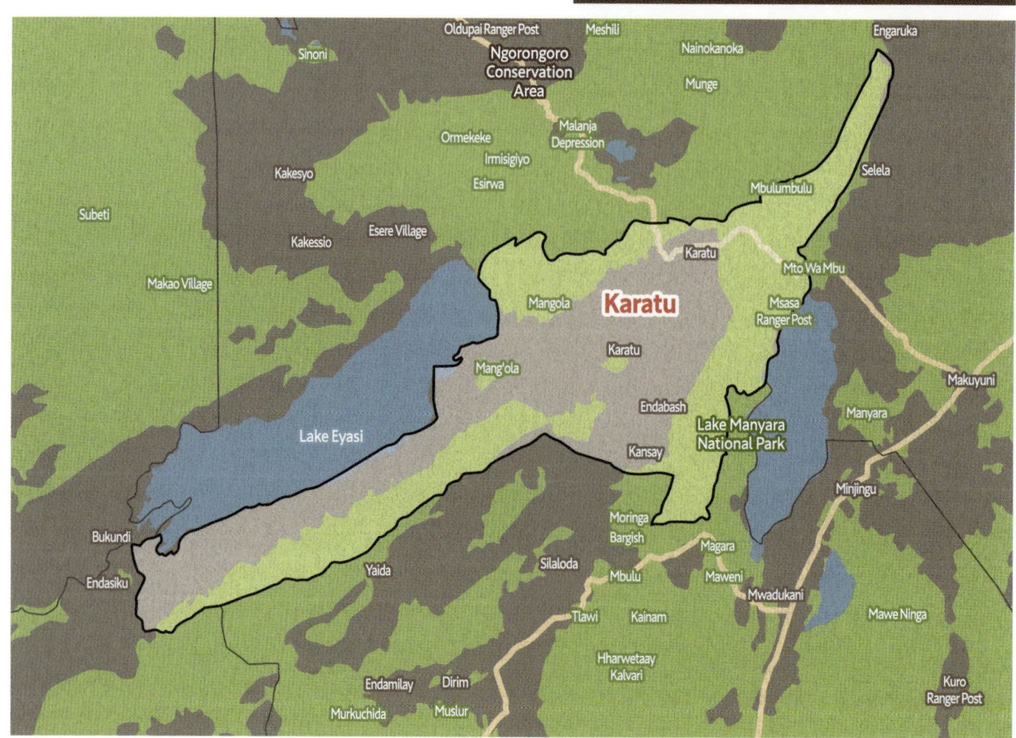

ンゴロンゴロ地区 Ngorongoro District

- **Karatu & Ngorongoro (カラトゥ&ンゴロンゴロ地区)**
  - Ngila Estate Limited (ングリア・エステイト)
  - Blackburn Estate (ブラックバーン・エステイト)
  - Edelweiss Oldeani Estates Ltd (エーデルワイス・オルデアニ・エステイト)
    - Edelweiss （エーデルワイス）
    - Finagro （フィナグロ）
  - Acacia Hills Coffee Estate (アカシア・ヒルズ・コーヒーエステイト)

2010年代以降、スペシャルティ・コーヒーの機運の高まりを受けて、特定地域限定の品評会が各国開催されるようになってきましたが、アルーシャ州の西側地域はすでに長年にわたって名を馳せている農園が存在しています。コーヒーの生産地域は火山地帯のカルデラに形成されることも多いのですが、ンゴロンゴロ保全地区もその1つです。ここで活動を行っているンゴロンゴロ・コーヒー・グループ（Ngorongoro Coffee Group）はアメリカのNGOであるACE（Alliance for Coffee Excellence）の協力を得て、2021年より当地限定のプライベート・オークションを開催しており、従来のタンザニアのイメージを覆す素晴らしいコーヒーが、世界各国のロースターの目に留まるようになりました。なお、これらの著名農園はオルデニア山の南側からカラトゥ地区の北部にかけて分布しています。

参考サイト

- Tanzania Ngorongoro PCA

エーデルワイス農園、そしてスターバックス・コーヒー・カンパニーが使用したことで有名になったブラックバーン農園は共にドイツ系のルーツを持っており、タンザニアの高品質ロットのブランドを牽引してきた重要農園です。フィナグロ農園、ングリア農園はプライベート・オークションで入賞経歴がある実力派で、従来のタンザニアとは異なるエレガントさが特徴です。2022年に1位に輝いたフィナグロ農園はエーデルワイス農園と同じ企業グループに属しており、アスコナ農園（Ascona）とヘルゴランド農園（Helgoland）が統合することで誕生しました。アカシア・ヒルズはタンザニアでは珍しいゲイシャ種やパカマラ種を栽培しており、フローラルでフルーティなロットのラインアップを揃え、ここ最近では最も注目されている農園です。

アジア

イエメンで花開いたコーヒーの文化。その商業的耕作の最初の経由地はアジアでした。現在、東南アジアや中国南部、インドなどでコーヒーが栽培されていますが、アジア諸国におけるコーヒー栽培の主役も小規模生産者たちであり、それぞれの地区を管轄する農協によって、コミュニティとしてのコーヒー・ロットが生産されています。また、これ以外にも企業体が所有する大規模なプランテーションなども運営されています。

インド

インドの生産概要

- 伝播時期：17世紀
- 年間生産量（2022年）：6,557,000袋
- 主な生産処理：非水洗式または水洗式
- 主なコーヒー・ロットの単位：農協などによるエリア集積型、または大規模私営農園
- 主な品種：Kent、Coorg、S795（Selection3）、Selcttion9、Cauvery
- 主な生産形態：小規模農家
- 主な収穫時期：11～3月
- 主要港：ニュー・マンガロール

カネフォラ種（ロブスタ種）の木

毬状に開花するインドのカネフォラ種

ババ・ブーダンによってイエメンからインドにコーヒーがもたらされたのは1670年代と見られており、最初はカルナータカ州のチャンドラ渓谷（Chandoragiri）にコーヒーの栽培が根づいたとされています。その後、オランダの植民地政策によってコーヒーの栽培が奨励されたことで、全国的に伝播したものの、商業的な作物としての栽培は19世紀中頃のイギリス支配下で確立することとなります。2022年の生産量は6,557,000袋（393,420MT）となっており、2021年にホンジュラスを追い抜いてからは、エチオピアに次いで第6位の位置に坐しています。1869年に初めてさび病が確認されて以降、甚大な被害を受けたインドでは、多くの農家が耐性のあるカネフォラ種やリベリカ種への転作を実施したため、現在の国内生産内訳はアラビカ種30%、カネフォラ種70%程度となっています。同国の輸出規格（グレーディング）はスクリーン・サイズと標高にもとづいており、品質上位のPlantation AA、Aといったコマーシャル・グレードのほか、高品質アラビカ向けの規格であるMysore Nuggets Extra Boldや高品質ロブスタ規格のRobusta Kaapi Royaleなどがあります。イギリスの支配下にあった生産国（ケニア、タンザニア、ジャマイカ、インド）では、粒の大きさであるスクリーン・サイズが等級の基準に含まれるのが特徴です。

参考サイト

- Diseases of fruit plantation medicinal and aromatic crops
- Classification of Indian Coffee

国内流通

1942年にインド農務局によって施行された、コーヒー・アクトVIIと呼ばれるレギュレーションにより、同国の全てのコーヒーは政府の専売品としての扱いになったため、政府主導での輸出が行われていました。小規模生産者から企業体の農園に至るまで海外のバイヤーに直接販売することは許されず、流通に大きな制限がかかっていたものの、1993年からは徐々に規制が解除され、1997年に完全に自由化されました。インドでは10ha未満の農家が総生産の90%近くに上るとされ、生産者は収穫チェリーを農協やチェリー・コレクター、または販売所などに販売します。大規模な企業系農園の場合は契約農家からチェリーを買い取り、自社が所有するウエット・ミルで生産処理を行います。なお、こういった大規模な農園の場合はドライ・ミルや輸出者免許なども有していることも多く、生産処理から出荷まで一貫したライン管理によるコーヒー生産を行っています。

パーチメント・コーヒーの乾燥（水洗式）

カネフォラ種の乾燥チェリー

インドの品種

1800年代後半まではティピカ種が主な耕作品種でしたが、アジアの生産国全域で蔓延したさび病により、その多くが耐性のあるカネフォラ種やカネフォラとのハイブリッド種に植え替えられていきました。純粋なアラビカ種の系統ではブルボン種に連なるケント種がインド国内で発生しましたが、これは後年タンザニアやケニアにもたらされます。現在では、インドの研究機関であるCCRIが開発したエチオピア原生種の因子を持つSelection9種や、リベリカ種の因子を持ったS795種のほか、カティモール系（カトゥーラ×ハイブリッドチモール）に属するカウベリー種（Cauvery）が国内の主力を占めています。

モンスーン・マラバール Monsoon Malabar

インドでは高品質な紅茶の生産が世界的に知られているため、あまりコーヒーのイメージがないようにも思われますが、実は前述の通り、世界生産量の上位に位置しています。日本でも知られている銘柄では、“モンスーン・マラバール”と呼ばれる特殊な生産処理を経たコーヒーが有名です。かつてインドからヨーロッパに運ばれたコーヒーは洋上の高い湿度と海風により、生豆は膨らんで褐色化し、独特な味わいに変質していました。近代に入ってからの流通技術の向上でヨーロッパの人たちは、初めてそれまでのコーヒーが実は劣化しており、皮肉にも潜在的に持っていた風味を喪失していたことに気づくことになったのですが、モンスーン・マラバールでは、こうしたかつてのエイジド・コーヒーを再現した生産処理が施されています。収穫後、水洗処理を経て、乾燥工程まで終わった生豆は海岸沿いの倉庫に保管され、意図的に熱帯の湿った風＝モンスーンにさらされます。2～3か月にわたって水分を吸収した生豆は2倍程度に膨らみ、柔らかく、そして白く変色していきます。酸味を失った生豆は素朴で刺激的な味わいとなりますが、ボディとコクが強くなるため、ヨーロッパではエスプレッソ用のブレンドに使用されています。

白く変色したコーヒーの生豆（モンスーン・マラバール）

■ インドのテロワール

1670年の伝播の後、1840年にカルナータカ州のババ・ブーダンギリと名付けられた地域で、最初のコーヒー・プランテーションが設立されましたが、これ以降はケララ州（Kerala）やタミル・ナドゥ州（Tamil Nadu）でもコーヒーの栽培が広まり、現在これら3州のコーヒー生産はインド全体の生産量のおよそ90%を占めています。世界的な競技会などに用いられる高品質マイクロロットの類はまだ現れていませんが、一部の企業体農園では高品質化への取り組みが積極的になっており、コンサルタントを招聘（しょうへい）して近代的な生産処理を行うなど、同国の業界は活性化し始めていると言えるでしょう。ここでは代表的な3生産州のほか、比較的新しい生産州であるアンドラ・プラデシュ州（Andhra Pradesh）の生産エリアや、知名度のある農園プロジェクトを紹介したいと思います。

State（州）以下の行政区分	● District（地区） ▸Subdistrict（小区域）　▸Estate（農園）

3つの生産州の生産量内訳

州と地区	2022～23年クロップ			2021～22年クロップ		
	ARABICA	ROBUSTA	合計	ARABICA	ROBUSTA	合計
KARNATAKA						
CHIKKAMAGALURU	43,225	52,955	96,180	33,100	47,050	80,150
KODAGU	22,725	122,720	145,445	18,325	105,225	123,550
HASSAN	20,200	23,325	43,525	16,600	21,350	37,950
KERALA						
WAYANAD	0	62,425	62,425	0	59,350	59,350
TRAVANCORE	910	8,200	9,110	850	7,000	7,850
NELLIAMPATHIES	1,150	1,650	2,800	1,050	1,650	2,700
TAMIL NADU						
PULNEYS	8,200	490	8,690	7,345	465	7,810
NILGIRIS	1,325	4,575	5,900	1,100	4,270	5,370
SHEVROYS (SALEM)	4,125	25	4,150	3,550	50	3,600
ANAMALAIS (COIMBATORE)	800	500	1,300	720	470	1,190

カルナータカ州 Karnataka State

- **Mysuru/Mysore（マイソール）**
- **Kodagu/Coorg（コダグ/クールグ）**
- **Hassan（ハッサン）**
- **Chikkamagaluru（チッカマガルル）**
  - **Chandoragiri（チャンドラギリ）**
  - **Baba Budangiri（ババ・ブーダンギリ）**
    - Bhadra Estate（バドラ・エステイト）

インドの生産量の実に70%以上を賄う一大生産地が、このカルナータカ州です。コーヒーの伝播において重要な経由地でもあり、様々なエリアでコーヒーが栽培されています。最初期に興隆を見たマイソールや、かつてクールグと呼ばれていたコダグ、ハッサンなどの地区が代表的ですが、その中でもチッカマガルルはインド・コーヒーの処女地として特別な意味を持っています。この生産州ではアラビカ種、カネフォラ種の両方が栽培されていますが、カネフォラ種の割合がアラビカ種の2倍以上の生産高となっており、内訳がかなり高くなっています。

チッカマガルル地区、伝導師ババ・ブーダンの名を冠した渓谷であるババ・ブーダンギリに居を構えるバドラ・エステイト・コーヒーは、バドラ・エステイト＆インダストリー（Badra Estate & Industries）によって管理されている私営農園です。ここでは1943年にコーヒー栽培が開始され、バレオヌール（Balehonnur）、ケルキークーンダー（Kerkiecoondah）、ベッタダカーン（Bettadakhan）の3農園が属しており、これらの総面積は619haにも上ります。かなり広大な規模であるため、バドラ・エステイトは従業員の生活インフラも担っており、雇用の保障や医療へのアクセス、学校教育、託児所などのケアが提供されています。

ベッタダカーン農園のコーヒーはしっかりした甘さとボディがインドらしさを感じさせるだけでなく、リンゴのような酸質は当農園のレベルの高さを物語ります。栽培品種は、カネフォラ種との交配種であるカティモール系やサルチモール系が一般的ですが、ハイブリッド種で生じやすいハーバルな風味が弱く、比較的綺麗なカップ・クオリティが特徴です。

クールグ（コダグ）のコーヒー農園

ケララ州 Kerala State

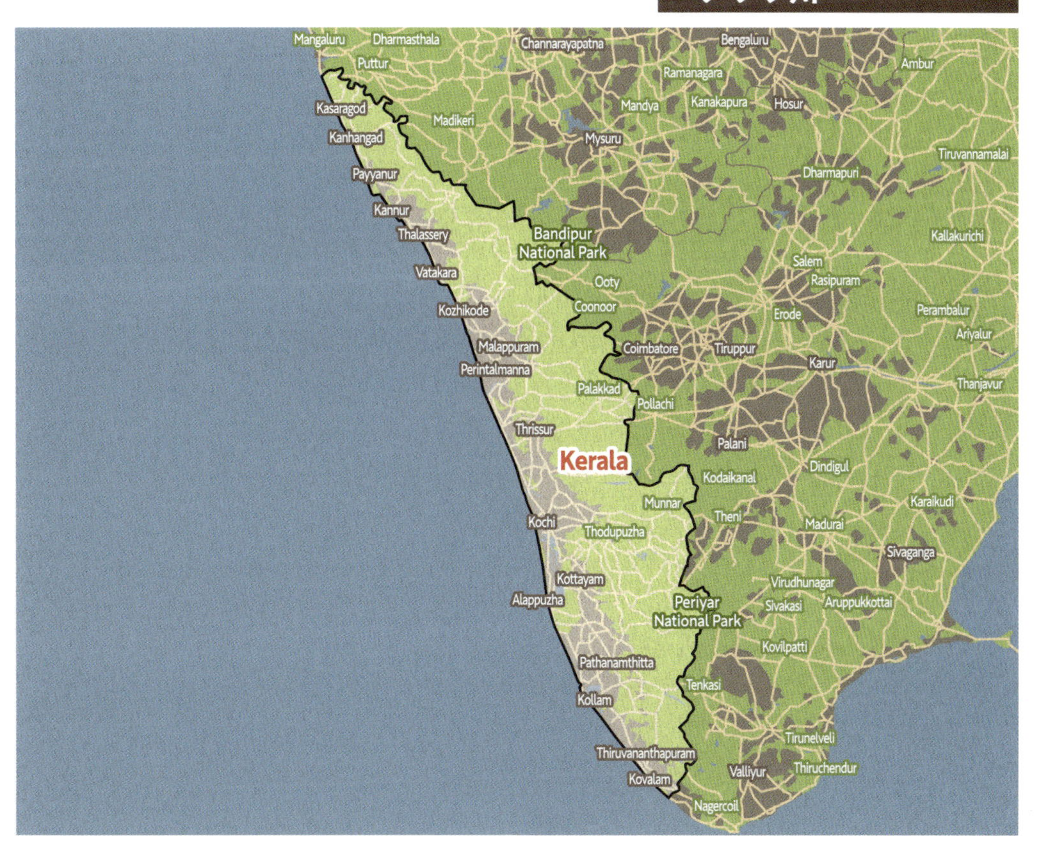

- Wayanad（ワイナード）
- Padmanabhapuram/Travancore（パドマナーバプラム/トラバンコール）タミル・ナドゥ州※
  ※ここだけこの州にはみ出しているテロワール
- Malabar Coast（Konkan～Kanyakumari）（マラバール海岸（コンカン～カンニャークマリ））

ケララ州は国内第2位の生産量を誇り、ここでは主にカネフォラ種が栽培されています。このうち、ワイナード地区が主要な生産エリアで、同州産のカネフォラ種生産のほとんどをこの地区が賄っています。かの有名なモンスーン・マラバールと呼ばれるエイジド・コーヒーはケララ州を代表する名産品ですが、このモンスーン・コーヒーにはアラビカ種とカネフォラ（ロブスタ）種の2タイプがあり、それぞれ異なる味わいを現します。

■ 旧マラバール地方 Malabar District

モンスーン・マラバールの名の由来となったマラバール地方は、現在の行政区分にはもはや存在しませんが、かつてはモンスーン海岸（Konkan～Kanyakumariまで）の南西地方が相当していました。マラバール海岸はカルナータカ州とケララ州にわたる広域な海岸ですが、カルナータカ州ではコンカン地区（Konkan）で、ケララ州ではかつてのマラバール地方に含まれる、北部のチラッカール（Cirakkal）から中央部のパルガート（Palghat）にかけてモンスーン・コーヒーがつくられています。味わいについては前に少し触れましたが、モンスーン・コーヒーは枯れ木のような風味が強く、塩キャラメルのような濃厚な甘さと口あたりが特徴です。アラビカ種のモンスーン・コーヒーは甘く滑らかで、ナッツのような風味があり、ロブスタ種では枯れ木や土の香りがしっかり感じられ、力強い味わいが現れます。

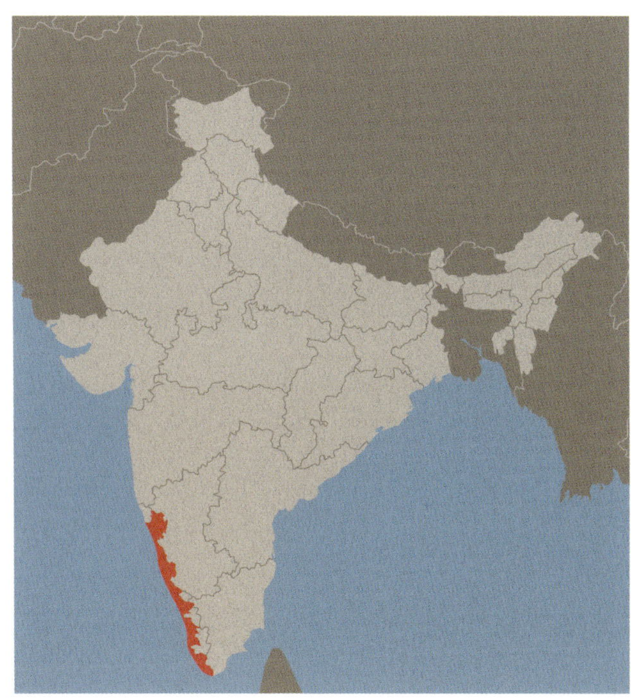

マラバール海岸

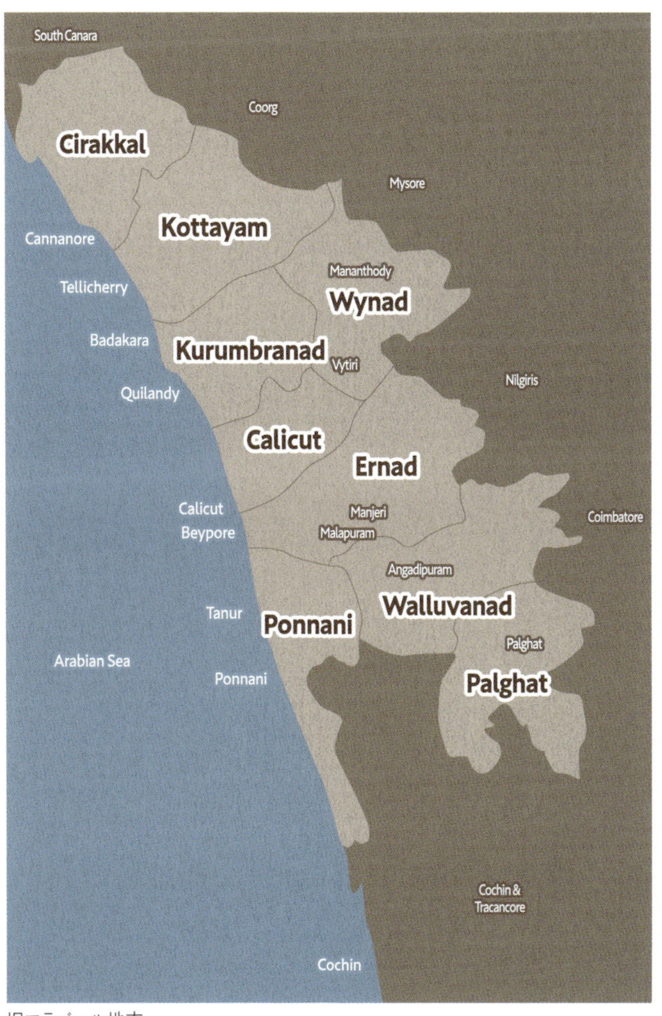

旧マラバール地方

タミル・ナドゥ州 Tamil Nadu State

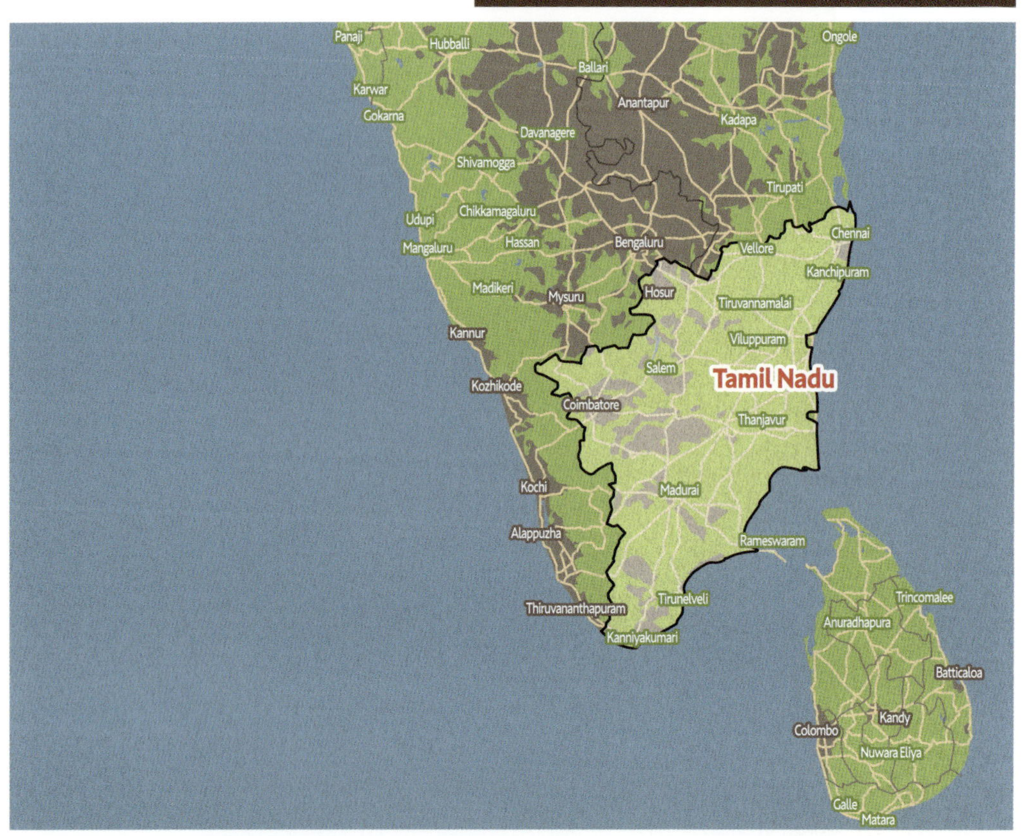

- **Salem（セーラム）**
  - **Yercaud（ヤーカウド）**
    - Thriveni Brooklyn Estate（スリヴェニ・ブルックリン・エステイト）
- **Dindigul（ディンディガル）**
  - **Pulney Hills（プルニー・ヒルズ）**
- **Nilgiris（ニルギリス）**
- **Coimbatore（コインバトール）**

アラビカ種の収穫

タミル・ナドゥ州はインド第3位の生産地で、同州のアラビカ種の生産高はカネフォラ種のおよそ3倍に上り、インドの栽培エリアではアラビカ種の栽培割合がかなり高い生産州となっています。ディンディガル地区のプルネイ渓谷が主要生産地で、次席のセーラム地区と共に同州のアラビカ種栽培のほとんどを占めています。紅茶でも有名な生産地であるニルギリ地区は西部に位置しており、ここではカネフォラ種が主に栽培されています。

アンドラ・プラデシュ州 Andhra Pradesh State

- **Visakhapatnam（ヴィシャーカパトナム）**

▸ **Dumbriguda（ドゥンブリグダ）**

　▸Araku Valley（アラク・バレー）

アラク近郊のアラビカ・コーヒー農園

アンドラ・プラデシュ州はインドでは比較的新しい生産州であり、18世紀頃にコーヒー栽培が始まりました。カルターナカ、ケララ、タミル・ナドゥに次いで第4位の生産規模となっています。東ガーツ山脈に位置するアラク渓谷は同地のコーヒーを有名にした秀逸な生産地であり、スペシャルティ・コーヒー業界でも注目されています。アンドラ・プラデシュ州は主要3州の生産エリアと異なり、これら3州から見て北東に位置しています。

アラク渓谷に居を構える、その名もアラク・コーヒーは栽培から焙煎まで幅広いコーヒー事業を手がける企業で、農園内に複数の区画を持ち、細かいテロワールの違いを感じることのできるコーヒーを生み出しています。積極的にコーヒー・コンサルタントを招聘して品質の向上に努めるだけでなく、啓蒙、教育活動に力も入れており、SCA（Specialty Coffee Association）のスキル・プログラムも実施していることから、アラク・コーヒーはインドのスペシャルティ・コーヒーの牽引役の1つであると言えるでしょう。また、同社はロックフェラー財団のフード・ビジョン2050年賞を受賞し、アラクノミクス（Arakunomics）というプログラムを掲げ、グルメ・コーヒーの生産と自然林の保全を両立させる取り組みを行っています。

インドネシア

■ インドネシアの生産概要

- 伝播時期：17世紀
- 年間生産量（2022年）：11,999,000袋
- 主な生産処理：アラビカ：水洗式（Wet Hull）、カネフォラ：非水洗式
- 主なコーヒー・ロットの単位：農協などによるエリア集積型、または大規模私営農園
- 主な品種：S795、Tim Tim、USDA762、Ateng、Sigarar Utang
- 主な生産形態：小規模農家/家族
- 主な収穫時期：10～12月、2～4月
- 主要港：ベラワン（メダン）、タンジュン・プリオク（ジャカルタ）、マッカサール（スラウェシ）

収穫作業を行う女性

世界生産量で第3位の座をコロンビアと争うインドネシアの2022年の生産量は11,999,000袋（719,940MT）で現在第4位の位置にいますが、コロンビアとは対照的に生産内訳の90%がカネフォラ種となっています。国内の生産処理は水洗式が基本になりますが、同国では早い段階で生豆をパーチメントから摘出して乾燥させるウエット・ハル方式（Wet Hull）も主流で、このプロセスは主にスマトラ島とスラウェシ島（Sulawesi）で行われています。なお、ジャワ島やバリ島（Bali）では一般的な水洗式の生産処理が採用されています。インドネシアは数多くの離島で構成される国家のため生産地域に幅があり、さらに雨が多い土地柄故、特定の収穫時期を定めることが難しい生産国となっています。こうしたことからインドネシアでは、ほぼ1年にわたっていずれかの生産エリアで収穫作業が行われているのが特徴です。輸出規格は欠点数カウントがベースになっており、アラビカ種ではGrade1～5まで、カネフォラ種（ロブスタ）ではELB（Extra Large

Bean)、EK(Eerste Klas)、AP(After Polish)、WIB(West Indische Bereiding)などの規格があります。インドネシアのアラビカ種は品質が高いのと、その生産量の少なさからハイ・コマーシャル～プレミアム・グレードの取引が通常帯になっています。かつて比較的安価であったコモディティ・コーヒーのG1グレードも現在コマーシャルとしては、かなり高い価格水準で取引されています。また、カネフォラ種の最上位規格であるWIBは高品質水洗式ロブスタ・コーヒーとして認知されており、日本でも知名度の高い銘柄です。

参考文献

● Matahari Trading

1696年にオランダの植民地政策によってインドからコーヒー栽培が伝わり、最初の経由地は当時バタビアと呼ばれた現在のジャワ島だとされています。1711年には東オランダ会社によって初めてコーヒーがヨーロッパ向けに輸出され、これ以降、主要なコーヒー生産地として頭角を現してきます。オランダによる海上貿易ラインはイエメンにかつて存在したモカ港とインドネシアのジャワ港を回遊していたことから、次第に両者のコーヒーがブレンドされる慣習が始まり、これが最古のブレンド・コーヒー、“モカ・ジャバ”のいわれとなっています。1875年に発生した、さび病禍において、当時耐性のなかったティピカ種は壊滅的な被害を受け、これが契機となって東ジャワにカネフォラ種が1900年に持ち込まれて以降、同国の生産内訳の90%がカネフォラ種に取って代わりました。1950年代にオランダの支配化から離れたコーヒー生産は一時国有化されますが、早期に民営化されました。現在国内生産の10%程度が大規模な企業体による農園で、90%以上が小規模生産者となっていますが、その生産形態はアフリカに近く、かなり小さい生産世帯で構成されています。

国内流通

アフリカ諸国同様、インドネシアの一般的な生産者世帯の規模は大変小さく、農家自ら敷地内のコーヒーを収穫する家族式労働形態が主流となっています。ウエット・ハル方式を採用しているスマトラ島やスラウェシ島においては半乾きのウエット・パーチメントでの国内流通が基本で、農家はチェリーの収穫を行った後、手回しのパルパーなどで自家果肉除去を行います。一昼夜水に浸されたパーチメントは、ある程度水を切った後、本格的な乾燥に入る前に、これらを収集するパーチメント・コレクター(集果業者)によって買い取られ、農協/輸出業者などで乾燥工程やグレーディングが行われます。収集されたウエット・パーチメ

木製の器具を用いた果肉除去(パルピング)

ントは乾燥前の早い段階で脱殻が行われ、アサラン（Asalan）と呼ばれる生豆の状態で乾燥工程に入ります。乾燥後の生豆は深緑色で、水分値が比較的高い状態で消費国に出荷されます。ジャワ島やバリ島などではチェリー・コレクターがチェリーを生産者世帯から収集し、農協/輸出業者は発酵工程を伴う一般的な水洗式の生産処理を行います。なお企業体の規模の大きな農園の場合は自前のウエット・ミル設備やドライ・ミル設備を備え、生産から輸出まで一貫した製造ラインを構築することもあります。

水洗いされるパーチメント・コーヒー

ティモール・ティムール

1917年にインドネシアで偶発的に発生したアラビカ種とカネフォラ種の交配種であるティモール・ティムール種（通称ティム・ティム種）はその名の通り、東ティモールで発見されたハイブリッド品種ですが、さび病をはじめとした各種病害虫に良好な耐性を見せると共に頑強な樹勢を示したため、1979年のスマトラ島への採用を皮切りに世界各国の生産地の研究機関がこぞってこれを求めました。別名ティモール・ハイブリッドと呼ばれるこの品種は現在数多あるハイブリッド種の祖先となり、世界各国でこの派生種が多く採用されることとなります。ティモール・ハイブリッドとカトゥーラ種の交配シリーズはカティモール・ラインと呼ばれ、同じくヴィジャ・サルチーとの交配種のシリーズはサルチモール・ラインと呼ばれています。ブラジルのイカトゥ種、コロンビアのバリエダ・コロンビア種、ホンジュラスのレンピラ種などはカティモールに連なる品種であり、現在のコーヒー生産国の産業を支える重要な耕作品種となっています。なお、インドネシアの研究機関であるICCRI (Indonesian Coffee and Cocoa Research Institute) で選別された国内向けティム・ティム種の選別ラインはガヨ1 (Gayo 1)、ティム・ティム種とS795種、またはブルボン種と遺伝関係にあるラインはガヨ2 (Gayo2) と呼ばれています。

■ インドネシアのテロワール

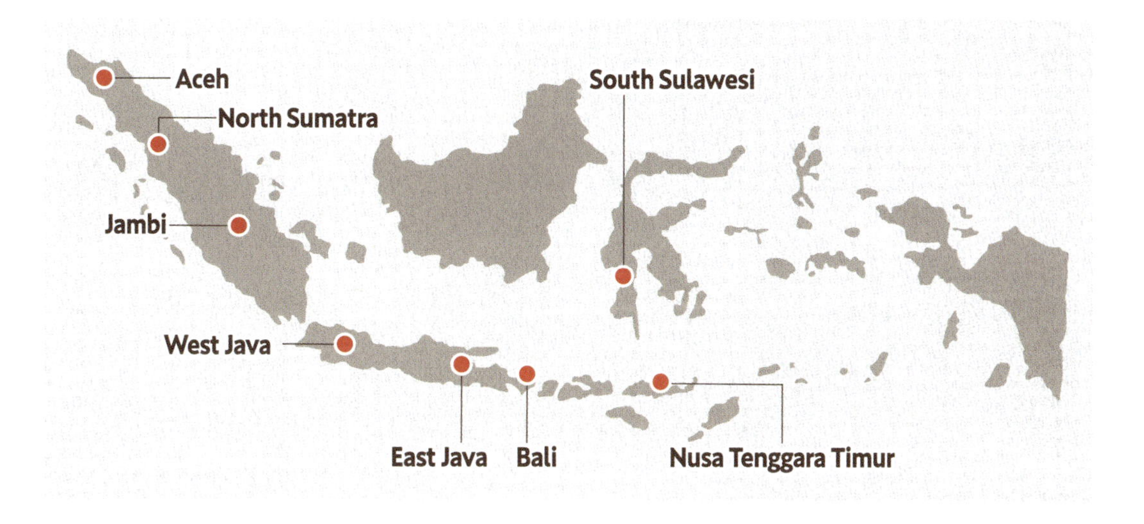

インドネシアに存在する離島の数は大小を含めると17,500を超えると言われています。コーヒー生産地は主要な島ごとに構成されており、隔絶された地理的特徴から、それぞれに異なる風味特性を持ったコーヒーが栽培されています。ここではスマトラ島、ジャワ島、バリ島、スラウェシ島のテロワールとコーヒーの特徴を取り上げていきます。

Province (州) 以下の行政区分	●Regency/City (政府管区/市) ▶District (地区) ▶Village (村)

スマトラ島は、インドネシアの生産地の中ではアラビカ種の生産割合がやや多く、日本ではいわゆる“マンデリン”と呼ばれるコーヒーとして愛飲されています。島の北部にあるアチェ州と北スマトラ州のコーヒーがマンデリンとして日本国内で流通していますが、正確にはアチェ州のタワール湖周辺のコーヒーは“ガヨ”と呼ばれ、北スマトラ州のトバ湖周辺のリントン・ニフタ地区のコーヒーがマンデリンと呼ばれます。しかし、海外ではマンデリンの俗称はあまり用いられず、これらのコーヒーは“スマトラ”という名前で扱われることが通例です。なお、これら2州以外に、ジャンビ州という島の中部にある生産州があります。

スマトラ島 Sumatra Island

アチェ州 Aceh Province

Blangrakal
User
Djambulukup
Bur Ni Geureudong
Djambo
Buntul Kepies
Semelet
Bener Meriah Regency
Lampahan
Bivak Roeser
Simpang Tiga Redelong
Aceh Province
Bukit Sama
Samarkilang
Gegarang
Takengon
Pegasing
Kenawat
Binbang
Terang Ulen
Kampung Kenawat
Alur Badak
Pantan Musara
Beutong
Isak
Lenang
Atu Lintang
Aceh Tengah Regency
Djamat
Owaq

- Bener Meriah Regency（ベネル・メリアー）
- Gayo Lues Regency（ガヨ・ルエス）
- Aceh Tengah（Central Aceh）Regency（アチェ・テンガー）
  - Atu Lintang（アツ・リンタン）
  - Bukit Sama（ブキット・サマ）
  - Gegarang（ゲガラン）
  - Kenawat（ケネワット）
    - Kampung Kenawat（カンプン・ケネワット）
  - Pegasing（ペガシン）
    - Pantan Musara（パンタン・ムサラ）
    - Alur Badak （アルール・バダ）
    - Terang Ulen（テラング・ウレン）
  - Takengon（タケンゴン）

アルール・バダのコーヒー農園

北スマトラ州 Sumatra Utara Province

- Humbang Hasundutan Regency（ハンバン・ハスンドゥタン）
  - Dolok Sanggul（ドロック・サングール）
  - Lintong Nihuta（リントン・ニフタ）

- Pakpak Bharat Regency（パクパク・バラット）
  - Sidikalang（シディカラン）
  - Sitinjo（シティンジョ）

- Dairi Regency（ダイリ）
  - Siempat Rube（シエンパット・ルベ）
    - Mungkur（ムンクル）

北スマトラ州のトバ湖（Danau Toba）

ジャンビ州 Jambi Province

- Jambi City（ジャンビ）

- Kerinci Regency（ケリンチ）
  - Gunung Tujuh（グヌン・トゥジュー）
    - Jernih Jaya（ジェルニー・ジャヤ）
    - Koerintji（コエリンジ）
  - Kayu Aro（カユ・アロ）

- Muaro Jambi Regency（ムアロ・ジャンビ）
  - Tunas Baru（トナス・バル）

　スマトラ島のコーヒーは総じて質感に特徴があり、南国フルーツを思わせる独特な風味があります。アチェ州のコーヒーはボディが強く、鮮やかな酸を持つのが特徴で、“アーシー（Earthy）”と形容されるマンデリン香は比較的弱くなります。一方、北スマトラ州ではマンデリン香がしっかり感じられ、質感はとろりとした粘性を帯び、典型的なマンデリンの味わいにあふれています。ジャンビ州はアチェ、北スマトラの両州に比べて知名度は高くありませんが、ケリンチ地区のコーヒーが代表的な銘柄となっています。

ジャワ島 Java Island

ジャワ島ではカネフォラ種の銘柄（ジャバ・ロブスタ）が有名ですが、歴史的にアラビカ種の経由地となったことから現在でも良質なアラビカ種のコーヒーが栽培されています。この島は西側と東側に区分されることが多く、それぞれに異なったテロワールを保持しています。

西ジャワ州 Java Barat Province

- Bandung Regency（バンドゥン）
  - Cipanjalu（チパンジャル）
  - Ibun（イブン）
  - Kamojang（カモジャン）
  - Pangalengan（パンガレンガン）
- Cianjur Regency（チアンジュール）
  - Pacet（パチェット）
- Garut Regency（ガルート）
  - Ciela（チエラ）

東ジャワ州 Java Timur Province

- Bondowoso Regency（ボンドウォソ）
  - Ijen（イジェン）
- Probolinggo Regency（プロボリンゴ）
  - Krucil（クルチル）
- Mojokerto Regency（モジョケルト）
  - Trawas（トラワス）

ジャワ島は、アラビカ種の中南米への伝播における玄関口になった重要な場所です。当地のコーヒーは一般的な水洗式が用いられており、スマトラ島、スラウェシ島とは異なる風味特性を備えています。特に西ジャワ地区はCOEでの入賞もアチェ州に次いで多く、近年注目度が高くなってきています。ジャワ島全体での生産の大半はカネフォラ種が占めるものの、高品質なアラビカ種の生産地でもあります。また、当地のコーヒーはいわゆるロング・ベリー形状を伴っていることが特徴で、“ジャワ・ロング・ベリー”などと呼称されることがあります。味わいは甘さが酸より優勢で、ややナッツの風味を伴ったテイスト構成が多いようです。このジャワのコーヒーがヨーロッパに輸送され、モカ港のコーヒー（イエメン、エチオピア）とブレンドされることにより、かの有名な“モカ・ジャバ”が誕生しました。

バリ島 Bali Island

ジャワ島のさらに東に隣接するのは観光地としても有名なバリ島です。コーヒーの品質も高く、生産地として規模は小さいものの、知名度のある生産エリアです。

バリ州 Bali Province

● **Bangli Regency（バンリ）**

▸ **Kintamani（キンタマーニ）**

バリ島ではバンリ地区のキンタマーニ・エリアのコーヒーが有名で、ここでは中米の水洗式と見まがうほど、美しい緑色の水洗式のコーヒーが生み出されています。鮮やかな酸に滑らかな質感、そしてソフトなナッツ感は中米のアザー・マイルド（Other Mild）※を思わせ、バランスのとれたアラビカ・コーヒーとして好まれています。

※ アザー・マイルド：コロンビア・マイルドにカテゴライズされるコロンビア、タンザニア、ケニア以外で歴史的に水洗式アラビカ・コーヒーを生産してきた国々。南米、中米、アフリカ、アジアなどの多くの生産国が含まれる。

スラウェシ島 Sulawesi Island

マンデリンと双璧をなす、インドネシア・コーヒーのもう1つの代表格がスラウェシ島の“トラジャ”です。昔はセレベス（Celebes）と言われたこの島では、日本のキー・コーヒー（Key Coffee）が、かつて名を馳せた“トラジャ・コーヒー”の復活に心血を注いだことが有名で、現在はトアルコ・トラジャ（Toarco Toraja）という商品名で流通しています。代表的なエリアは、エンレカンのカロシ村や、かつて栄えたゴワ王国があったゴワなどがあります。この島では、船のような形状の伝統家屋であるトンコナン（Tongkonan）と呼ばれる高床式家屋が有名で、当地のコーヒーのアイコンともなっています。

トンコナン

南スラウェシ州 Sulawesi Selatan Province

- Toraja Utara Regency（トラジャ・ウタラ）
  - Awan Rante Karua（アワン・ランテ・カルア）
- Tana Toraja Regency（タナ・トラジャ）
  - Tiroan（ティオラン）
- Enrekang Regency（エンレカン）
  - Kalosi（カロシ）
- Gowa Regency（ゴワ）

スラウェシ島のコーヒーもスマトラ島と同じくウエット・ハル方式（Wet Hull）の水洗式が多くなりますが（通常の水洗式も行われている）、スマトラ特有のマンデリン香（アーシー）は付加されません。粘性を帯びた質感と、ピーチのようなフルーツ感は南米のボリビアのコーヒーにも似た印象があります。スラウェシ島では伝統的に麻袋の上で乾燥を行う風習があるため、多くの場合は麻縄のような香りが付着し、いわゆる麻袋臭と呼ばれる風味が感じられます。麻袋臭は生豆欠点の部類に相当しますが、スラウェシのコーヒーでは、この風味が独特のエキゾチックさに寄与しており、これも伝統を背負ったテロワールの1つの形と言えそうです。

南米

世界で最も多くのコーヒーを拠出する南米大陸。最大の非水洗式生産国であるブラジルでは、甘いナッツ様の風味を持つコーヒーが、最大の水洗式生産国であるコロンビアでは明るくマイルドな酸を持つコーヒーがつくられています。したがって、この大陸はコーヒーのスタンダードを形成していると言っても過言ではないでしょう。ブラジルは世界的に見て比較的大きな農園規模を持つ生産国であり、平地での栽培が多いのが特徴ですが、他の南米生産国では、主にアンデス山脈の西側に生産地が形成されており、ブラジルとは対照的に山岳地帯でコーヒーが栽培されています。

ブラジル

ブラジルの生産概要

- 伝播時期：18世紀
- 年間生産量（2022年）：63,000,000袋（アラビカ種 約40,000,000袋・コニロン種 約23,000,000袋）
- 主な生産処理：非水洗式
- 主なコーヒー・ロットの単位：農協などによるエリア集積型、または中〜大規模私営農園

- 主な品種：Red/Yellow Catuai、Red/Yellow Bourbon、Red/Yellow Catucai、Mondo Novo、Acaiá
- 主な生産形態：中小規模農家、および大規模企業経営農園
- 主な収穫時期：５～８月
- 主要港：サントス

アラビカ・コーヒーの最大の生産国であるブラジルは、同時に世界第2位のカネフォラ種（コニロン種）の生産国でもあるため、世界需給に多大な影響を与えるとても重要な国です。2022年の生産量は63,000,000袋（3,780,000MT）で、2020年には7,000万袋の大台に近づきましたが、2021年に起こった霜害により、主要生産地区である南ミナス地区が大幅に減産することとなりました。ブラジルでは記録的な霜害が長周期で発生することがあり、アラビカ・コーヒーの主要市場であるニューヨーク市場価格に多大な影響を与えます。また、これ以外に旱魃も発生することがあり、同じく作柄に影響を与えます。世界的な需要の高まりからブラジルの生産量も右肩上がりを続けており、現在では世界需給の1/3を担うまでに達しましたが、遡ること1920年の同国のシェアは、世界市場の実に80%近くを占めていたこともあります。

ブラジルでは表作と裏作という作柄が存在し、収穫量が年ごとに変動する特徴があります。表作は収穫量が多い生産年を表し、裏作は収穫量の少ない生産年を表しています。表作の翌年はコーヒーの木が疲弊しているため、実成が悪く、収穫量が減ることによって裏作になります。ブラジルでは、このように表と裏の作柄を交互に繰り返すので、コーヒーの関係者は裏作期の価格上昇や表作期の価格軟化などに備えたりすることが業界での慣習ともなっています。

輸出規格はスクリーン・サイズと欠点数からグレーディングを行っており、No.2、No.2/3…No.4/5といった欠点による規格に加えて、SC18、SC17/18などのスクリーン・サイズの併記を伴うことが通例です。このうち、No.4/5はアラビカの輸出規格における一般的な低位グレードであり、ニューヨークのアラビカのマーケットにおいて最も流通量が多くかつ安価なコーヒーにあたります。よって、この規格がニューヨーク市場で形成される相場価格の実質の基礎となります。世界のコーヒー生産国は、実質的にこのブラジルNo.4/5の価格に値差（ディファレンシャル）を付加することによって価格形成を行っていると言えます。

大規模農園の収穫

南北アメリカのマーケットはアラビカ種が基本ですが、1912年初頭に伝播したコニロン（Conilon）と呼ばれる、現在のコンゴ民主共和国のコイロウ川（Kouilou）流域を原産地とするカネフォラ種の生産もブラジルでは重要な産業であり、近年生産量が増えています。ブラジルのみならず世界的にカネフォラ種の作付けが増加傾向にありますが、これは2050年問題と呼ばれる、地球温暖化によるコーヒー生産国での大幅な減産に対する懸念が背景となっています。コーヒー大国ゆえ品種改良や研究にも力を入れており、カンピーナスにあるIACの栽培試験場は数多くの品種、交配種の苗木を保有しており、コーヒー業界では最も有名な研究機関として認知されています。

コーヒーの主要港を擁するサントスの商工会議所

■ 国内流通

農協の集積ロットを除くブラジルのコーヒー農園では自社の設備で生産処理を行うことが多いのですが、その生産の大部分は非水洗式のナチュラルになります。ブラジルにおける生産者規模の分布では、企業系の大規模な農園が総生産の10％程度で、残りの90％は中小規模の農園で占められますが、小規模とされる農家でも実際は10ha程度の農地を持っていることが多く、やはり他国に比べて生産規模が大きいのが特徴です。したがって、銘柄ごとの生産量＝生産ロットも大きくなる傾向があります。大規模な農園では農地を平地に形成して大型の収穫機を用いることが一般的ですが、中小規模などでは振動して実を振り落とす機械を使ったり、大きな熊手でかき取ることもあります。もちろん、これ以外に手収穫を行うこともあるのですが、他国に見られるような1つずつ実を摘み取るセレクティブ・ピッキング（選別摘果）ではなく、ストリッピング

（Stripping）と呼ばれる、横軸を手でしごいて複数の実をこそぎ取る手法が主流です。しかし、近年のスペシャルティ・コーヒーの高まりによって、品質向上にこだわる農園ではセレクティブ・ピッキングを採用する事例も増えてきました。

非水洗式の生産国であるため国内流通は乾燥チェリーが主流ですが、これ以外にもパルプド・ナチュラル製法で仕上げられた乾燥パーチメントでの流通も存在しています。同国では水洗発酵を用いた水洗式はあまり一般的ではないため（生産自体は行われている）、パルプド・ナチュラルが実質上の水洗式として取り扱われています。世界最大のコーヒー・サプライヤーであるブラジルでは、輸出業者や農協が扱うコーヒーの量が大変多く、企業体の農園も規模が大きくなる特徴があります。私営の大規模農園では、それぞれの顧客のオーダーに応じてコーヒー・ロットを仕立てることが可能で、生産処理、品種、区画などの多様なオプションから様々な品質スペックを提供することから、やはりブラジルは他のコーヒー生産国から見ても、かなり異なる生産形態を持っていると言えるでしょう。

■ ブラジルのテロワール

ブラジルの主要コーヒー生産地の地図

広大な面積を誇るブラジルでは多くの地域でコーヒーがつくられています。国内生産のおよそ半量を賄うミナス・ジェライス州（Minas Gerais）をはじめ、パラナ州（Parana）、エスピリト・サント州（Espirito Santo）、サン・パウロ州（Sao Paulo）、バイーア州（Bahia）などといった生産州があります。ここではパラナ州以外の４州の生産エリアを主に紹介したいと思います。ブラジルでは、規模の大きい農園をファゼンダ（Fazenda）、やや小規模の農園をシチオ（Sitio）と言いますが、あまり明確な区分は存在していません。

参考サイト

- BSCA Regiões

State（州）以下の行政区分	●Miciro Region（小地域） ▶Municipality（地方自治体）　▶District（地区）

ミナス・ジェライス州 Minas Gerais State

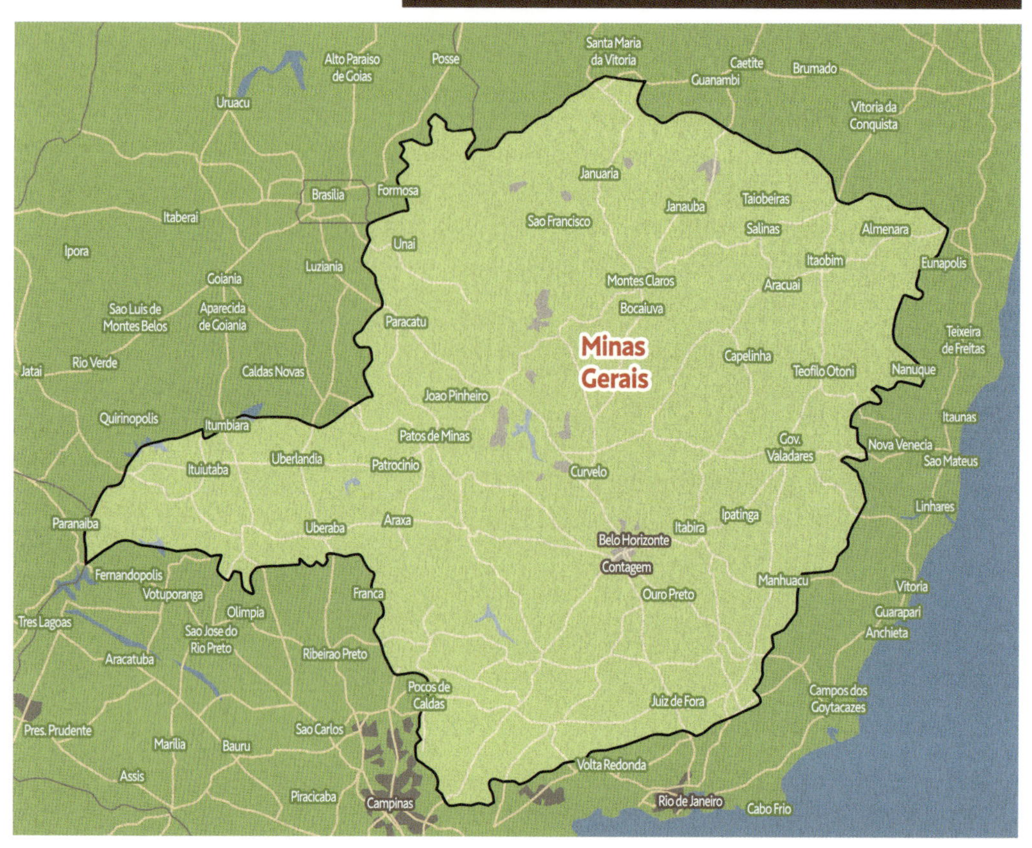

最も生産面積の広いミナス・ジェライス州はブラジルを代表する重要な生産州です。ここには著名な生産エリアが集結しており、セハード（Cerrado）、スウ・ジ・ミナス（Sul de Minas）、マタス・ジ・ミナス（Matas de Minas）、シャパーダ・ジ・ミナス（Chapada de Minas）といったテロワールが存在しています。

セハード・ミネイロ Cerrado Mineiro

- Patos de Minas（パトス・ジ・ミナス）
- Patrocinio（パトリシーニョ）
- Araxa（アラシャ）
- Campos Altos（カンポス・アウトス）

ミナス・ジェライス州の北部、いわゆるセハードと言われる生産地域です。セハードは「酸性」を意味し、かつて耕作不適合地であったこの大地は1970年代に日本の協力によって世界有数の農業地帯に生まれ変わりました。ここは55の郡から成り、約45,000軒の生産者、約210,000haの農地面積を誇ります。行政区分に該当するエリアとしては、アウト・パルナイーバ地区（Alto Parnaíba）とミネイロ・トライアングル地区（Mineiro Triangle）、そしてミナス・ジェライス北西地区になります。赤道から距離があるため標高はやや低く、800〜1,200m程度の範囲で生産地が形成されています。セハードではミナス・ジェライス州の1/4の生産量を賄っており、これはブラジル全体の12.7%に上ります。スペシャルティ・シーンでは、日系農園主であるトミオ・フクダ（Tomio Fukuda）氏が経営するファゼンダ・バウ農園や、パトリシーニョ地区にある大規模農園ダテーハが有名ですが、特にダテーハ農園は現在のスペシャルティ・コーヒーの流通で用いられるようになったヴァキューム・パック（VP）と呼ばれる生豆の真空包装を業界で初めて採用したことでも知られています。

参考サイト

- 国際協力機構（JICA）：最遠の地に根付くニホン

農園 / 生産者

Fazenda Bau/Tomio Fukuda (Patos de Minus)
ファゼンダ・バウ/トミオ・フクダ

Fazenda Bom Jardin/Gabriel Alves Nunes (Patrocinio)
ファゼンダ・ボンジャルディン/ガブリエル・アウヴェス・ヌネス

Daterra (Patricinio)
ダテーハ

スウ・ジ・ミナス Sul de Minas

- Passos（パッソス）
  - Ibiraci（イビラシ）
- São Sebastiao do Paraíso（サン・セバスチャン・ド・パライソ）
  - Monte Belo（モンチ・ベロ）
- Alfenas（アルフェナス）
- Varginha（ヴァルジーニャ）
  - Ilicínea（イリシニア）
- Poços de Caldas（ポッソス・ジ・カウダス）
- Oliveira（オリヴェイラ）
  - Santo Antonio do Amparo（サント・アントニオ・ド・アンパロ）
- São Lourenço（サン・ロレンソ）
  - Carmo de Minas/Mantiqueira de Minas（カルモ・ジ・ミナス/マンティキエイラ山脈）
- Santa Rita do Sapucaí（サンタ・ヒタ・ド・サプカイー）
  - Heliodora（エリオドーラ）
- Campo das Vertentes（カンポ・ダス・ヴェルテンチス）

　ブラジルでは最も重要なコーヒー産地で、このスウ・ジ・ミナス（南ミナスとも）だけでブラジル国内生産量の30%を賄います。州の西側から州都であるベロ・オリゾンチ（Belo Horizonte）南側まで、西と南のかなり広大なエリアが南ミナスとして区分されており、名のある生産地としてはポッソス・ジ・カウダス、アルフェナス、カルモ・ジ・ミナス、カンポ・ダス・ヴェルテンチスなどの地区が含まれます。ミナス・ジェライス州の南西部にあたるこの生産地域では、グラマの谷の東側（西側はサン・パウロ州）、カルモ・ジ・ミナスなどの生産地がスペシャルティ・コーヒーのムーブメントで台頭しました。

ポッソス・ジ・カウダスを囲むカルデラに形成されるコーヒー農園

　スウ・ジ・ミナスでは数多くの輸出業者が名を連ね、ブルボン・スペシャルティ・コーヒー（BSC）はポッソス・ジ・カウダスの著名農園を、コカヒーベ（COCARIVE）はイエロー・ブルボン種を主軸としたカルモ・ジ・ミナスの農園などを扱っています。カルモ・コーヒーズ（Carmo Coffees）では複数の農園を委託管理し、先鋭的な取り組みを行っています。SMCが扱うモンチ・ベロにあるパッセイオ農園はブラジル初のスペシャルティ・コーヒーのモデルとして、国連とブラジル・スペシャルティ・コーヒー協会（BSCA：Brazilian Specialty Coffee Association）によって選定された農園であり、同国のスペシャルティ・コーヒーの歴史において、重要なマイルストーンにもなっています。隣接するラゴア農園の農園主であるマルセロ・ヴィエイラ（Marcelo Vieira）氏は、初代BSCAの会長兼設立者でもあります。また、アルフェナス近郊にはコーヒー界でも確固たる存在感を示すイパネマ農園やモンチ・アレグレ農園があり、こうした大規模農園では複数のプロット（区画）で多様な品種の栽培や、微生物発酵を取り入れた特殊嫌気性発酵を行っています。数多くのラインアップがオーダーメイドで提供可能であることから世界各国のロースターに採用されています。

BSC扱い農園

Sertaozinho/José Renato, Grupo Sertãozinho（Poços de Caldas）
セルトンジーニョ/ジョゼ・ヘナート、グルーポ・セルトンジーニョ

Barreiro/Manuel Lotufo（Poços de Caldas）
バヘイロ/マニュエル・ルトフォ

COCARIVE扱い農園 / 生産者

Sitio da Torre/Alvaro Pereira（Carmo de Minus）
シチオ・ダ・トーレ/アルヴァロ・ペレイラ

Serra das Tres Barras/Jose Junqueira（Carmo de Minus）
セーハ・ダス・トレス・バハス/ジョゼ・ジュンケイラ

Santa Helena/Ernane Pereira（Carmo de Minus）
サンタ・エレナ/エルナネ・ペレイラ

イルマス・ペレイラ農園のアフリカン・ベッド

Carmo Coffees扱い農園／生産者

Sertao/Francisco Pereira (Carmo de Minas)
セルトン/フランシスコ・ペレイラ

Santa Ines/Francisco Pereira (Carmo de Minas)
サンタ・イネス/フランシスコ・ペレイラ

Irmas Pereira/Maria Valéria & Maria Rogéria Pereira (Carmo de Minas)
イルマス・ペレイラ/マリア・ヴァレリア&ホジェリア・ペレイラ

Santuario Sul/Luis Paulo Pereira (Carmo de Minas)
サントゥアリオ・スウ/ルイス・パウロ・ペレイラ

SMC扱い農園／生産者

Passeiso/Adolfo Vieira (Monte Belo)
パッセイオ/アドルフォ・ヴィエイラ

Lagoa/Marcelo Vieira (Monte Belo)
ラゴア/マルセロ・ヴィエイラ

Carmo Estate/Tulio Junqueira (Heliodora)
カルモ・エステイト/トゥーリオ・ジュンケイラ

大企業農園

Monte Alegre (Alfenas)
モンチ・アレグレ

Ipanama (Alfenas)
イパネマ

参考サイト

- Bourbon Specialty Coffee
- Carmo Coffees
- SMC
- Monte Alegre
- Ipanama Coffees

モンチ・アレグレ農園の大規模嫌気性発酵タンク群

マタス・ジ・ミナス Matas de Minas

- Viçosa（ヴィソーザ）
  - Araponga（アラポンガ）
- Manhuaçu（マニュアス）
  - Caparao（カパラオ）

カルモ・ジ・ミナスのさらに東に州都ベロ・オリゾンチを越えてエスピリト・サント州方面に行くと、マタス・ジ・ミナスに到達します。ここはミナス・ジェライス州東部の63の自治体で構成され、約36,000の生産者が参画しています。総生産面積は269,000haで、年間約6,100,000袋のコーヒーが生産されています。近年では、アラポンガ、カパラオの両地区の評価が高くなっています。南東部にあるこのマタス・ジ・ミナスでは、セーハ・ド・ボニ農園をはじめとするCOEの初期から入賞実績のある農園が存在し、素晴らしい品質のコーヒーが生産されています。

参考サイト

- Região Das Matas De Minas

農園／生産者

Serra do Bone/Sanglard Family (Araponga)
セーハ・ド・ボニ/サングラード・ファミリー

Sitio Caminho da Serra/ Miranda Family (Araponga)
シチオ・カミーニョ・ダ・セーハ/ミランダ・ファミリー

シャパーダ・ジ・ミナス Chapada de Minas

- Capelinha（カペリーニャ）
- Bocaiúva（ボカイウヴァ）
- Angelândia（アンジェランディア）
- Francisco Dumont（フランシスコ・ドゥモン）

東部のシャパーダ・ジ・ミナスは、エスピリト・サント州に隣接しており、お互いに近似したテロワールの風味特性があります。この生産地はミナス・ジェライス州の北東に位置し、ジョケチニョーニャ（Jequitinhonha）、ノルテ・ジ・ミナス（Norte de Minas）、ヴァレ・ド・ムクリ（Vale do Mucuri）といった地域が該当しています。シャパーダ・ジ・ミナスは22の郡から成り、2,500軒の農家を抱え、ミナス・ジェライス州の8.4%の生産量を担っています。以前は、それほど知られた産地ではありませんでしたが、COEなどの上位入賞を経て、近年着実に実績を積み上げてきているテロワールです。

参考サイト

- Chapada de Minas

■ 農園／生産者

Primavera/Leonardo Montesanto Tavares（Angelândia）
プリマヴェーラ/レオナード・モンチサント・タヴァレス

Ecoagrícola Café Ltda/（Francisco Dumont）
エコアグリコーラ・カフェ・Ltda

サン・パウロ州 São Paulo State

ブラジル第1の都市、サン・パウロは同名のサン・パウロ州の州都になりますが、コーヒーの生産エリアは、東隣のミナス・ジェライス州の南西側に接する地域が主になります。栽培面積は216,000haに上り、ミナス・ジェライス州、エスピリト・サント州に次いで3番目の規模となっています。

アルタ・モジアナ Alta Mogiana

- Franca（フランカ）

- São João da Boa Vista（サン・ジョアン・ダ・ボア・ヴィスタ）
- ▸ São Sebastião da Grama（サン・セバスチャン・ダ・グラマ）

サン・パウロ州で最も有名な地区は、何と言ってもモジアナ地区でしょう。北部フランカの町の周辺エリアはアルタ・モジアナ（高いモジアナ）とも呼ばれ、品質の高いコーヒーが生産されています。また、同州の東側はミナス・ジェライス州に接しており、県境に近いグラマの谷（Sao Sebastiao da Grama）は特に有名な生産エリアで、ハイーニャ農園、ヘクレイオ農園、カショエラ農園、サンタ・アリータ農園、セルトンジーニョ農園などの著名農園が名を連ねます。このグラマの谷はカルデラの外輪山の一部であり、コーヒーのグループ企業としても有名なセルトンジーニョ農園は東側のミナス・ジェライス州のポッソス・ジ・カウダスに属しています。当地区のコーヒーは、輸出業者であるBSCが主に取り扱っています。

■ BSC扱い農園／生産者（グラマの谷）

Cachoeira da Grama/Gabriel Carvalho Dias
カショエラ・ダ・グラマ/ガブリエル・カバーニョ・ジアス

Rainha/José Renato, Grupo Sertãozinho
ハイーニャ/ホセ・レナート、グルーポ・セルトンジーニョ

Lalanjal/José Renato, Grupo Sertãozinho
ラランジャウ/ホセ・レナート、グルーポ・セルトンジーニョ

Recreiro/Diogo Dias
ヘクレイオ/ジオゴ・ジアス

Santa Alina/Lucia Dias
サンタ・アリーナ/ルシア・ジアス

ハイーニャ農園の黄色種

エスピリト・サント州 Espirito Santo State

ミナス・ジェライス州の東部と隣接する州で、マタス・ジ・ミナスを越えてさらに東に進むとエスピリト・サント州に到達します。栽培面積は433,000haで規模は国内第2位です。ロブスタ種（コニロン種）の生産で知られた産地であり、近年までスペシャルティ・グレードがあるとはイメージしづらい場所でした（アラビカ種の生産は28％程度）。しかし、2020年のCOEでエスコンジカ農園が1位になってからは急速に注目度が高まっています。

モンターニャス・ド・エスピリト・サント Montanhas do Espirito Santo

- Cachoeiro de Itapemirim
（カショエイロ・ジ・イタペミリン）
  - Castelo（カステロ）
    - Bateia（バテイア）
- Afonso Claudio（アフォンソ・クラウジオ）
  - Afonso Claudio（アフォンソ・クラウジオ）
  - Domingos Martins（ドミンゴス・マルチンス）
  - Venda Nova do Imigrante
（ヴェンダ・ノヴァ・ド・イミグランチ）

当地は気候が冷涼なため収穫が遅く、日本への到着が通常のブラジルのロットより遅くなります。エスピリト・サント州はカネフォラ種のコニロン種が最初に伝播した地区であり、それゆえカネフォラ種の生産割合が高いエリアとなっていますが、良質なアラビカ種の生産エリアもエスピリト・サント山地の高い標高の下で形成されています。過去にイタリア系の移民が入植した歴史があり、イタリア系の地名や農園主も多い土地柄です。一見すると水洗式に見える綺麗なアピアランス※を持つパルプド・ナチュラルのコーヒーが特徴で、ブラジルの他のエリアと比べて柑橘を思わせる風味や酸の明るさ、構造がしっかりしており、良い意味でブラジルらしくない風味を現しています。

※ アピアランス：生豆の外観、見た目。

農園／生産者

Sitio Escondica/Luiz Ricardo (Venda Nova do Imigrante)
シチオ・エスコンジカ/ルイス・ヒカルド

Sitio Tomazini/Valdeir Tomazini (Castelo, Bateia)
シチオ・トマジーニ/ヴァウデイール・トマジーニ

Sitio Bom Destino/Guarino Bissoli (Afonso Claudio)
シチオ・ボン・ジスチーノ/グアリーノ・ビソーリ

バイーア州 Bahia State

ミナス・ジェライス州の北に接するのがバイーア州です。生産面積は171,000haで規模は国内第4位です。ブラジルにおけるコーヒー主要港は南のサントス港(Santos)ですが、バイーア州のコーヒーは東側のサルバドール港(Salvador)から出港されます。コーヒー・シーンでの知名度は高くありませんでしたが、2014年頃のCOEでの優勝および多数の入賞や、当地区の輸出業者であるアグリカフェ(Agricafe)のプロモーションなどで名を知られるようになりました。

シャパーダ・ジアマンチーナ Chapada Diamantina

- **Seabra(セアーブラ)**

▸ **Piatã(ピアタン)**　　▸ **Mucugê(ムクジェ)**

今まで紹介してきた生産地域と異なり、ブラジルの北東部に位置するバイーア州は比較的高い標高が特徴で、収穫時期が遅くなるため、出港時期もブラジルの一般的な産地と異なります。この生産州もスペシャルティ・コーヒーの台頭によって脚光を浴びた地域であり、ジアマンチーナ台地と呼ばれる高台の生産地では、それまでのブラジルとは思えないような硬く引き締まった生豆が生産されています。代表的な農園にはサン・ジュダス・タデウ農園やプログレッソ農園などがあります。フルーツのニュアンスが強く、黒い果実やベリー、柑橘などを思わせる風味は当地のコーヒーの醍醐味と言え、それゆえCOEでの入賞歴も多く、偉大な生産地の1つとして認知されています。近年では、当地限定のプライベート・オークションであるシークレット・トレジャー(Secret Treasure)が開催されました。

参考サイト

- Silvio Leite's Secret Treasures (brazil)

農園／生産者

Sao Judas Tadeu/Antonio Rigno (Piata)
サン・ジュダス・タデウ/アントニオ・ヒグノ

Cafundo/Pedro Mesquita (Piata)
カフンド/ペドロ・メスキータ

Progresso/Borré Family (Mucuge)
プログレッソ/ボヘ・ファミリー

Ouro Verde/Cândido Ladeia (Piata)
オウロ・ヴェルジ/カンジド・ラデイア

Cerca de Pedra Sao Bnedito/Silvio Leite (Piata)
セルカ・ジ・ペドラ・サン・ベネジート/
シルビオ・レイチ

バイーア州の東部に位置するサルバドールの港

コロンビア

コロンビアの生産概要

- 伝播時期：18世紀
- 年間生産量（2022年）：12,384,000袋
- 主な生産処理：水洗式
- 主なコーヒー・ロットの単位：中小規模農園、または農協などによるエリア集積

- 主な品種：Caturra、Variedad Colombia、Castillo
- 主な生産形態：小規模農家、中規模私営企業
- 主な収穫時期：メイン9～12月、ミタカ4～6月
- 主要港：ブエナ・ベントゥーラ、サンタ・マルタ

ウィラ県の農場風景

世界最大の水洗式アラビカ・コーヒーの生産地であるコロンビア。2022年の生産量は12,384,000袋（743,040MT）に上りますが、ここ数年にわたるラ・ニーニャ現象などによる長雨で生産量が減少しています（2020年は14,100,000袋）。同国の作柄は水洗式コーヒーの価格形成に大きく影響を与えるため（隣国ブラジルのコーヒーは非水洗式が主）、コロンビアの生産量はその年の水洗式アラビカ・コーヒーの価格を占ううえで重要なベンチマークとなっています。2000年代に入るまで、コーヒー業界全般の認識では、水洗式のコーヒーが非水洗式よりも上位として扱われていたため、水洗式アラビカの生産量の最も多いコロンビアが、その他の水洗式アラビカの生産国にとってのロール・モデルとなってきました。通称コロンビア・マイルド（Colombia Mild）と呼ばれる水洗式上位の生産国は、コロンビア、ケニア、タンザニアのみで構成されており、その他の水洗式アラビカの生産国はアザー・マイルドと呼ばれることから、これら3か国は別格の扱いを受けていたことが分かります。

コロンビアは生産エリアが南北に広く分布しており、その気候条件はケニアと同じく熱帯収束帯が発生することが知られています。これにより収穫期が年に2回、中部地方を中心に発生します。主要な収穫時期は9～12月で、“ミタカ”と呼ばれるサブ・クロップの収穫時期は4～6月になります。

コロンビアの輸出規格は粒の大きさであるスクリーンを基準にし、これに欠点数の制限（500g中24欠点まで）を設けたグレーディングを採用しています注）。輸出用のコーヒーは全てエクセルソ（Exceleso）規格になり、スクリーンの大きさごとにSC18：Premium、SC17：Supremo、SC16：Extraと分類します。SC13以下は輸出不適合品で、国内消費用のコーヒーになります。以前エクセルソとスプレモ（Supuremo）はそれぞれ独立したグレード名だったのですが、2010年代に入ってからの改正で輸出規格自体をエクセルソと表記することになりました。また、コロンビアは自国のブランド認知向上に力を入れているため、上記の規格名以外にワイン業界にならった原産地統制呼称（AOC：Appellation d'Origine Controlee）を採用しています。サンタンデール県（Santander）、カウカ県（Cauca）、ウィラ県（Husla）、ナリーニョ県（Narino）の4県で生産されたコーヒーは、これらの県名を冠したAOCの呼称とトレーサビリティ認定を受けることができるようになっています。

注）EP（ヨーロッパ規格）、AP（アメリカ規格）といった副規格も採用される。

国内流通

コロンビアにおける生産形態の大半は小規模農家によって構成されており、3ha以下の規模がそのほとんどを占めています。国内流通は収穫チェリーでの取引が基本で、生産者は農協や輸出業者、チェリー販売所のいずれかに自らが収穫したチェリーを販売します。生産単位が細かく、かつ多いため、農協や輸出業者が生産処理を行い、市場に流通するコーヒー・ロットが形成されます。そのため農場に名称を付ける習慣がほとんどありませんでしたが、2010年代に入ってからのスペシャルティ・コーヒーの機運の高まりによって、小さい生産規模の農地までのトレーサビリティが確立したことから、生産者が自らの農園の名前を付ける事例が増加してきました。これにより微細なテロワールの特徴を備えた多様なコーヒーを入手することが可能になってきています。現在も輸出業者や農協が委託してウエット・ミルでの生産処理を行っていますが、小規模農園でも自前の設備を導入し、ドライ・パーチメントまで仕上げる自家精選も増加しています。

国としてコーヒー・ロットの細分化、品質の向上に取り組んでいるものの、一方で、成長する国内経済を背景に若年層の農業離れが加速しており、将来の産業の維持が課題となっています。山岳地帯ではブラジルのように機械化した収穫を行うことができず、どうしても人の手に依存せざるを得ません。コロンビアは最大の水洗式の生産国であるため、今後もこの国の動向が、他の水洗式生産国の生産方針や作柄にも影響を与えると考えられます。

コロンビアのコーヒー産業はFNC（Federación Nacional de Cafeteros de Colombia）と呼ばれる国の農務機関によって監督/運営されており、その傘下にあるCENICAFEは、ブラジルのIACと双璧をなす主要なコーヒー研究機関として認知されています。ここでは各耐性種の親にもなったスダン・ルメ種をはじめ、多くの希少品種の保持や産業維持において必要な品種開発が行われており、大変重要な役割を担っています。

参考サイト

- FNC

高地では日照を増やすためにシェイド・ツリー（Shade Tree）をあまり用いないことがある

ウィラ県ピタリートの生産者家族

コロンビアのテロワール

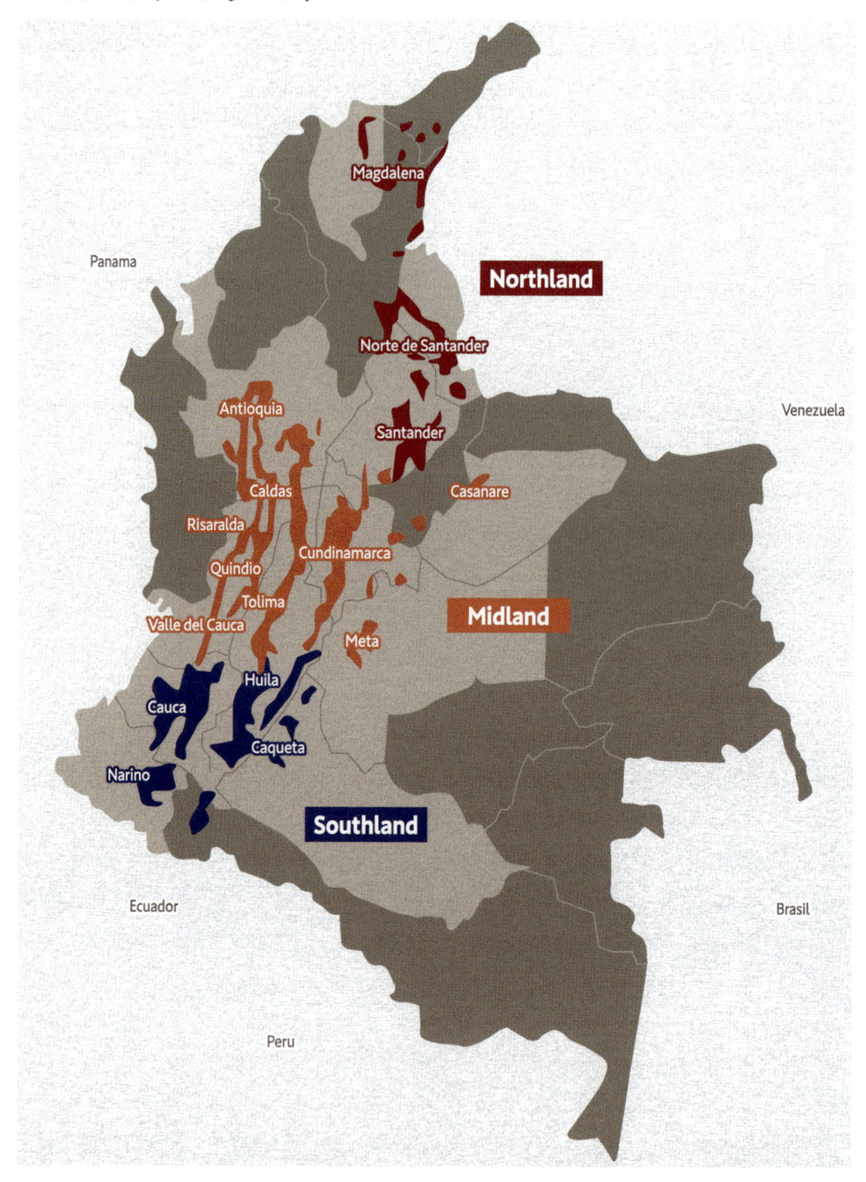

コロンビアのコーヒー生産エリアは、主にアンデス山脈の西側に形成されています。南北に延びるこの山脈帯は、プレートの隆起によって地底の地層が表面に現れたものであり、海洋からの土が堆積した東側のブラジルと地質の特徴が異なるとされています。同国では北部、中部、南部といった地方区分（Region）がなされており、北部に属するマグダレナ（Magdalena）、ノルテ・デ・サンタンデール（Norte de Santander）、サンタンデール、中部に属するカサナレ（Casanare）、アンティオキア、カルダス（Caldas）、リサラルダ（Risaralda）、クンディナマルカ（Cundinamarca）、キンディオ（Quindio）、トリマ（Tolima）、バジェ・デル・カウカ（Valle del Cauca）、メタ（Meta）、南部に属するウィラ、カウカ、カケタ（Caqueta）、ナリーニョといった構成になっています。ここでは中部と南部の生産県（Department）を中心に、いくつかご紹介したいと思います。

Department（県）以下の行政区分 | ●Distrito（郡） ▸Corregimiento（郡区）

サンタンデール県（北部） Santander Department

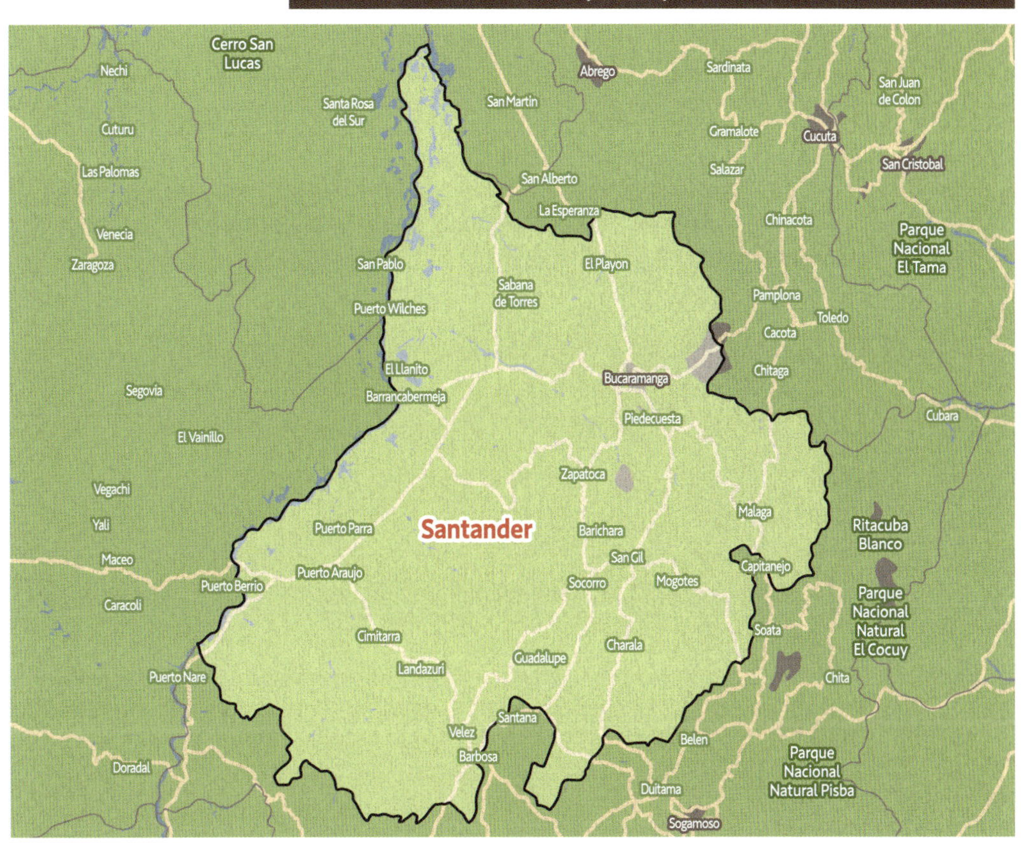

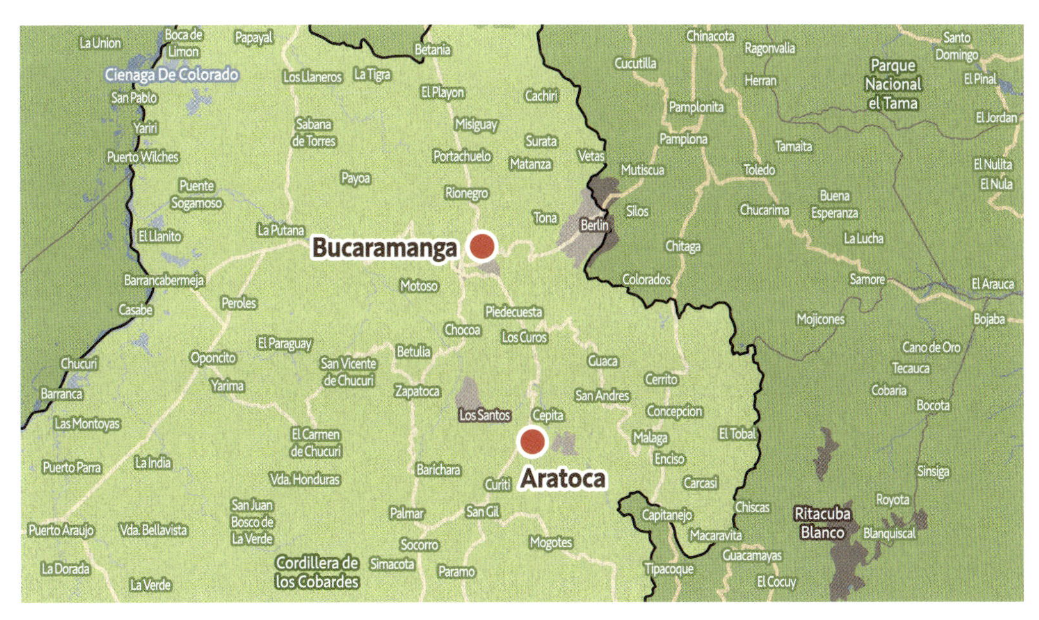

- Aratoca（アラトカ）
- Bucaramanga（ブカラマンガ）

サンタンデール県は、品評会などでの目立った実績はあまり散見されませんが、ブカラマンガにあるエル・ロブレ農園で発見されたエチオピア原生種であるウシュ・ウシュ種（Wush Wush）のコーヒーが高い評価を受けたことで、その甘さと質感の高さから買い付けを希望するロースターが増えました。同国におけるエチオピア系品種トレンドの先駆けとも言える存在です。

■ 農園／生産者

Hacienda El Roble/Oswaldo Acevedo（Bucaramanga）
アシエンダ・エル・ロブレ/オスワルド・アセヴェド

アンティオキア県（中部） Antioquia Department

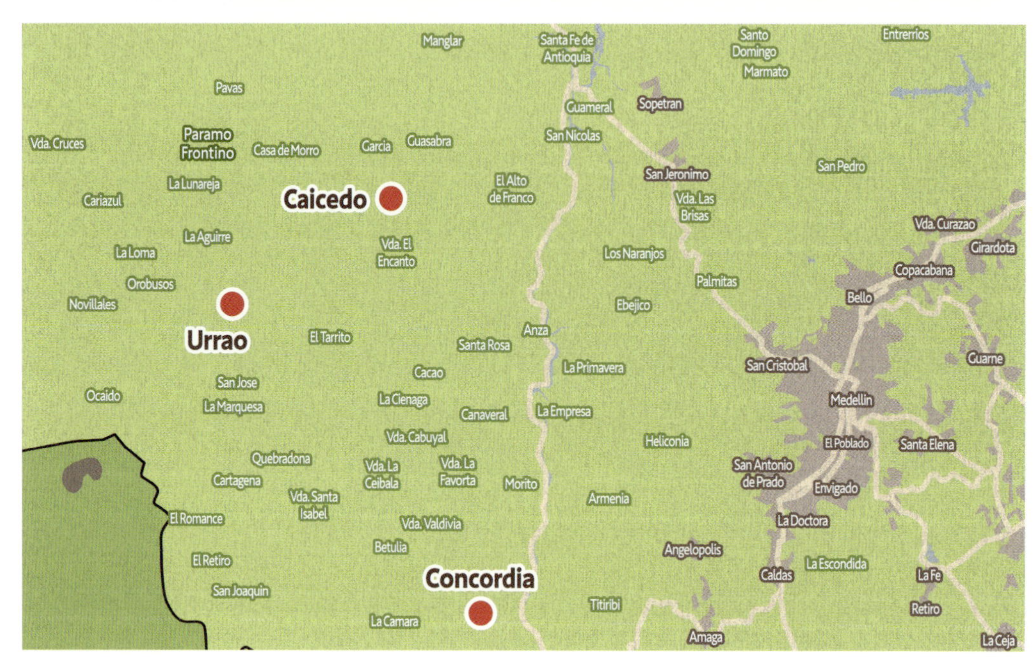

- Concordia（コンコルディア）
- Urrao（ウラオ）
- Caicedo（カイセド）

COEでは2020年と2014年に1位を勝ち取った県で、これら優勝農園を輩出したウラオは注目度の高い郡になってきました。優勝した両農園の品種がエチオピアの原生種にルーツを持つ品種であることが分かり、“チロソ（Chiroso）”と名付けられた品種が現在脚光を浴びています。当初はカトゥーラ種と思われていたこのチロソ種は、エチオピアを彷彿させるフローラルな風味を特徴としています。

農園／生産者

Bella Vista/Carmen Montoya (Urrao)
ベジャ・ヴィスタ/カルメン・モントーヤ

Los Tres Mosqueteros/Felipe & Leonardo Henao (Urrao)
ロス・トレス・モスケテレロス／フェリペ & レオナルド・エナオ

クンディナマルカ県（中部） Cundinamarca Department

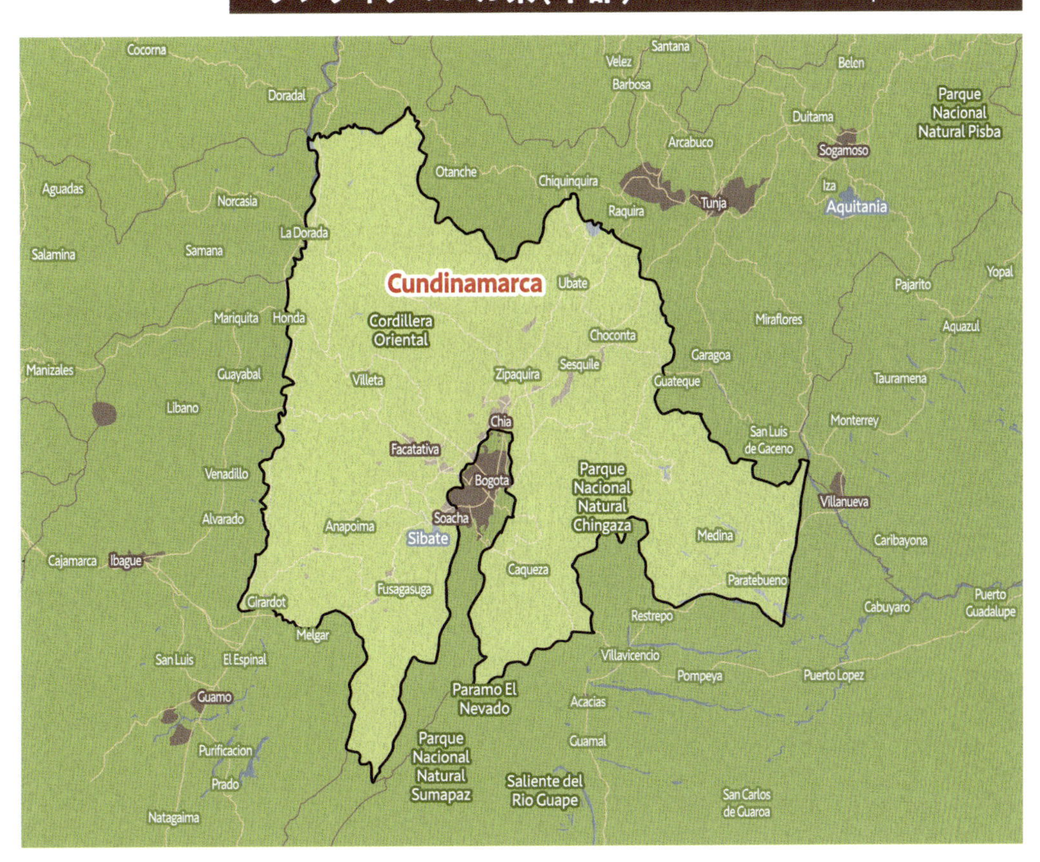

- **La Mesa（ラ・メサ）**
- **Zipacon（スィパコン）**
- **Sasaima（ササイマ）**

クンディナマルカ県では、スィパコンにあるラ・パルマ・イ・エル・トゥカン農園に注目が集まっています。この農園はワールド・バリスタ・チャンピオンシップ（WBC）で優勝したバリスタが、エクアドル由来の品種であるシドラ種のラクティック・ファーメンテーション（乳酸菌発酵）のロットを使用したことで一躍有名になりました。また、プレミアムコーヒーの農園プロジェクトで名を馳せるCGLE（Café Granja La Esperanza：カフェ・グランハ・ラ・エスペランサ、本拠地はバジェ・デル・カウカ県）もこのクンディナマルカ県のササイマという郡で農園を運営しています。

農園／生産者

La Palma y El Tucan/Felipe Sardi（Zipacon）
ラ・パルマ・イ・エル・トゥカン/フェリペ・サルディ

リサラルダ県(中部) Risaralda Department

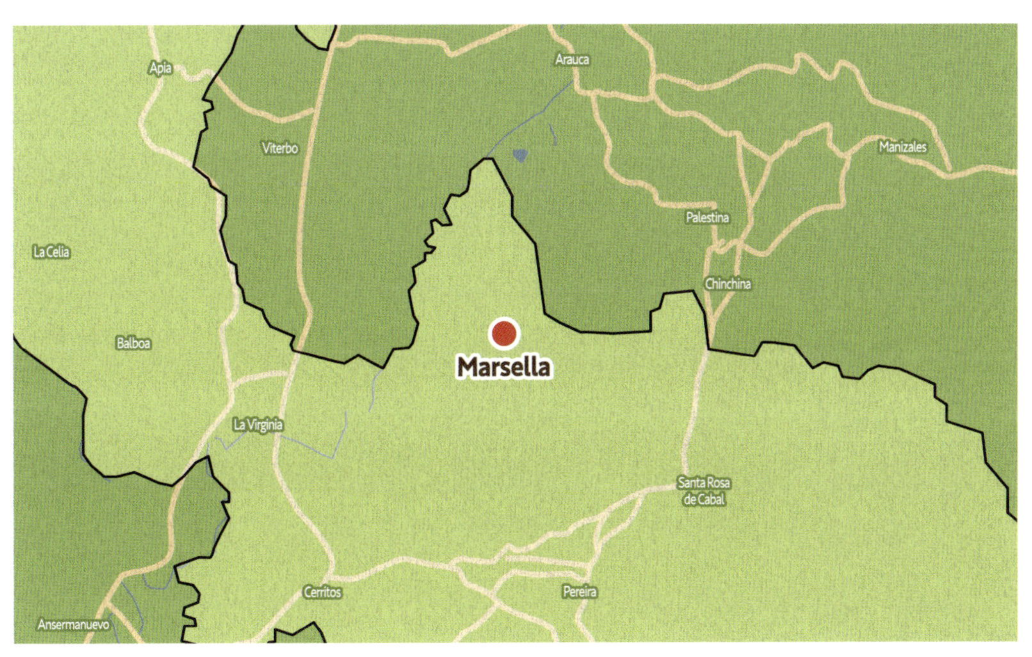

● **Marsella(マルセージャ)**

リサラルダ県はトリマ県とバジェ・デル・カウカ県に挟まれたやや小さい県で、南側をキンディオ県に接しています。マルセージャには2019年のCOEで1位になったミカヴァ農園があり、その鮮烈な風味を持つゲイシャ種のロットが世界的に評価されています。ワールド・ブリューワーズカップ(WBrC:World Brewers Cup)をはじめとした、手点てコーヒーの大会などでこの農園を採用する競技者が増加し、今でも入手困難な銘柄の1つとして認知されています。

■ 農園／生産者

Mikava/Paul Doyle（Marsella）
ミカヴァ/ポール・ドイル

トリマ県（中部）Tolima Department

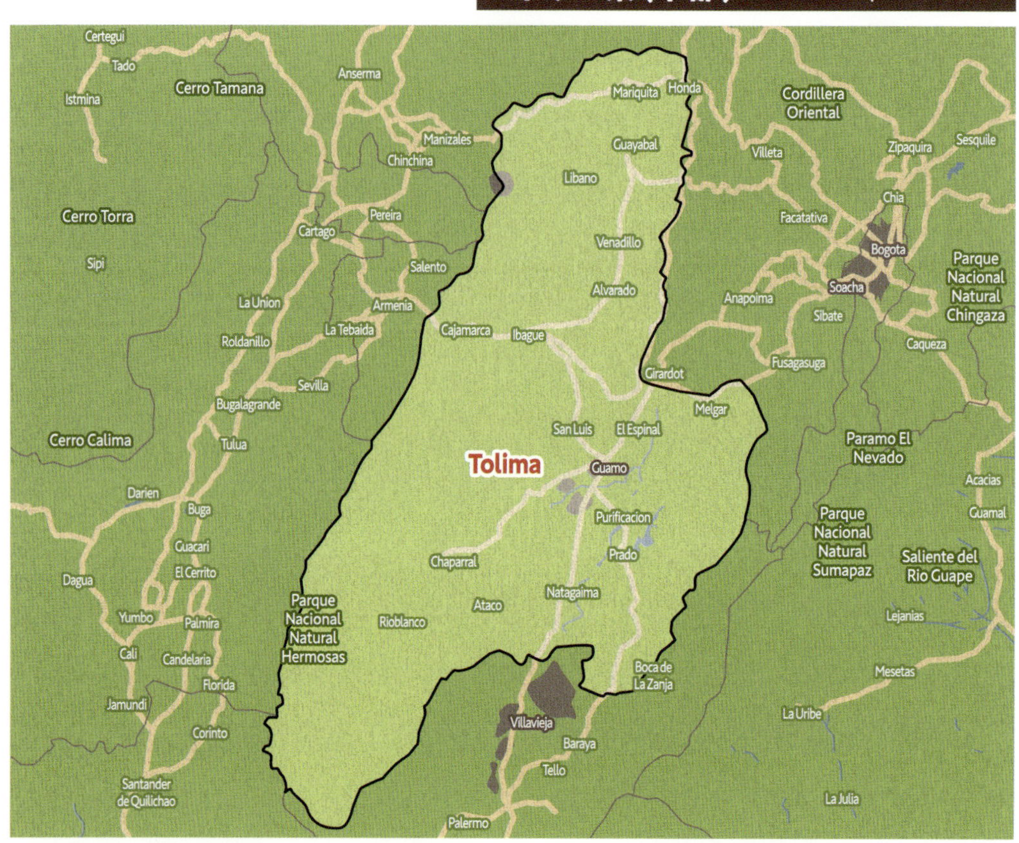

- Planadas (プラナダス)
- Rioblanco (リオブランコ)
- Ibague (イバゲ)
- Cajamarca (カハマルカ)

2000年代初頭、まだ今のように詳細なトレーサビリティが確立されておらず、広域のトリマ県銘柄として流通していたコーヒーは、その当時から現在のマイクロロットのコーヒーと比べても遜色ない品質を誇っていました。ここでの有名な郡はプラナダス、イバゲなどです。2018年に2位になったラ・エスペランサ農園、4位に入ったラ・クエバス農園などからも分かる通り、特に2018年での入賞が多かった県でした。印象度の高い甘さと抜群のフルーツ感は、同県ならではの特徴と言えるでしょう。

■ 農園 / 生産者

La Esperanza/Duberney Cifuentes Fajardo (Planadas)
ラ・エスペランサ/ドゥベルネイ・シフエンテス・ファジャード

La Cuebas/Robinson Olivera (Planadas)
ラ・クエバス/ロビンソン・オリヴェイラ

バジェ・デル・カウカ県(中部) Valle del Cauca Department

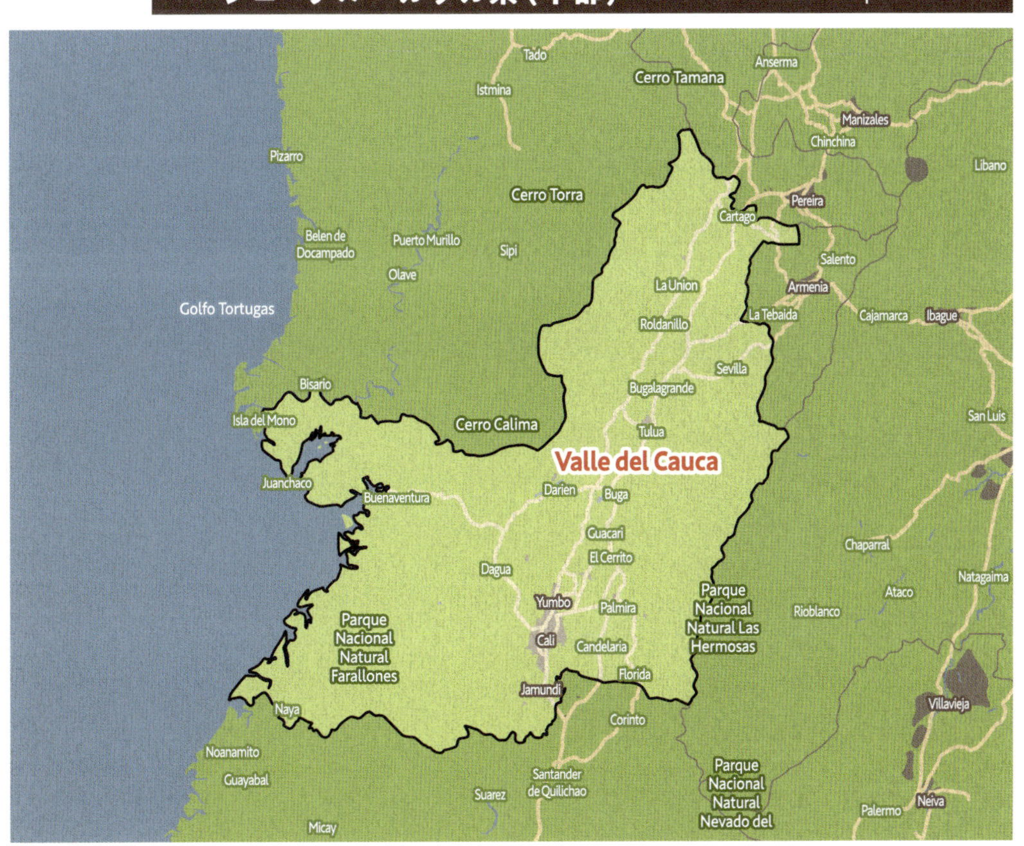

- Caicedonia（カイセドニア）　● Pichinde（ピチンデ）　● Trujillo（トゥルヒージョ）

バジェ・デル・カウカ県には著名プロジェクト農園が集結しており、特殊な品種や生産処理の採用、そして丁寧な栽培管理など、潤沢な資金を活用した農園経営がよく知られるようになってきました。トゥルヒージョには、コーヒー競技会で採用例の多いカフェ・グランハ・ラ・エスペランサ（CGEL）プロジェクトのフラッグシップであるセロ・アスール農園や、カイセドニアにあるラス・マルガリータス農園が有名です。また、2015年のWBCで、かのカーボニック・マセレーション（炭素浸漬）を世に放ったのが、ピチンデにあるインマクラーダ農園です。同農園は現在の嫌気性発酵ブームの火付け役となり、ラス・ヌベス農園以下、複数を傘下に持ち、ルメ・スダン種やラウリーナ種などの希少種の栽培にも取り組んでいます。

農園／生産者

Café Granja La Esperanza/Rigoberto Herrera（Trujillo）
カフェ・グランハ・ラ・エスペランサ/リゴベルト・エレーラ

Café Inmaculada/Holguin family（Pichinde）
カフェ・インマクラーダ/オルギン・ファミリー

ウィラ県（南部） Huila Department

- Palestina（パレスティナ）
- Pitalito（ピタリート）
- Oporapa（オポラパ）
- San Agustin（サン・アグスティン）
- La Argentina（ラ・アルヘンティーナ）
- La Plata（ラ・プラタ）
- Miguel Angel（ミゲル・アンヘル）
- Guadalupe（グアダルーペ）
- Suaza（スアサ）
- Nieva（ニエバ）
- Algeciras（アルヘシラス）
- Santa Maria（サンタ・マリア）
- Gigante（ヒガンテ）
- Acevedo（アセヴェド）

もはやコロンビア第一のテロワールと言っても過言ではないウィラ県はCOEでの入賞が極めて多く、毎年必ずいずれかの農園がその栄誉に浴しています。ゲイシャ種をはじめとしたエチオピア系の品種や、特殊な生産処理のロットではなく、スタンダード品種の水洗式での入賞歴が多いことから当地のテロワールの秀逸さがうかがえます。近年、コロンビアで人気の品種となっているピンク・ブルボン種やオンブリゴン種などのエチオピア系品種の系統は、アセヴェドで初めてそれらの存在が確認され、今ではコロンビアのスペシャルティ・シーンを代表する銘柄になりました。また、ピタリートのエル・ディヴィソ農園ではゲイシャ種のコーヒーや、新たなエチオピア系品種と目されるオンブリゴン種などのラインアップが注目されています。小規模生産者による多様なロット構成も同地の醍醐味でもあり、バンエクスポート（Banexport）や新鋭の輸出業者であるマスターコル（Mastercol）は小規模生産者の微細なテロワールを啓蒙し、特徴的なコーヒー・ロットの発掘/開発に力を入れています。ウィラ県のテロワールは酸が明るく、綺麗で鮮やかな印象を持つのが特徴ですが、小模生産者による多様なテロワールの風味を楽しむことができます。

実成の多いピンク・ブルボン種

ウィラで発見されたストライプ・ブルボン(Stripe Bourbon)と呼ばれる縦縞の果実を持つ品種

華やかな風味を連想させるデザインのVPカートン(マスターコル)

農園/生産者

El Diviso/Nestor Lasso(Pitalito)
エル・ディヴィソ/ネストル・ラッソー

参考サイト

- Mastercol

カウカ県（南部） Cauca Department

- Popayan（ポパヤン）
- Inza（インサ）
- Piendamo（ピエンダーモ）
- Caloto（カロト）
- Jambalo（ハンバロ）
- Miranda（ミランダ）
- Toribio（トリビオ）
- Almaguer（アルマゲル）
- Santander de Quilichao（サンタンデール・デ・キリチャオ）
- Sotara（ソタラ）

カウカ県も知名度の高い生産県であり、特にポパヤンには、スペシャルティ・コーヒーのムーブメントのかなり早い段階（2000年代初頭）から活動を行ってきたエル・サントゥアリオ農園があります。当時、コロンビアが実施した全国規模の植え替え政策により希少となっていたティピカ種とブルボン種にあえて注力し、これらを2,000mに及ぶ高い標高に植えるといった先鋭的な取り組みを行ってきました。ピエンダーモでは、2018年のCOEに入賞したエル・パライソ農園が有名で、10位にもかかわらず1位のロットより高い価格で落札されるという現象が発生し、圧倒的なイチゴの風味を持ったコーヒーは業界に大きな衝撃を与えました。また、同農園はコロンビアにおける生産処理の発展に拍車をかけ、これらの革新は多くの生産地に伝播していきました。エル・サントゥアリオ農園では“モスト”と呼ばれる醪を使用した特殊発酵が、エル・パライソ農園では嫌気性発酵を巧みにコントロールした生産処理が開発されており、こうした農園は微生物添加であるカルチャリング（Culturing）をはじめ、温度管理を細かく管理したロットなど、多くの特殊なコーヒーを生み出しています。

農園／生産者

El Santuario/Camilo Melizalde (Popayan)
エル・サントゥアリオ/カミーロ・ミリサルデ

El Paraiso/Diego Samuel Bermúdez (Piendamo)
エル・パライソ/ディエゴ・サミュエル・ベルムデス

ラズベリーの果実で覆われたパーチメント・コーヒー（エル・サントゥアリオ農園）

ナリーニョ県（南部） Narino Department

- Buesaco（ブエサコ）
- El Tablon de Gomez（エル・タブロン・デ・ゴメス）
- San Pedro de Cartago（サン・ペドロ・デ・カルタゴ）
- Consaca（コンサカ）
- La Union（ラ・ウニオン）
- Yacuanquer（ヤクアンキエル）
- San Lorenzo（サン・ロレンソ）
- Samaniego（サマニエゴ）

スターバックス・コーヒー・カンパニーが定番のコロンビアとして扱ったことで知名度の高いナリーニョ県は、国際品評会であるCOEにおいてウィラ県の次に多く入賞している生産地です。国の中では南に位置し、国境をエクアドルと接していることから、南端側の生産県として認知されています。生産地域はブエサコの評価が高く、COEに入賞したナリーニョのコーヒーの多くがこの郡の銘柄となっています。基本的にどのロットも高い品質を誇り、県全体としてレベルが高く、かつ安定感のある味わいを感じさせてくれます。ナリーニョのコーヒーは、過熟感とは異なるしっかりした甘さを持ち、酸とのバランスも良く、コロンビアの中ではしっかりしたボディや印象的な風味特性が特徴と言えるでしょう。

ボリビア

ボリビアの生産概要

- 伝播時期：19世紀
- 年間生産量（2022年）：69,000袋
- 主な生産処理：水洗式
- 主なコーヒー・ロットの単位：中小規模農園、または農協などによるエリア集積
- 主な品種：Catura、Catuai、Typica
- 主な生産形態：小規模農家、中規模私営企業
- 主な収穫時期：6～10月
- 主要港：アリカ（チリ）

ボリビアの2022年の生産量は69,000袋（4,140MT）と量的にはそれほど多くはありませんが、イエメンやエチピオアのモカと比肩する品質としてヨーロッパで好まれていたとされています。他の南アメリカの例にもれず、歴

コーヒーの木に囲まれる小規模生産者

史的にボリビアもスペインの統治を受けてきましたが、独立後は農地の多くが先住民に返還されました。輸出規格については欠点数と粒の大きさであるスクリーン・サイズに規定を設けており、Bolivia Primera Arabica、Bolivia Extra Arabicaといったグレード名が存在しますが、コロンビアの規格を採用することもあり、ExcelsoやSupremoといった規格名でも流通しています。しかし現在は、EPなどの副規格を含んだSHBやSHGなどの表記で販売されることが多く、国として統一された輸出規格化が行われていない状態です。生産処理は水洗式が基本で、アザー・マイルドの国として認知されています。ほとんどのコーヒーが水洗式ですが、非水洗式や嫌気性発酵など生産処理に工夫を行う生産者や企業なども現れてきています。

国内流通

ボリビアでもコーヒーの生産においては小規模生産者が主力（85～95%とされる）であり、生産者は収穫したチェリーや自家精選したパーチメント・コーヒーを農協や輸出業者、あるいはチェリー取引所に販売することで生計を立てています。農協単位でのロットが一般的ですが、近年では小規模生産者単位までのトレーサビリティが確立されてきており、こういったマイクロロットのコーヒーは農園主の名前で流通します。農園に名称を付ける習慣がまだそれほど根づいていませんが、最近では村や地域名を冠したロット名を目にすることが増えてきました。

生産エリアで開催されたローカル・コンペティション（地域品評会）のカッピング

■ ボリビアのテロワール

コーヒーは、ユンガス地方（Yungas：温暖という意味）と呼ばれるボリビアのアンデス山脈沿いに栽培されており、このエリアでの栽培が国内生産のおよそ95%を占めています。なお広義の意味のユンガスの場合はペルー、ボリビア、アルゼンチン北部のアンデス山脈の森林地帯を指すこともあります。具体的な県ではスペシャルティ・シーンでよく名を知られるラ・パス県（La Paz）や、近年新たに注目されてきているサンタ・クルス県（Santa Cruz）を取り上げ、それぞれの生産地方（Provincia）に触れていきたいと思います。

温暖なユンガスの地で育つコーヒーの木

Provincia（州）以下の行政区分	●Canton（郡） ▸Colonia（居住区/村）

ラ・パス県 La Paz Department

首都ラ・パスを擁する県で、コーヒーの栽培エリアは北部にあります。ラ・パス県はさらにプロヴィンシアと呼ばれる地方に分かれていきますが、コーヒーで重要なプロヴィンシアではカラナヴィ（Caranavi）、北ユンガス（Nor Yungas）、南ユンガス（Sud Yungas）などがあります。ここではカラナヴィと南ユンガスを紹介します。

コーヒーの生産地より標高の高い（約3,500m）首都ラ・パス

カラナヴィ地方 Caranavi Provincia

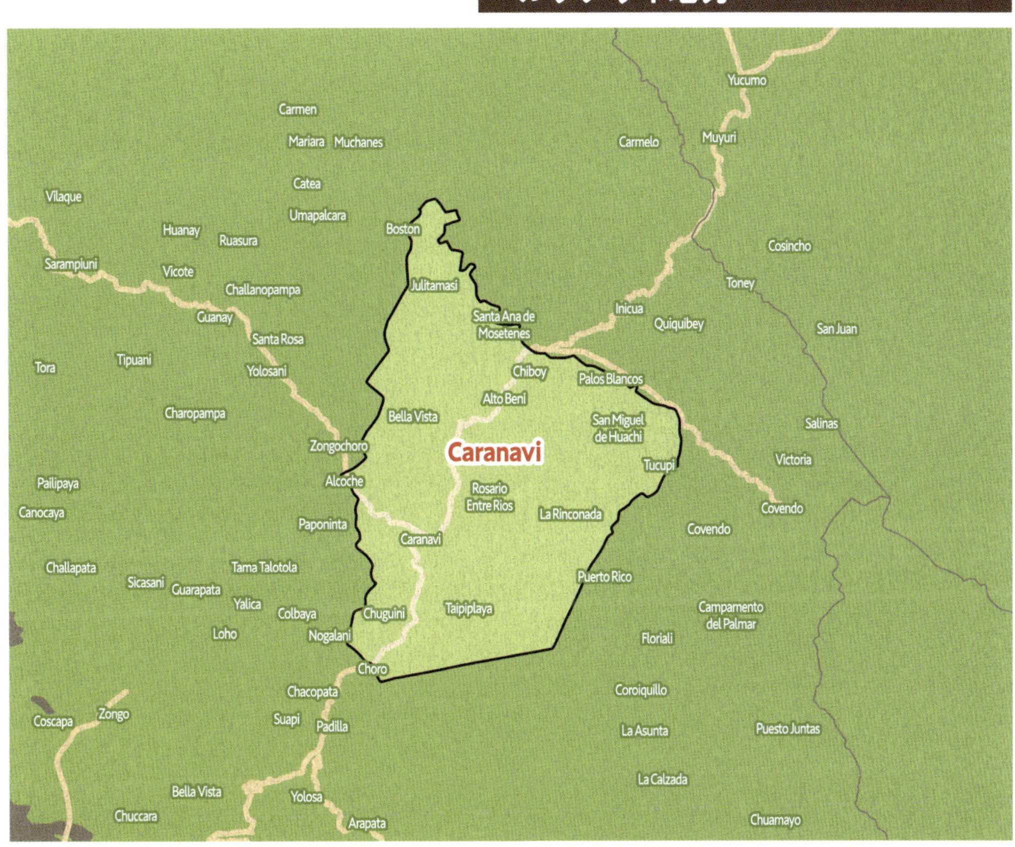

- Calama (カラマ)
  - Calama
- Caranavi (カラナヴィ)
  - Copacabana (コパカバーナ)
  - Lagunilla de Bolinda (ラグニージャ・デ・ボリンダ)
- Carrasco La Reserva (カラスコ・ラ・リゼルヴァ)
  - San Ignacio (サン・イグナシオ)
  - Huchumachi/Uchumachi (ウチュマチ)
  - Sabaya (サバヤ)
  - Chojna Pampa (チョフナ・パンパ)
- Incahuara (インカウラ)
  - La Estrella (ラ・エストレージャ)
- San Lorenzo (サン・ロレンソ)
  - Nueva Llusta (ヌエヴァ・ジュスタ)
- Taypiplaya (タイピプラヤ)
  - Amor de Dios (アモール・デ・ディオス)
  - Flor de Mayo (フロル・デ・マヨ)
- Santa Fé (サンタ・フェ)
  - Loayza (ロアイーサ)
- San Pablo (サン・パブロ)
  - San Pablo
- Chijchipani (チフチパニ)
  - 7 Estrellas (シエテ・エストレージャス)
- Rosario Entre Rios (ロサリオ・エントレ・リオス)
  - Alto Ascensión Segunda (アルト・アセンシオン・セグンダ)
  - Kantutani (カンツターニ)
  - Loa (ロア)
  - 8 de Septiembre (オチョ・デ・セプティエンブレ)
  - Manco Kapac Segunda (マンコ・カパク・セグンダ)
  - Hernando de Magallanes (エルナンド・デ・マガジャネス)

ボリビア随一のテロワールであるカラナヴィ地方には、カラスコ森林地帯やタイピプラヤ、チフチパニ、ロサリオ・エントレ・リオスなどの郡があり、その下に村や地方自治体が連なっています。名の知れたコーヒーのロットは、中南米諸国の中でも特に生産者名での記載が多く、現地住民系であるママニ姓(Mamani)やティコナ姓(Ticona)、ウアンカ姓(Huanca)、そしてスペイン系のカストロ姓(Castro)がよく見られます。生産国では年代が下るにつれて子孫に農地を割譲するケースが多く、そのため生産者同士が親類関係にあることが少なくありません。カラナヴィ郡のラグニージャ・デ・ボリンダには、同国では珍しい農園名を持ったエステイト・コーヒーがあります。輸出業者アグリカフェ(Agricafe)の代表が創設したロス・ロドリゲス・プロジェクト(Los Rodriguez)ではラス・アラシータス農園が運営されており、その類まれな品質を持ったゲイシャ種や、ジャバ種のコーヒーは世界的に名を知られています。

参考サイト

- Agricafe

カラナヴィの町

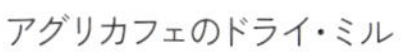
アグリカフェのドライ・ミル

■ 生産者名ロット

Alberto Poma
(Loa, Rosario Entre Rios)
アルベルト・ポマ

Moisses Mollo
モイッセス・モジョ

Rene Intimayta
レネ・インティマイタ

Basilio Ticona
バシリオ・ティコナ

Asencio Ticona
(Nueva Llusta, San Lorenzo)
アセンシオ・ティコナ

Pedro Castro
(Flor de Mayo, Taypiplaya)
ペドロ・カストロ

Wilfred Castro
(7 Estrellas, Chijchipani)
ウィルフレッド・カストロ

Teodocia Castro
(7 Estrellas, Chijchipani)
テオドシア・カストロ

Carmelo Yujra
(Loa, Rosario Entre Rios)
カルメロ・ユフラ

Damian Huanca
(Chojna Pampa,
Carrasco La Reserva)
ダミアン・ウアンカ

Ramona Tintaya
(Loayza, Santa Fe)
ラモナ・ティンタヤ

Valentin Choquehuanca
バレンティン・チョケウアンカ

Familia Mamani
(ママニ一家)

- Manuel Mamani
  (Chojna Pampa,
  Carrasco La Reserva)
  ▸マニュエル・ママニ

- Mario Mamani
  (San Ignacio,
  Carraso La Reserva)
  ▸マリオ・ママニ

Teofilo Machaca
(Chojna Pampa,
Carrasco La Reservva)
テオフィロ・マチャカ

■ 農園 / 生産者

Las Alasitas/Pedro Rodoriguez (Lagunilla de Bolinda, Caranavi)
ラス・アラシータス/ペドロ・ロドリゲス

南ユンガス地方 Sud Yungas Provincia

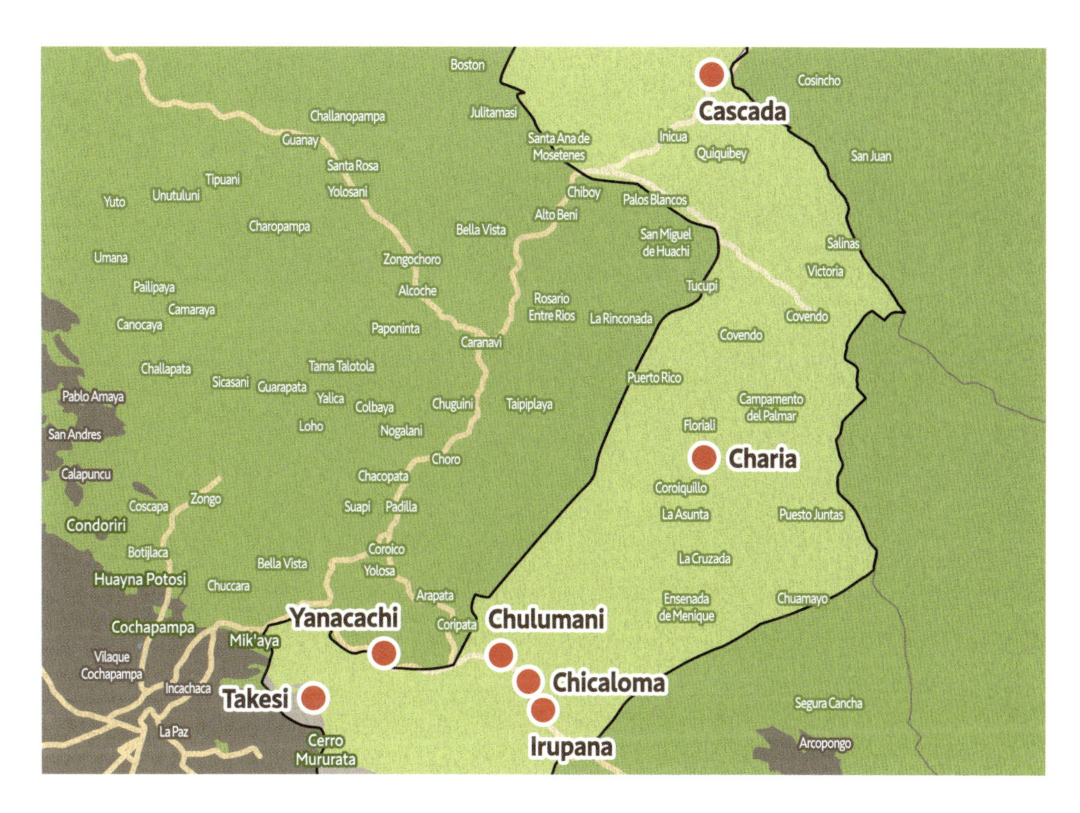

- Chulumani（チュルマニ）
- Irupana（イルパナ）
  - II Sección（ドス・セクシオン）
- Chicaloma（チカロマ）
- Cascada（カスカーダ）
- Charia（チャリア）
- Yanacachi（ヤナカチ）
  - Takesi（タケシ）

　カラナヴィ地方ほど知名度のあるロットは多くありませんが、ヤナカチ郡にあるタケシには当地方で随一の品質を誇るアグロ・タケシ農園があります。現地語タケシ（Takesi）には“目覚め”という意味があり、その名の通り、思わず目を見開くような鮮烈なゲイシャ・フレーバーを感じさせるコーヒーがここでは栽培されています。本家のパナマ・ゲイシャに勝るとも劣らないこのアグロ・タケシのゲイシャ種は、かなり高額で取引されていますが、これ以外の通常品種も高額です。類まれな風味に溢れていることから、世界有数の稀有かつ偉大なテロワールを発揮していると言えるでしょう。

■ 農園／生産者

Agrotakesi/Mariana Iturralde（Takesi,Yanacachi）
アグロタケシ/マリアナ・イトゥラルデ

参考サイト

- Agrotakesi

サンタ・クルス県 Santa Cruz Department

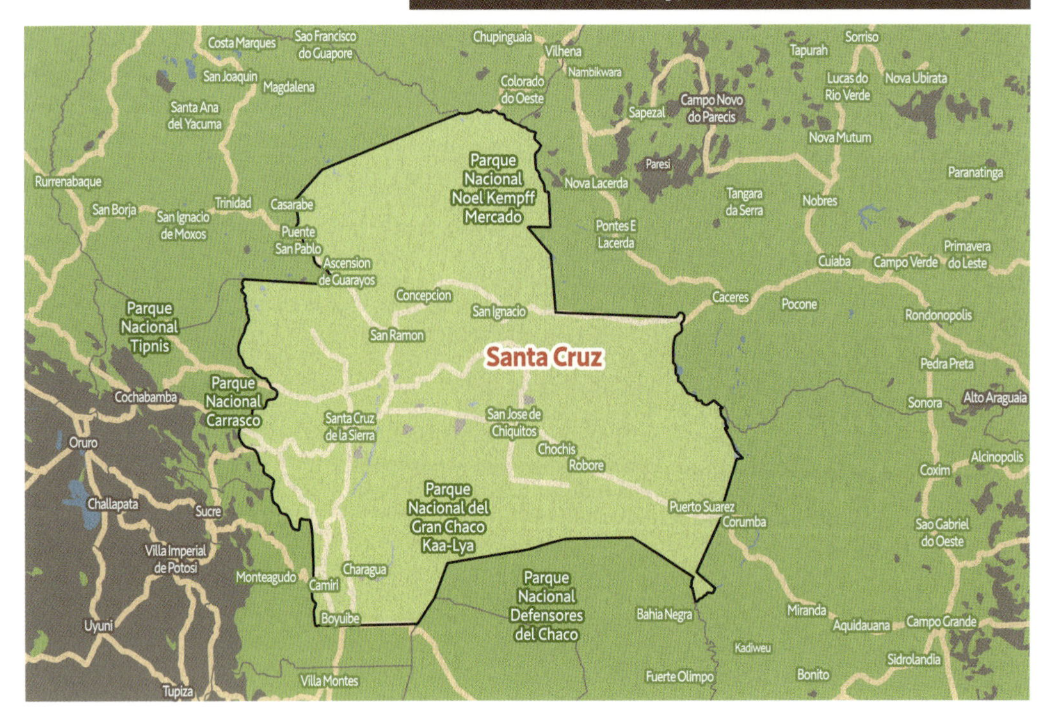

ボリビアにおいてはラ・パス県のカラナヴィ、およびユンガスのコーヒーが高品質コーヒーの生産エリアとして名声を得ていますが、近年頭角を現しているのがこのサンタ・クルス県です。ロス・ロドリゲス・プロジェクトの代表であるペドロ・ロドリゲス（Pedro Rodriguez）氏は、この県のフロリダ地方（Florida）の持つ可能性に気づき、新たにコーヒー農園を拓きました。

フロリダ地方 Florida Provincia

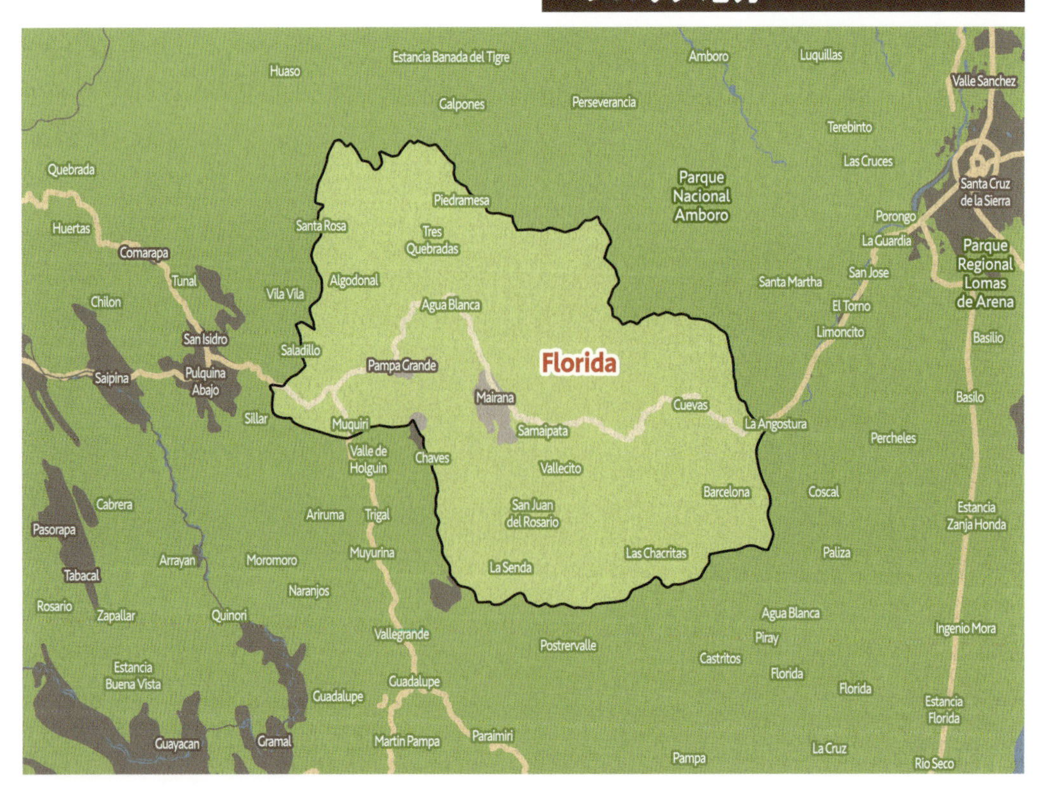

- Samaipata（サマイパタ）
  - El Fuerte（エル・フエルテ）
- Agua Rica（アグア・リカ）
  - Floripondio（フロリポンディオ）

フロリダ地方のサマイパタ、アグア・リカの両郡には、その土地の名を冠したエル・フエルテ農園、フロリポンディオ農園がロドリゲス・ファミリーによって運営されています。通常、コーヒー生産国では以前から存在する栽培地を継承することが多いのですが、これら2つの農園はコーヒー栽培のために新たに着手されたプロジェクト農園で、入念な土壌調査の末に選び抜かれたテロワールとなっています。新進気鋭の同プロジェクトではボリビアの伝統種以外の品種に積極的に取り組んでおり、ゲイシャ種をはじめパカマラ種、ジャバ種といった人気種のほか、バティアン種やSL28、SL34といったケニアの品種なども採用しています。生産処理も昨今のトレンドを取り入れ、自社開発のココ・ナチュラル製法（Coco Natural）や、カルチャリングを用いた嫌気性発酵のロットといったように豊富なラインアップを提供しています。また、COEが不開催となって久しい同国では、このロス・ロドリゲスが単独のプライベート・オークションを行っています。

参考サイト

- Rodriguez Collection

ペルー

ペルーの生産概要

- 伝播時期：18世紀
- 年間生産量（2022年）：3,924,000袋
- 主な生産処理：水洗式
- 主なコーヒー・ロットの単位：小規模農園、または農協などによるエリア集積
- 主な品種：Catura、Catuai、Typica、Bourbon
- 主な生産形態：小規模農家
- 主な収穫時期：３～９月
- 主要港：パイタ

山岳地帯の農園

北にコロンビアとエクアドル、東にブラジル、南にチリと国境を接するペルーは南北に長い国土を持っており、2022年の生産量は3,924,000袋（235,440MT）と世界第9位の規模となっています。同国は特に有機栽培に力を入れており、オーガニック・コーヒー栽培面積は9万haにも上ることから、ペルーは世界第2位のオーガニック・コーヒーの生産国として認知されています。第二次世界大戦後にイギリス移民系の農業会社がペルーを去った後、1950～60年代にかけてコーヒーの農地は先住民の帰属化を強めました。経済政策の一端であった土地改革はコーヒー栽培を奨励したため、生産形態は先住民系の小規模生産者が主体となる構造をさらに後押ししました。現在、生産者世帯の資金に余裕があまりないことから、農家で農薬や除草剤などの購入を行うことが稀になっており、こうした事情がオーガニック・コーヒー生産増の背景となったと考えられています。しかし、これは裏を返すと、害虫や壊滅的な被害をもたらす、さび病に対抗する手立てがないということでもあり、今後も安定した有機農業が続けられるかを不安視する見方もあります。

ボリビアと同じくアザー・マイルドの生産国であり、国内生産の70%程度に上るアラビカ・コーヒーは水洗式で処理されています。コロンビアとは異なり、国の公式なコーヒー研究機関がなく、品種改良や植え替えなどが積極的になされなかったため、伝統品種であるティピカ種が多く残っている（同国アラビカの20%に上る）とされていますが、実際に流通するコーヒーとしてはブルボン種、またはカトゥーラ種などの次世代の品種の方がやはり多いようです。品種の特定においても樹勢や形態から農家が推定しているため、遺伝的な裏づけを欠いているケースが多いのが現状です。

コーヒーの輸出規格であるグレードは、アラビカ種を対象にGrade1～5まであり、カップ・クオリティ、アピアランス、欠点数や標高などをもとに制定されています。Grade2にはEx MCMという名称が付随していますが、MCMはMachine Cleaned Mejorado：機械洗浄上位品質という意味を持ち、一般的なコマーシャル・グレードのペルー・コーヒーはこの規格名で日本に輸出されています。

参考サイト

- Coffee Snobs

国内流通

西アンデスに属する生産諸国同様、ペルーにおける農園規模は小さく、その90%は5ha以下の農家で構成されており、さらに1〜3ha程度の農地を所有する小規模生産者が国の生産内訳のほとんどを賄っています。私営農園はまだ一般的でなく、生産者の多くは地元の農協にチェリーを納め、農協が生産処理を行います。コロンビア、ボリビアに比べて細かいトレーサビリティがまだそれほど確立されておらず、単一生産者名や単一農園名よりも地域を管轄する農協や輸出業者が管理するコミュニティ/ブランド名が流通ロットの主流を占めます。よって、同国の農協依存度は他の国と比べてもやや高い水準にあると考えられます。COEが2018年に始まったことにより小規模生産者にもスポットがあたり始め、農園名記載のロットも徐々に現れてきましたが、やはり名称を付ける風習がなかったため、マイクロロットは農園主名での表記が多くなっています。

雲がかる山間の生産地

セコバサ農協（Tunki/CEOVASA）に
参画するプーノ州の小規模生産者

■ ペルーのテロワール

ペルーのコーヒー生産地は太平洋側であるアンデス山脈西側に主に形成されており、コーヒーの生産に関わる州は、アマソナス（Amazonas）、カハマルカ（Cajamarca）、ピウラ（Piura）、サン・マルティン（San Martin）、ウアヌコ（Huanuco）、フニン（Junin）、パスコ（Pasco）、アヤクチョ（Ayacucho）、アプリマク（Apurimac）、クスコ（Cusco）、プーノ（Puno）などがあります。生産州が南北に分布し、なおかつ標高に高低差があるため、低地や北部では収穫期が早く、高地や南部では遅くなる特徴があります。これにより生産国としては、長期にわたって収穫期が存在しています。ここでは北部のカハマルカ州、中部のフニン州、南部のクスコ州とプーノ州を取り上げます。

高地で生息するアルパカの群れ

ペルーのコーヒー生産エリアに向かうためには4,000m以上の高地を越えていく場合がある

Region（州）以下の行政区分	● Province（地方） ▸ District / Urban Locality（区/市街地） ▸ Locality/Village（地方自治体/村） ▸ Community（コミュニティ）

カハマルカ州（北部） Cajamarca Region

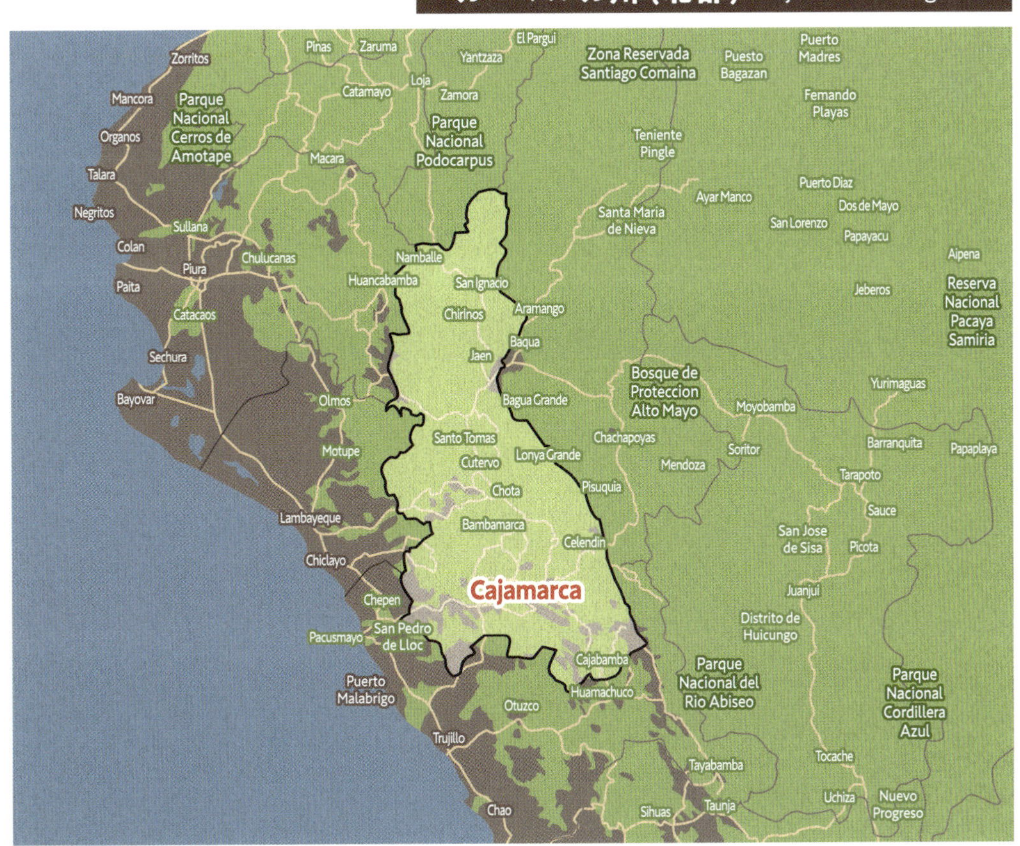

- **Chota（チョタ）**
  - **Querocoto（ケロコト）**
    - Pariamarca（パリマルカ）
- **Jaén（ハエン）**
  - **El Diamante（エル・ディアマンテ）**
  - **Huabal（ウアバル）**
    - El Huaco（エル・ウアコ）
    - San Francisco（サン・フランシスコ）
    - San Antonio（サン・アントニオ）
  - **Las Delicias（ラス・デリシアス）**
  - **Las Pirias（ラス・ピリアス）**
- **San Ignacio（サン・イグナシオ）**
  - **Churuyacu（チュルヤク）**
    - El Laurel（エル・ロウレル）
    - La Coipa（ラ・コイパ）
      - La Narnja（ラ・ナランハ）
  - **San Antonio de La Balsa（サン・アントニオ・デ・ラ・バルサ）**
  - **Tabaconas（タバコナス）**
    - Carmen（カルメン）

カハマルカ州は北部の生産州で面積は530.4km^2。年間生産量は約48,000MTで、収穫時期は4～8月、標高は900～1,950mになります。スペシャルティ・シーンでは、今一番この州が注目されているかもしれません。2021年のCOEでは最多入賞を誇り、10ロットも入賞しています。ここ数年のCOEでは同州の入賞数が大半を占めていることから、同州はペルーにおいて最高のテロワールと言えるでしょう。特に入賞の多い地方はハエンとサン・イグナシオに集中しており、これらは今後も期待値の高いエリアとなっています。ハエンには、6つのドライ・ミルを持ち、2,000人の生産者を傘下に抱えるセンフロカフェ（CENFROCAFE）という巨大農協があり、ペルー国内で2番目にあたるコーヒー取扱量を誇っています。

参考サイト

- Coop Coffees

2021年COE実績

#3 La Palta/José Elmer Tineo Mendoza (El Diamante, Jaen)
ラ・パルタ/ホセ・エルメル・ティネオ・メンドーサ

#9 La Lucuma/Grimanes Morales Lizana (La Copia, San Ignacio)
ラ・ルクマ/グリマネス・モラレス・リサーナ

#12 El Bosque/Elmer Cruz Guerrero (La Naranja, San Ignacio)
エル・ボスケ/エルメル・クルス・ゲレーロ

#13 Las Naranjas/Mercedes Pérez Coronel (Las Delicias, Jaen)
ラス・ナランハス/メルセデス・ペレス・コロネル

#14 El Aliso Chorro Blanco/Benedicto Wilcamango Romero (El Huaco, Huabal, Jaen)
エル・アリソ・チョーロ・ブランコ/ベネディクト・ウィルカマンゴ・ロメオ

#17 Los Pinos/Irma Espinoza García (Las Pirias, Jaen)
ロス・ピノス/イルマ・エスピノーサ・ガルシア

#18 Sagre de Grado/Reguberto García Ordoñez (San Antonio de la Balsa, San Ignacio)
サングレ・デ・グラド/レグベルト・ガルシア・オルドネス

#19 La Chirimalla/ Henry Arica Guerrero (Carmen, Tabaconas, San Ignacio)
ラ・チリマージャ/エンリー・アリカ・ゲレーロ

#23 La Chirimoya/Orlando Pedraza Ramírez (San Antonio, Huabal, Jaen)
ラ・チリモヤ/オルランド・ペドラーサ・ラミレス

#24 La Naranja/Saúl Menor Taica (San Francisco, Huabal, Jaen)
ラ・ナランハ/サウール・メノール・タイカ

2017年ではラ・フロール農園、2019年にはラ・ルクマ農園が1位になっており、2017年の2位にはエル・セドロ農園、2020年の2位はカミーノ・エル・インカ農園が入賞するなど、数多くの実績を誇ります。

カハマルカのテロワールは柑橘系のニュアンスを感じさせながら、甘さ、質感、酸味のバランスが良く、品質に安定感があるのが特徴です。

フニン州（中部） Junin Region

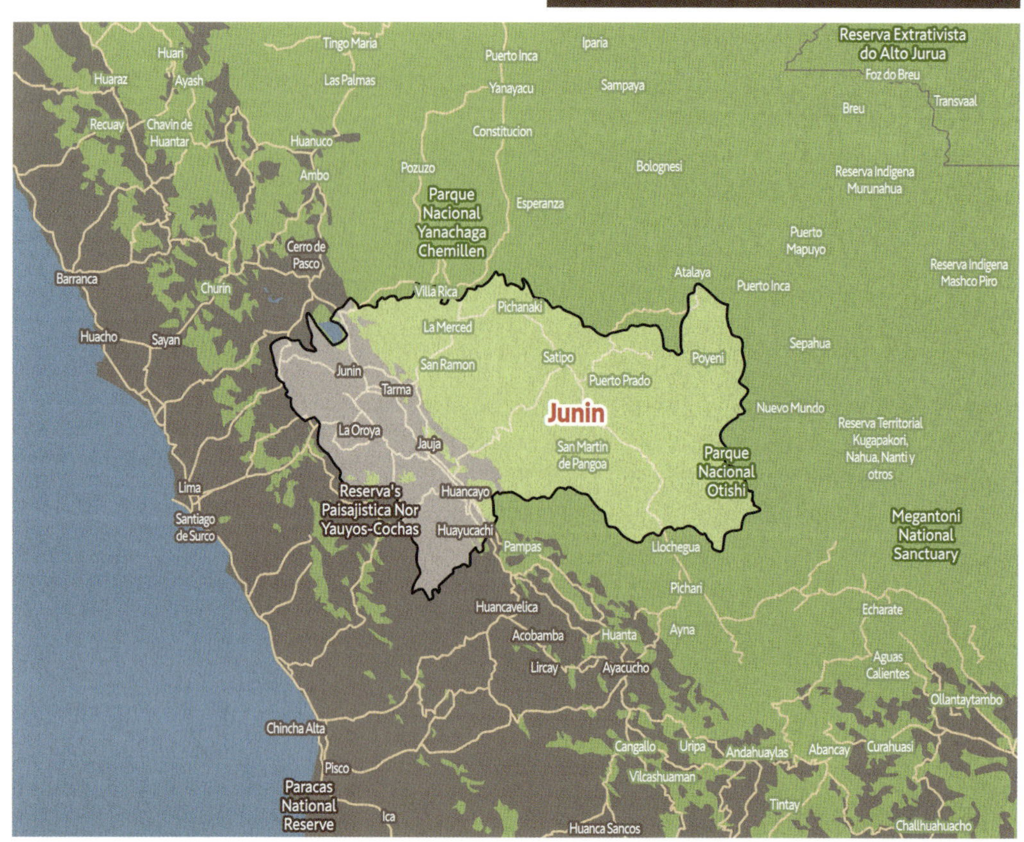

- Chanchamayo（チャンチャマヨ）
  - Perene（ペレネ）
    - José Gálvez（ホセ・ガルベス）

- Satipo（サティポ）
  - Pangoa（パンゴア）
    - San Juan de Pueblo Libre（サン・フアン・デ・プエブロ・リブレ）
  - Llaylla（ジャイジャ）
    - Pampa Hermosa（パンパ・エルモサ）

フニン州は中部の州に該当し、栽培面積は798km^{2}で、サン・マルティン州に次いで国内第2位の広さを持ちます。生産量は約46,000MTで、カハマルカ州とほぼ同じ水準となっており、収穫時期は3～8月で、標高は900～1,800mになります。ペルーの代表的なコーヒー産地であるチャンチャマヨ渓谷は、100年程前に日本からの移民が多くわたったことから、日本でも馴染みのある州です。フニン州はCOEではカハマルカ州、クスコ州に次いで入賞が多く、近年は特にサティポでの入賞が見られます。

2019年には6位にサンタ・ソフィア農園が90点越えで入賞しており、10位のエスメラルダ農園や16位のオロペサ農園など、ここ複数年での入賞実績がある農園が名を連ねます。2018年にも5位にサンタ・ソフィア農園が入賞していますが、この農園は上位の入賞実績が多く、すでに名門農園としての頭角を現しています。2017年には90点越えの4位にサン・アントニオ農園、8位にオソペラ農園、17位に恒例のサンタ・ソフィア農園、19位にフィンカ・ロハス農園が入賞しており、サン・アントニオ農園は全てサティポにあります。

フニン州のテロワールは滑らかな質感にブラウンシュガーのような甘味が感じられ、かすかに残るハーバルなニュアンスは、ボリビアやホンジュラスのコーヒーに近い印象があります。

クスコ州（南部） Cusco Region

- **La Covencion (ラ・コンベシオン)**
  - **Huadquiña (ウアドゥキーニャ)**
    - Andiuela (アンディウエラ)
  - **Inkawasi (インカワシ)**
    - Amaybamba (アメイバンバ)
      - Choccesapra (チョセサプラ)
    - **Hatumpampa (アトゥンパンパ)**
    - **Pacaybamba (パカイバンバ)**
  - **Quellouno (ケジョウノ)**
    - San Martin (サン・マルティン)
      - Chirumbia (チルンビア)
  - **Quillabamba (キジャバンバ)**
    - Versalles (ベルサジェス)
- **Calca (カルカ)**
  - **Qeubrada Honda (ケブラーダ・オンダ)**
  - **Yanatile (ヤナティレ)**
    - Monte Salvado (モンテ・サルバド)

クスコ州は南部の州になり、栽培面積は538.5km^2。生産量は約30,000MTで、南部で最も多くのコーヒーを生産しています。収穫時期は3〜9月で、緯度が南に高く(冷涼方向)、標高も高い(900〜2,000m)ため、一部の生産地域で収穫時期が遅くなる特徴があります。スペシャルティ・シーンでは代表的な生産地域の1つですが、インカ帝国の首都があった場所であるゆえ、同国でも有数の遺跡がある地域でもあります。毎年COEの入賞が多く、2021年は1位、2位を独占しており、同国1位の座を毎年交互にカハマルカ州と競い合っています。キジャバンバ地区、インカワシ地区などの入賞実績が多く、また、品評会ではゲイシャ種の採用割合がライバルのカハマルカ州同様増加傾向にあります。

■ 2021年COE実績

ヌエヴァ・アリアンサ農園は2018年の優勝農園ですが、度重なる受賞実績を持つことから特に稀有なテロワールを保持していることがうかがえます。2020年にはエスペランサ農園が優勝しており、2018年にはラ・パルマ農園、2019年にはヌエヴァ・プログレソ農園が、それぞれ2位に入賞しています。

クスコ州のテロワールはフローラルなニュアンスが感じられ、上品かつエレガントな風格が見受けられます。

#1 Nueva Aliansa/Dwight Aguilar Masías (Andiuela, Huadquiña, La Convecion)
ヌエヴァ・アリアンサ/
ドゥワイト・アギラール・マシアス

#2 Santa Monica/Hugo Mariño Laura (Amaybamba, Inkawasi, La Convecion)
サンタ・モニカ/ウーゴ・マリーニョ・ラウラ

#4 Chiriloma/Nory Quispe Santos (Chirumbia, San Martin, Quelloúno)
チリローマ/ノリー・キスペ・サントス

#5 Carmen Alto/Marco Solórzano Vizarreta (Versalles, Quillabamba, La Convecion)
カルメン・アルト/マルコ・ソロルサーノ・ビサレッタ

#7 Nueva Progreso/Lucio Luque Vásquez (Choccesapra, Amaybamba, La Convecion)
ヌエヴァ・プログレソ/ルシオ・ルケ・バスケス

#11 Kukipata Belen/Feliciano Huayllas Candia (Pacaybamba, La Convecion)
クキパタ・ベレン/フェリシアーノ・
ウアイジャス・カンディア

#15 Alto Cedruyoc/Ubaldina Jincho Aguirre (Quebrada Honda, Calca)
アルト・セドゥルヨック/ウバルディナ・
ジンチョ・アギーレ

#16 Eco Mario/Juan Carlos Mejía Condory (Monte Salvado, Yanatile, Calca)
エコ・マリオ/フアン・カルロス・メヒア・コンドーリ

#20 Basulpata/Alejandro Quispe Ortiz (Hatumpampa, Inkawasi, La Convecion)
バスルパタ/アレハンドロ・キスペ・オルティス

プーノ州(南部) Puno Region

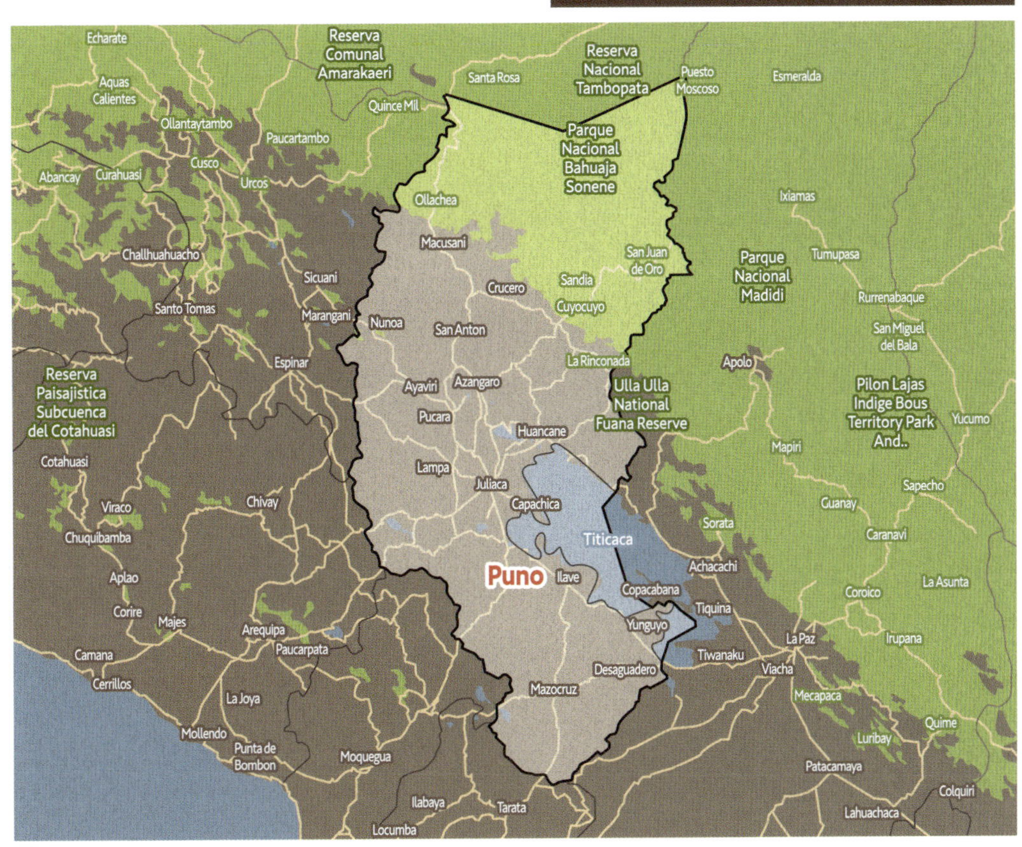

- **Sandia（サンディア）**
  - **Alto Inambari（アルト・イナンバリ）**
  - Pata Yanamayo（パタ・ヤナマヨ）
  - Pampa Grande（パンパ・グランデ）
  - Cruz Pata（クルス・パタ）

プーノ州はペルーの最も南にある生産州です。栽培面積は108.5km^{2}で、収穫量は約6,000MTとなることから他州に比べて小さい生産規模となっています。収穫期は4～8月で、標高は900～1,800mにわたっています。チチカカ湖の西側に州都がありますが、生産エリアは湖の北側に形成されており、サンディア渓谷周辺の山間部に分布しています。湖を隔ててすぐ東側は隣国のボリビアになり、カラナヴィ地区を擁するラ・パス県があります。スペシャルティ・シーンでは知名度のある州ですが、COEでの入賞実績はあまりありません。日本では農協名のロットのほか、農園主名を冠したマイクロロットが流通しています。

チチカカ湖

プーノの町

生産者名ロット および農協ロット

Simona Lipe Mamani
(Cruz Pata, Alto Inambari, Sandia)
シモーナ・リペ・ママニ

Nogarani/Carmen Vallejo Toledo
(Pata Yanamayo, Alto Inambari, Sandia)
ノガラーニ/カルメン・バジェホ・トレド

Tunki/CECOVASA
(Alto Inambari, Sandia)
トゥンキ/セコバサ農協

プーノ州のテロワールはやや乳酸を感じる上品なキャラクターで、若干ハーバルさが感じられるものの、ロットによっては微かにフローラルな印象を現すことがあります。南部では、クスコ州と共に期待値の高い生産エリアと言えます。

イナンバリ渓谷の全域を表した地図

中米

南北アメリカ大陸を結ぶ中米は火山帯があることから、中米諸国のコーヒー生産地はなにかしらの火山に根差した農地形成が多くなっています。ここでもコーヒー栽培の主役は小中規模生産者たちですが、農協物のロットのほか、農園名を冠したロット（エステイト・コーヒー）も多く存在しており、それぞれの生産地域のブランドを背負った様々な風味のコーヒーを楽しむことができます。収穫は中米全体を移動する先住民系の民族が季節労働者として従事することが常態となっており、緯度の低い国から高い国へ移動しながら収穫作業を行います。

コスタリカ

ドタ郡のオルティス・ミル

コスタリカの生産概要

- 伝播時期：18世紀
- 年間生産量（2022年）：1,320,000袋
- 主な生産処理：水洗式、パルプド・ナチュラル（ハニー・プロセス）
- 主なコーヒー・ロットの単位：小/中/大規模生産処理所（ウエット・ミル）、または農協などによるエリア集積
- 主な品種：Catura、Catuai、Villa Sarchi、SL28、San Roque Kenia、Typica Mejorado、Costa Rica95、H3

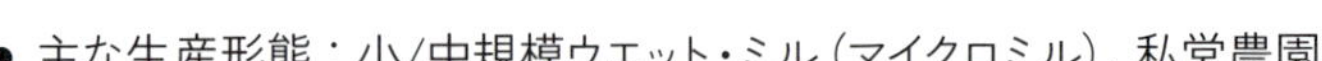

- 主な生産形態：小/中規模ウエット・ミル（マイクロミル）、私営農園
- 主な収穫時期：11～3月
- 主要港：プエルト・リモン（カリブ海側）、プエルト・カンデラ（太平洋側）

南北アメリカ大陸を結ぶ中米諸国の1つであるコスタリカ。2022年の生産量は1,320,000袋（79,200MT）となっており、それほど多くの生産量はありませんが、コーヒーはキューバ経由で1779年に伝播し、中米諸国の中では早い段階から栽培に着手した国であると考えられています。同国は自然環境の保持に注力している国としても知られており、エコツーリズムの発祥国でもあります。それゆえバード・サンクチュアリと呼ばれるほど野鳥の種が多く、世界一美しい鳥と呼ばれるケツァールは、コーヒー生産エリアでもしばしば見かけることができます。コーヒーはコスタリカにおける第3位の輸出品目となっており、国の経済に大きく影響を与える重要な産業ですが、過去にはこのコーヒー生産によって自然破壊が著しく進行しました。コスタリカもアザー・マイルドに属する水洗式アラビカの生産国ですが、かつて生産処理で発生した汚水は特に浄化処理を行われることなく、川にそのまま流されていました。果皮や粘液質を含む汚染

物質が微生物によって分解される過程では大量の酸素が消費されるため、それに伴って多くの生物が死滅し、生態系が破壊されました。事態を重く見たコスタリカ政府は1995年に土壌と排水に関する法律を制定し、コーヒー栽培における環境破壊に歯止めをかける政策をとります。結果的として事態は好転しましたが、環境保護意識の高いコスタリカにおいても、コーヒー栽培には土壌侵食や自然林の減少など負の側面がいまだに暗い影を落としています。こうしたレギュレーションの制定は環境保護の促進だけではなく、ハニー・プロセスをはじめとした水資源の使用を控える生産処理が発達する要因の1つともなり、コスタリカコーヒーの新たな風味特性の獲得にもつながっています。

粘液質含有量の高いハニー・コーヒー

コスタリカもスターバックス・コーヒー・カンパニーが愛用している生産国で、現在我々が親しんでいる小規模農園の多くが、輸出業者や農協を通じて同社に納入していました。このコーヒーの偉大な巨人は複数の生産国にサポートセンターを設立して、生産者の生活やコーヒーの品質向上に多大な投資と貢献をしてきたことが知られていますが、現在の小規模焙煎事業者であるマイクロ・ロースターは、この恩恵にあやかっていると言えます。なお、スターバックス・コーヒー・カンパニーは、近年ではセントラル・ヴァレー地方にあるアシエンダ・アルサシア農園を所有し運営を行っています。

コスタリカの輸出規格は他の中米諸国と同じく、標高の高さが基準になっています。太平洋側と大西洋側で規格の内容がやや異なりますが、太平洋側の方が品質基準は厳しくなっており、上から順にStrictly High Grown/Bean（SHG/SHB：1,200〜1,650m）、Good Hard Bean（GHB：1,100〜1,200m）、Medium Hard Bean（MHB：500〜1,100m）となっています。これに欠点数などの規格であるAmerican Preparation（AP：アメリカ規格）、European Preparation（EP：ヨーロッパ規格）などが組み合わさって輸出規格が設定されます。コスタリカも火山性の土壌の恩恵を受けており、生産地標高が高いエリアが多くなっています。

国内流通と収穫

コスタリカの伝統的な国内流通形態はチェリー流通であり、生産エリアの道路端にはチェリー専用の計量器が置かれていることがあります。こうした道端の計量器は各地を巡りながら収穫チェリーを回収販売するチェリー・コレクターなどの集果業者用に利用されます。一方、農園などのウエット・ミルでは、収穫したチェリーをコスタリカの農務機関であるICAFE（Instituto del Café de Costa Rica）の検査刻印が入った計量器を使用し、不正のない計量が義務付けられています。この計量器2杯分のチェリーは“1ファネガ（Fanega）”と呼ばれ、重量換算すると約258kgになります。生産処理/脱殻後のコーヒー・チェリーから生豆への歩留まりは約1/5になるため、1ファネガあたりおおよそ46kgの生豆が摘出できます。この46kgはさらに1キンタル（Quintal）と呼ばれ、中米の生産国で一般的な単位として用いられています。収穫作業者は作業後の夕暮れにカフエラ（Cajuera）注）という木製の什器（12.9kg）を使用して収穫量を計測しますが、これらの重量感は、以下のような計算になっています。

- 1カフエラ（12.9kgのチェリー）×20箱＝1ファネガ（258kgのチェリー）
- 1ファネガ（258kgのチェリー）＝約1キンタル（46kgの生豆）

注）中米諸国ではカフエラやキンタルの単位に偏差がある。

コスタリカは1人あたりのGDPが、中米諸国の中ではパナマに次いで2位とかなり高い水準になっており、中規模農園や企業体の農園などでは一定数の従業員を雇用しながらも、人手が多く必要となる収穫時期においてはニカラグアやパナマからの季節労働者注）を雇用することが通例になっています。経済が強く、比較的高めの賃金を提示できることから、収穫労働者の確保に支障が出ることはあまりありませんが、スペシャルティ・コーヒー産業においては熟度の高い実を選別摘果する必要があるため、作業員のトレーニング費用や、割り増し賃金といった余剰コストが多くかかってしまう特性があります。生産量の少なさも相まって、コスタリカのコーヒーは他の中米生産国と比べると比較的高額で取引されています。

注）中米の季節労働者：農業や鉱業などの繁忙期に国をまたいで従事する労働者。パナマからの季節労働者は、ンガベ・ブグレ自治県（Ngäbe Buglé）の先住民系が多くを占める。

参考サイト
- IMF eLibrary

この計量器 2杯分のチェリーが1ファネガ

ドン・ホエル・マイクロミル周辺の農場

ハンド・ピックで収穫を行う男性

マイクロミル・レボリューション

コスタリカのコーヒー生産形態は90%以上が5ha以下の農家であるため、伝統的な生産形態においては、収穫果チェリーを農協などに納める集積型コーヒー・ロットの形成が主体でした。しかし、2000年代以降、特定のコミュニティにおける共同の生産処理場（Wet Mill、スペイン語Beneficio：ベネフィシオ）の設置数が増加しました。これによりコスタリカの小規模ロット、いわゆるマイクロロットは、こうした小規模ウエット・ミル、通称“マイクロミル”の名前で流通することが常態化しました。これはアフリカのケニアなどにおけるファクトリー単位でのトレーサビリティに近い形態です。スペシャルティ・コーヒーの興隆により、こうしたウエット・ミルの設置数はさらに増大し、ついには小規模農園が自前で設備を備えるまでになりました（ナノ・ロットとも呼ばれることがある）。こうしたコスタリカにおける自家精選の潮流はマイクロミル・レボリューション（Micromill Revolution）と呼ばれています。近年ではマイクロミルに連なる農園や区画名での流通が開始されており、トレーサビリティの多様化が加速しています。

コスタリカの輸出業者であるエクスクルーシヴ・コーヒーズ（Exclusive Coffees）は、こうしたマイクロミルのロット＝マイクロロットのPRと啓蒙に積極的に関わり、同社を通じて様々な素晴らしい風味を持ったマイクロロットが世界のコーヒー愛好家の目に留まるようになりました。

エルバス・マイクロミルの生産処理設備

参考サイト

- Exclusive Coffees

コーヒー・ロット表記の例

Monte Copey, El Halcon/Copey de Dota, Tarrazu/Enrique Navarro

左から

❶ マイクロミル：モンテ・コペイ
❷ 農園：エル・アルコン
❸ 生産地：タラス地方、ドタ郡、コペイ地区
❹ 生産者：エンリケ・ナヴァーロ

CATIE

コスタリカには、中米のコーヒーの伝播において最も重要な役割を果たした農務研究機関があります。CATIEと呼ばれるこの研究機関は、アフリカやインドネシアよりもたらされたコーヒー品種の経由地であり、かのゲイシャ種もこの研究機関にストックされた後、パナマに試験配布されました。これ以外にも様々なハイブリッド品種や、さび病に抵抗力のあるエチオピア原生種のラインアップを複数ストックしているほか、コーヒー以外の農業作物の遺伝的資源も保存しています。

参考文献

- CATIE

■ コスタリカのテロワール

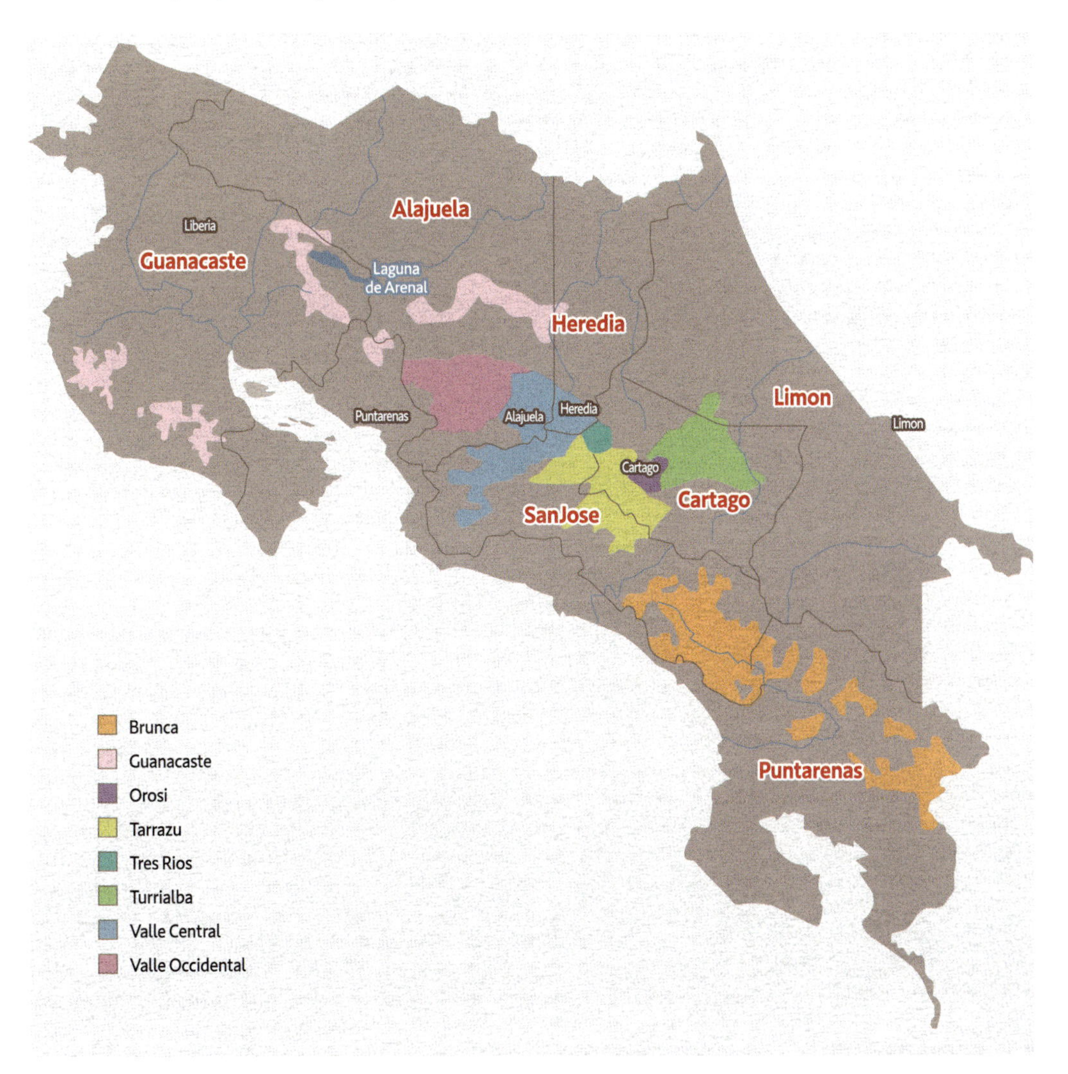

コスタリカのコーヒー生産エリアは国の南北に分布しており、グアナカステ（Guanacasute）、バジェ・オクシデンタル/ウエスト・ヴァレー（Valle Occidental）、バジェ・セントラル/セントラル・ヴァレー（Valle Central）、トレス・リオス（Tres Rios）、タラス（Tarrazu）注）、オロシ（Orosi）、トゥリアルバ（Turrialba）、ブルンカ（Brunca）といった8つのエリアに分類されています。しかし、これらは行政区分にもとづいたものになっておらず、複数の県にまたがっているためやや難解になっています。ここではバジェ・オクシデンタル、バジェ・セントラル、タラス、ブルンカの4つの地方を紹介します。コスタリカではスペインの地名やキリスト教の聖人に因んだ地名や農園名が多く、旧宗主国を思わせます。

注）商標の問題で、タラス地方は現在、ロス・サントス（Los Santos）と呼称されている。

Province（県）以下の行政区分	●Canton（小郡） ▸District（地区）

バジェ・オクシデンタル / ウエスト・ヴァレー Valle Occidental / West Valley

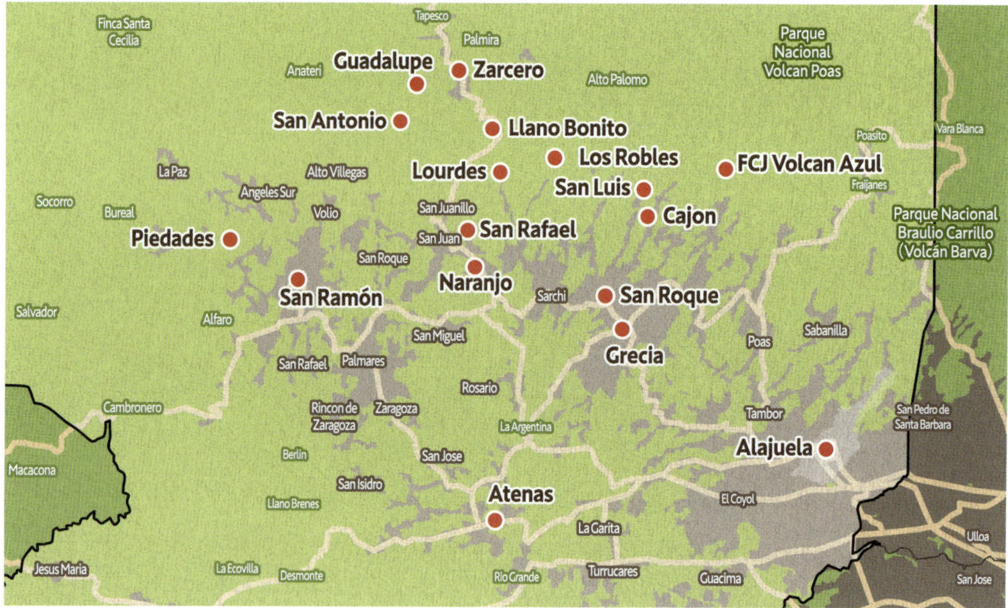

- **Atenas（アテナス）**

- **Alajuela西部（アラフエラ）**
  - Grecia（グレシア）
  - Cajon/Alto Cajon（カホン/アルト・カホン）
  - San Luis（サン・ルイス）
  - San Roque（サン・ロケ）

- **Naranjo（ナランホ）**
  - Llano Bonito（ジャノ・ボニート）
  - Los Robles（ロス・ロブレス）
  - Lourdes（ロウルデス）
  - San Antonio（サン・アントニオ）
  - San Rafael（サン・ラファエル）

- **Zarcero（サルセロ）**
  - Guadalupe（グアダルーペ）

- **San Ramón（サン・ラモン）**
  - Piedades（ピエダデス）

ウエスト・ヴァレーはアラフエラ州の地方を指しており、正式な政令区域上の分類ではありません。ここではアラフエラ（西部）、サン・ラモン、ナランホ、アテナス、サルセロなどの町が連なっており、コスタリカの首都であるサン・ホセ市の北西に位置しているため都市部に近く、生産地と言うよりは郊外といった雰囲気が強くなります。

ウエスト・ヴァレー（West Valley）の行政区分

マイクロミル名（地区名）
▶ 農園名 ▶ 区画名

Atenas

Coopeatenas Cooperative/コーペアテナス・コーペラティブ（Atenas）

Alajuera 西部

Coffea Suárez/コフィア・スアレス（Alto Cajón）
▶ Coffea Suárez

Don Joel/ドン・ホエル（San Luis）

Naranjo

Helsar de Zarcero/エルサル・デ・サルセロ（Llano Bonito）
▶ Finca Santa Lucía/フィンカ・サンタ・ルシア
▶ Finca Los Anonos/フィンカ・ロス・アノス
▶ Finca La lleana/フィンカ・ラ・イレアナ
▶ Finca Rola/フィンカ・ロラ（Zarcero）
▶ La Petisa=“Nancy”/ラ・ペティサ=ナンシー
▶ Edgar/エドガー
▶ Chayote/カヨーテ
▶ Angelina/アンヘリナ
▶ Finca de Toño/フィンカ・デ・トーニョ

Monte Solís/モンテ・ソリス（Llano Bonito）
▶ El Mirador/エル・ミラドール
▶ La Troja/ラ・トローハ
▶ La Casa/ラ・カーサ

Aguilera Brothers/アギレラ・ブラザーズ（Los Robles）
▶ Finca de Licho/フィンカ・リチョ

Arbar/アルバル（Lourdes）

Génesis/ヘネシス（Lourdes）
▶ Génesis

Herbazu/エルバス（Lourdes）
▶ Leoncio/レオンシオ

Sin Límites/シン・リミテス（Lourdes）
▶ Finca Maibel/フィンカ・メイベル
▶ Emmanuele/エマニュエレ

Sumava de Lourdes/シュマヴァ・デ・ロウルデス（Lourdes）

- Monte Llano Bonito/モンテ・ジャノ・ボニート
- Monte Lourdes/モンテ・ロウルデス

Vista al Valle/ヴィスタ・アル・バジェ（San Antonio）

- La Casa/ラ・カーサ
- Fidel/フィデル
- Zapote/サポテ

Santa Anita Estate/サンタ・アニタ・エステイト（San Antonio）

- Oaxaca & Santa Anita/オアハカ&サンタ・アニタ

Monte Rosa Estate/モンテ・ローサ・エステイト（San Rafael）

- Royalte/ロヤルテ
- Cerro Púas/セロ・プアス
- Monterosa/モンテローサ
- Coffees International/コフェス・インテルナショナル

Zarcero

El Espino/エル・エスピノ（Guadalupe）

Monte Brisas/モンテ・ブリサス（Zarcero）

- Salaca/サラカ

San Ramón

Montaña de Fuego/モンターニャ・デ・フエゴ（Piedades）

エルバス、エルサル・デ・サルセロ、シン・リミテス、シュマヴァ・デ・ロウルデスなどは特に有名なマイクロミルでCOEの入賞常連でもあります。コスタリカは事業家や企業体が農園を所有しているケースも多く、こういった農園では十分な資金を活用して生産処理の品質向上や、データ分析などを行ったりします。かなり先鋭的なケースでは通信衛星を使用して、日ごとのパーチメントの水分や乾燥場の湿度/温度を計測し、カリフォルニアの分析センターに情報を送信する農園なども存在しています。

ウエスト・ヴァレーのテロワールは、何と言ってもその明るい酸が印象的です。近年のコスタリカではレッド、ブラック、アナエロビックなどの各種ハニー・プロセスのラインが多くなってきたため、地のテロワールが分かりづらいものが増えてきましたが、もともとコスタリカは、アザー・マイルドの中でも鮮やかな酸味を現す生産国です。特に酸の特徴はウエスト・ヴァレーのコーヒーには現れやすいようです。

バジェ・セントラル/セントラル・ヴァレー Valle Central/Central Valley

- **Alajuela東部（アラフエラ）**
  - Grecia（グレシア）
  - Carrizal（カリーサル）
  - Sabanilla（サバニージャ）
- **Heredia（エレディア）**
  - San Francisco（サン・フランシスコ）
  - San Rafael（サン・ラファエル）
- **San Jose（サン・ホセ）**
  - Aserrí（アセリ）
  - Cerro Turrubares（セロ・トゥルバレス）

セントラル・ヴァレーは都市部により接近するため、こちらも都市郊外の雰囲気を感じさせる生産エリアです。アラフエラの東部やエレディアの町だけではなく、首都のサン・ホセにもコーヒー農園が存在しています。アラフエラの西側はウエスト・ヴァレー、東側がセントラル・ヴァレーとなるのですが、やや混在しており、特にFCJヴォルカン・アスールなど、一部のマイクロミルでは、ウエスト/セントラルの両方の生産地表記になっている場合があります。

セントラル・ヴァレー（Central Valley）の行政区分 | マイクロミル名（地区名） ▶ 農園名 ▶ 区画名

Alajuela東部

FCJ Volcan Azul/FCJ ヴォルカン・アスール (Grecia)
- El Cedro/エル・セドロ
- Cipresal/シプレサル

Jardín de Aromas/ハルディン・デ・アロマス (Carrizal)
- Quizarra/キサーラ

Las Lajas/ラス・ラハス (Sabanilla)
- Las Lajas

Heredia

Brumas del Zurquí/ブルマス・デル・スルキ (San Francisco)
- El Centro/エル・セントロ
- La Sur/ラ・スル
- Zamora/サモラ
- Don Jose/ドン・ホセ

Cerro Alto/セロ・アルト (San Rafael)
- Cerro Alto

San Jose

Doña Daysi/ドニャ・ダイシ (Aserri)
- Lechería/レチェリア
- Danilo Calvo/ダニーロ・カルボ
- La Cabaña/ラ・カバーニャ
- Detras de La Casa/デトラス・デ・ラ・カーサ
- Café Doña Daysi/カフェ・ドニャ・ダイシ
- Para Arriba del Camino/パラ・アリーバ・デル・カミーノ

Aprocetu Cerro Turrubares/アプロセトゥ・セロ・トゥルバレス (Cerro Turrubares)

FCJヴォルカン・アスールは、ウエスト/セントラル・ヴァレーにまたがるエステイト・プロジェクトで、近年COEで上位に名を連ねています。ブルマス・デル・スルキ、ラス・ラハスなどは同エリアを代表する有名なマイクロミルであり、これらも多くの入賞歴を誇ります。セロ・アルトやハルディン・デ・アロマスなども外せません。北のノルテ・デ・サンイシドロの町にはスターバックス・コーヒー・カンパニーが所有するアシエンダ・アルサシアがあります。セントラル・ヴァレーに属するマイクロミルや農園のCOEの入賞数は近年それほど多くはありませんが、有名マイクロミルの品質は高く、当地はコスタリカを代表する重要な生産地です。

参考サイト

- Hacienda Alsacia

セントラル・ヴァレーのテロワールではコスタリカ特有の酸はややマイルドになり、甘さとバランスするタイプが多いように感じます。

セントラル・ヴァレーでのカッピング

タラス／ロス・サントス Tarrazu／Los Santos

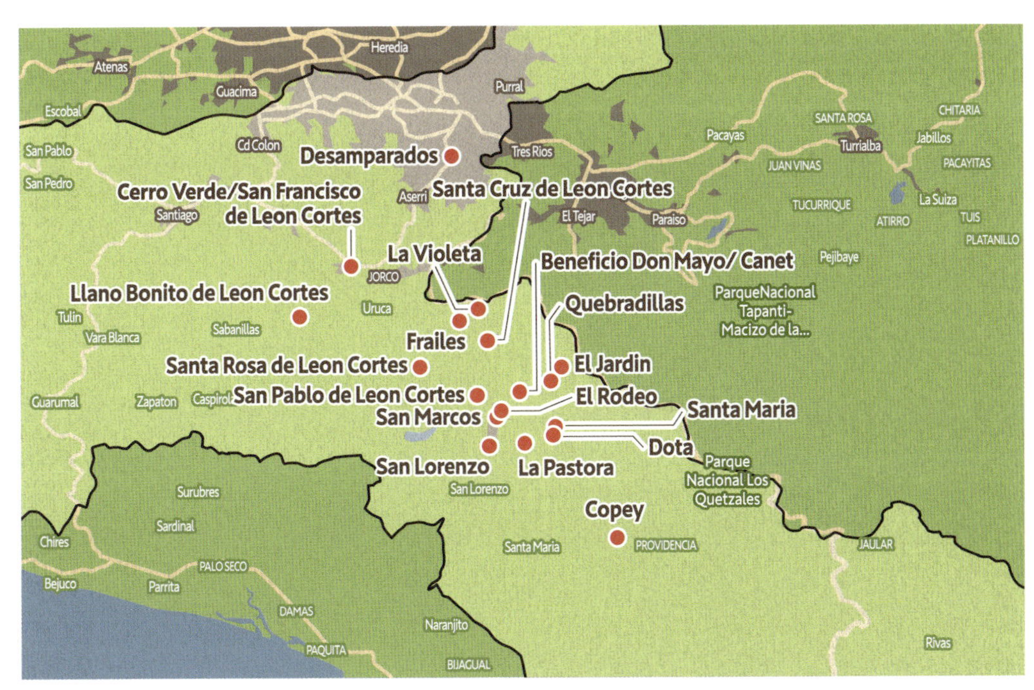

- Desamparados（デサンパラドス）
  - Frailes de Desamparados（フライレス・デ・デサンパラドス）
- Dota（ドタ）
  - Copey（コペイ）
  - Santa María（サンタ・マリア）
- El Jardin（エル・ハルディン）
  - Quebradillas（ケブラーディジャス）
- Frailes（フライレス）
  - La Violeta（ラ・ビオレッタ）
- Llano Bonito de Leon Cortes（ジャノ・ボニート・デ・レオン・コルテス）
- Santa Cruz de Leon Cortes（サンタ・クルス・デ・レオン・コルテス）
- San Francisco de Leon Cortes（サン・フランシスコ・デ・レオン・コルテス）
- San Pablo de Leon Cortes（サン・パブロ・デ・レオン・コルテス）
- Santa Rosa de Leon Cortes（サンタ・ローサ・デ・レオン・コルテス）
- San Lorenzo（サン・ロレンソ）
- San Marcos（サン・マルコス）
  - Alto Canet（アルト・カネ）
  - Canet（カネ）
  - El Rodeo（エル・ロデオ）

タラス地方はサン・ホセ県に属し、起伏に富んだ県南側の広大な地域にはローカルな雰囲気があります。ここは国内の生産内訳の約40%超を占めるため、コスタリカにおける最大のコーヒー生産地方となっています。山間の地帯のため標高が2,000mを超える場所が多く、収穫期でも夜間はかなり気温が下がるため、日本の初冬なみに寒くなることがあります。こうした寒暖の差は木の代謝を低下させ、その実に豊かな甘みと明るい酸をもたらします。タラス地方は同国でもかなり重要な生産地で、特にドタ郡では農協が運営する広大な農地が展開されています。スターバックス・コーヒー・カンパニーの使用も多く、またスペシャルティ・シーンでは最も重要な生産地域であるため、名のあるマイクロミルの数が非常に多いのが特徴です。

タラス（Tarrazu）の行政区分	マイクロミル名（地区名） ▶ 農園名 ▶ 区画名

Desamparados

Juan Pablo/フアン・パブロ（Frailes de Desamparados）

Dota

Agropecuaria La Florida/アグロペクアリア・ラ・フロリダ (Copey)

Los Galanes/ロス・ガラネス (Copey)

El Aguacate/エル・アグアカテ (Copey)

Monte Copey/モンテ・コペイ

- El Alto/エル・アルト
- El Halcon/エル・アルコン
- La Mesa/ラ・メサ
- Kizuna/キズナ
- La Cascada/ラ・カスカーダ
- La Bendicion/ラ・ベンデシオン

Hacienda Copey/アシエンダ・コペイ (Copey)

- Hacienda Copey
- Itadaki Estate/イタダキ・エステイト

Fallas y Ramírez – FARAMI/ファジャス・イ・ラミレス – ファラミ (Santa María)

- El Quemado de Dota/エル・ケマード・デ・ドタ

Granitos de Altura/グラニートス・デ・アルトゥラ (Santa María)

- Nery/ネリー
- Bisunga/ビスンガ
- Ortiz 1800/オルティス1800
- Ortiz 1900/オルティス1900
- Ortiz 2000/オルティス2000
- La Esperanza/ラ・エスペランサ

La Bandera de Dota/ラ・バンデラ・デ・ドタ (Santa María)

- El Quetzal/エル・ケツアル
- El Alto/エル・アルト
- La Quebrada/ラ・ケブラーダ
- La Crema/ラ・クレマ
- La Trinidad/ラ・トリニダー

Los Ángeles/ロス・アンヘレス (Santa María)

- La Estrella/ラ・エストレージャ
- La Granadilla/ラ・グラナディージャ
- Los Girasoles/ロス・ヒラソレス
- Las Flores/ラス・フローレス
- La Casa/ラ・カーサ
- Bisunga/ビスンガ
- Cedral/セドラル
- Las Nubes/ラス・ヌベス
- El Colegio/エル・コレヒオ
- Romero/ロメロ
- Vendaval/ベンダバル
- Cayito/カジート
- Quebrada Copey/ケブラーダ・コペイ

Montañas del Diamante Estate/モンターニャス・デル・ディアマンテ・エステイト (Santa María)

- Gamboa/ガンボア
- Pastora/パストラ
- Torre/トーレ
- Catarata/カタラータ
- Sancudo/サンクンド
- Ladera/ラデラ
- Sabana/サバナ

Santa Teresa 2000/サンタ・テレサ2000 (Santa María)

- Santa Teresa 2000
- La Hondura/ラ・オンドュラ

El Jardin

Hacienda San Isidro Labrador/アシエンダ・サン・イシドロ・ラブラドール (Quebradillas)

- El Cedro/エル・セドロ
- Don Dario/ドン・ダリオ

Frailes

Agrivid/アグリビッド (La Violeta)

- Dona Jael/ドニャ・ハエル
- La Violeta/ラ・ビオレッタ
- El Cedro/エル・セドロ

Llano Bonito de León Cortés

La Concha/ラ・コンチャ (Llano Bonito)

- La Concha

La Joya/ラ・ホヤ (Llano Bonito)

- Llano Bonito/ジャノ・ボニート

Santa Cruz de León Cortés

Puente Tarrazú/プエンテ・タラス (Santa Cruz)

- La Peña/ラ・ペーニャ

San Francisco de León Cortés

Cerro Verde/セロ・ベルデ (San Francisco)

- Finca San Francisco 1900：Catalina/フィンカ・サンフランシスコ1900：カタリーナ

San Pablo de León Cortés

Altos del Abejonal/アルトス・デル・アベホナル (San Pablo)

- Altos del Abejonal
- Divino Nino/ディビノ・ニーニョ

D'nincho/ドニィンチョ (San Pablo)

- La Ladera del Aguacate/ラ・ラデラ・デル・アグアカテ
- La Carbonera/ラ・カルボネラ
- De Nincho/デ・ニンチョ

El Angel/エル・アンヘル (San Pablo)

- La Casa/ラ・カーサ
- Aguacate/アグアカテ

El Pilón/エル・ピロン (San Pablo)

- La Trinidad/ラ・トリニダー
- San Isidro/サン・イシドロ
- Santa María/サンタ・マリア

Juanachute/フアナチューテ (San Pablo)

- San Francisco 1900/サン・フランシスコ1900
- Juanachute/フアナチューテ
- La Roca/ラ・ロカ

Los Cuarteles/ロス・クアルテレス (San Pablo)

- El Dragón Junior/エル・ドラゴン・フニオール
- Cuarteles/クアルテレス
- Ojo de Agua/オホ・デ・アグア
- Don Chayo/ドン・チャヨ
- Montes de Oro/モンテス・デ・オロ
- Las Nubes/ラス・ヌベス

Montes de Oro/モンテス・デ・オロ (San Pablo)

- Carrizal/カリーサル
- Trinidad/トリニダー
- Teresita/テレシタ
- Tres Pinos/トレス・ピノス
- El Rosario/エル・ロサリオ
- YASAL/イエサル

Verde Alto/ベルデ・アルト (San Pablo)

- San Pablo/サン・パブロ

Santa Rosa de León Cortés

Santa Rosa 1900/サンタ・ローサ (Santa Rosa)

- Macho/マチョ
- Trapiche/トラピチェ
- Evangelista/エバンヘリスタ
- La Plaza/ラ・プラザ
- La Unión/ラ・ウニオン

San Lorenzo

La Candelilla/ラ・カンデリージャ (San Lorenzo)

La Lía/ラ・リア (San Lorenzo)

- El Dragon/エル・ドラゴン
- Santa Rosa/サンタ・ローサ
- San Isidro/サン・イシドロ
- Santa Marta/サンタ・マルタ
- PIE SAN/ピエ・サン

San Marcos

La Roca / ラ・ロカ (Alto Canet)

- La Quebrada / ラ・ケブラーダ
  - Esquina / エスキナ
  - Monumento / モヌメント
  - Granadilla / グラナディージャ

- El Alto / エル・アルト
  - Jardín / ハルディン
  - Los Higos / ロス・ヒゴス
  - El Centro / エル・セントロ
  - Gravillias / グラヴィジャス
  - La Montaña / ラ・モンターニャ

Don Mayo / ドン・マヨ (Canet)

- El Jardín / エル・ハルディン
- El Vendaval / エル・ベンダバル
- La Loma / ラ・ロマ
- Alto Canet / アルト・カネ
- El Beneficio / エル・ベネフィシオ
- El Pedregal / エル・ペドレガル
- La Ponderosa / ラ・ポンデローサ
- Bella Vista / ベジャ・ヴィスタ
- Reserva Cedral / レゼルバ・セドラル

Don Oscar / ドン・オスカル (Canet)

- La Cueva / ラ・クエバ
- La Vuelta / ラ・ブエルタ
- El Limón / エル・リモン

Cerro La Cruz / セロ・ラ・クルス (El Rodeo)

- El Alto / エル・アルト
- El Llano / エル・ジャーノ
- El Bajo / エル・バホ
- El Micro / エル・ミクロ

La Casona de Doña Lina / ラ・カソーナ・デ・ドニャ・リナ (El Rodeo)

- El Rodeo / エル・ロデオ
- San Francisco 1900/サン・フランシスコ1900
  - La Casa / ラ・カーサ
  - El Dama / エル・ダマ
  - Letrina / レトリナ
  - Llano / ジャーノ
  - Café Nuevo Arriba / カフェ・ヌエボ・アリーバ
  - Café Viejo Abajo / カフェ・ヴィエホ・アバホ
  - Poste / ポステ
  - Volvedero / ヴォルヴェデロ

ドン・マヨ、モンテ・コペイ、サンタ・ローサ、ラ・カソーナ・デ・ドニャ・リナ、ドン・オスカル、ラ・リア、グラニートス・デ・アルトゥラ、ロス・アンヘレス、プエンテ・タラス、ラ・カンデリージャ…、タラス地方のマイクロミルは、いずれも世界的に名のある生産者たちです。一見するとコーヒーの名称がマイクロミルなのか、農園を指しているのかが分かりづらいですが、まずはマイクロミルを特定してから、それに連なる農園/区画を見てみると、詳細なマイクロ・テロワールを把握しやすくなります。

ドン・マヨは当地を代表する紛れもない名門ミルで、細かい傘下農園区画を含めると、何度COEに優勝しているのか分からなくなるほど多くの実績を重ねています。モンテ・コペイは、バリスタの世界大会：ワールド・バリスタ・チャンピオンシップ（WBC）の優勝バリスタに採用されたほか、COEでも優勝し、多大な成果を残しました。アシエンダ・コペイは日本の企業が所有する農園で、2021年のCOEで見事2位に入賞しています。ロス・アンヘレスの傘下であるカジート農園もCOEの優勝実績があり、世界に認められた類まれなゲイシャ種のロットは毎年上位に入賞しています。

タラスのテロワールは、昔から過熟気味な甘さとボディが特徴だと言われていました。これは山間の地域柄、当時は生産処理場用などへのチェリーの運搬に時間がかかったためだと考えられています。しかし、流通が改善した今となっても当地のコーヒーは熟度の高い甘さが感じられ、酸の明確なコスタリカのコーヒーの中では一味違った風格を現しています。

すり鉢状に形成された農場の中心に位置するマイクロミル（ドン・マヨ）

ブルンカ／チリポ Brunca/Chirripo

- Pérez Zeledón (ペレス・セレドン)
  - Cajón (カホン)
    - Cedral (セドラル)
  - San Carlos (サン・カルロス)
- Rivas (リバス)
  - Buena Vista (ブエナ・ヴィスタ)
  - La Piedra (ラ・ピエドラ)
- San Jerónimo (サン・ヘロニモ)

ブルンカ/チリポ地方はコト・ブルス (Coto Brus)、ブエノス・アイレス (Buenos Aires)、ペレス・セレドンなどのサン・ホセ県の各郡で構成されています。この地方もコーヒー産地としての名称です。タラス地方のさらに南部に位置しており、最南端はパナマの国境に接しています。コスタリカの8つの生産地の中で最も広い面積を持ち、COEでの入賞もありますが、まだそれほど入賞実績は多くありません。ここでもマイクロミル下の農園のさらに下の区画までのトレーサビリティが確立されており、より細かいテロワールの特定ができるようになっています。

ブルンカ / チリポ (Brunca/Chirripo) の行政区分

マイクロミル名 (地区名)
▶ 農園名 ▶ 区画名

Pérez Zeledón

Los Jilgueros/ロス・ヒルゲロス (Cedral de Cajon)

Marespi/マレスピ (San Carlos)

Rivas

Cerro Buena Vista/
セロ・ブエナ・ヴィスタ(Buena Vista)

- La Fila/ラ・フィラ
  - Cristóbal/クリストバル
  - Limón/リモン
  - Cedros/セドロス
  - Naciente/ナシエンテ
  - Cuenca/クエンカ
  - El Paso/エル・パソ
  - Anonas/アノナス

Corazón de Jesús/
コラソン・デ・ヘスス(Buena Vista)

- El Salitre/エル・サリトレ
  - Sheri Batä/シェリ・バター
  - Sheri Jucó/シェリ・フコ
  - Sheri Tipica/シェリ・ティピカ
  - El Llano/エル・ジャーノ
  - El Aguacate/エル・アグアカテ
  - Miguelito/ミゲリート
  - Toños/トーニョス
  - Sheri Borbón/シェリ・ボルボン

Imperio Rojo/
インペリオ・ロホ(La Piedra)

- El Higuerón/エル・ヒゲロン
  - Chayote/カヨーテ
  - Bambú/バンブー
  - Aguacate/アグアカテ
  - Limón/リモン
  - Nacientes/ナシエンテス
  - El Llano/エル・ジャーノ
  - El Anono/エル・アノノ
  - Bananos/バナノス
  - Caturra/カトゥーラ
- Fuji/フジ
  - La Cuesta/ラ・クエストラ
  - Chojo/チョホ

Los Crestones/
ロス・クレストネス(La Piedra)

Micepa/ミセパ
(La Piedra & Buena Vista)

San Jerónimo

San Jerónimo/サン・ヘロニモ(San Jerónimo)

- San Jerónimo

ブルンカ地方では、インペリオ・ロホ、マレスピ、コラソン・デ・ヘススなどのマイクロミルが台頭してきており、徐々に知名度が上がってきています。

ブルンカのテロワールは酸が少し控えめになり、柔らかな酸と甘さのバランスのとれた味わいが特徴です。フルーティな印象を持つロットもあり、リンゴ様の風味を持つコーヒーも味わえるようになってきました。

グアテマラ

■ グアテマラの生産概要

- 伝播時期：19世紀
- 年間生産量（2022年）：3,758,000袋
- 主な生産処理：水洗式
- 主なコーヒー・ロットの単位：小/中/大規模農園、または農協などによるエリア集積
- 主な品種：Catura、Catuai、Typica、Bourbon、Maragogype、Pacamara
- 主な生産形態：小/中規模農家
- 主な収穫時期：11〜3月
- 主要港：プエルト・ケツァール

中米の生産国でも、とりわけ知名度の高い生産地であるグアテマラ。2022年の生産量は3,758,000袋（225,480MT）と中米諸国の中ではホンジュラス、メキシコに次ぐ規模となっています。国内に多くの火山を有しており、その肥沃な土壌の恩恵を受け、ほぼ全国的にコーヒーの栽培に適しているとされます。中米諸国の中では水洗式アラビカ種、アザー・マイルドの品質上の筆頭国であり、ドライ・パーチメント（乾燥パーチメント）での国内流通を実現したことから品質向上に早くから取り組んできた生産国でもあります。スターバックス・コーヒー・カンパニーの取り扱いにより、アンティグア地方のコーヒーの知名度が上がりましたが、当地方は品質保証とそのブランド確立のためジェニュイン・アンティグア（Genuine Antigua）という認証を制定しています。コーヒー産業は民間コーヒー協会および教育機関（エデュケーショナル・ボード）であるアナカフェ（ANACAFE：Asociación Nacional del Café）がリードしており、同国におけるコーヒー生産のサポートやブランディングを行っています。また、中米諸国のコーヒー共同研究機関であるPROMECAFE（Programa Cooperativo Regional

アンティグアの町で祝われる復活祭、セマナ・サンタ（Semana Santa）

para el Desarrollo Tecnológico y Modernización de la Caficultura en Centroamérica）のヘッドクオーターがこのグアテマラにあることから、コーヒー生産における品質、イニシアチブなど、他国が模範とする国の1つとして大きな存在感を現しています。

参考サイト

- Anacafe
- PROMECAFE

輸出規格であるグレーディングは標高にもとづいた8等級を制定しており、主な等級としてはStrictly Hard Bean（SHB：1,600〜1,700m）、Hard Bean（HB：1,200〜1,400m）、Extra Prime Washed（EPW：900〜1,100m）などがあります。中米諸国の中でも標高の高いエリアが多く存在するグアテマラでは、一部の生産地は標高2,000mにまで達します。よって、輸出規格の上位の規定標高は他国と比べても、緯度の赤道からの距離を差し引いて考えてみても、かなり高い表記になっています。また、これに副規格としてUS Preparation、European Preparation、Gourmet Preparationでの等級区分が行われ、スクリーン・サイズや欠点数などが規定されます。日本で一般的に見受けられるレギュラーコーヒーのグレードはSHBがほとんどで、EPWについては大量消費用のコーヒーとして主に規模の大きいロースターなどで使用されています。

■ 国内流通と収穫

グアテマラのコーヒー生産エリアは火山などの斜面に形成され、小/中規模の農園を所有する農家によって生産されています。小規模生産者は農協に収穫チェリーを販売し、農協がウエット・ミルでの生産処理を行うことはどの生産国でも基本は変わりませんが、自前のウエット・ミルを備える小規模生産者の場合は、自家精選を行って乾燥パーチメントの状態まで仕上げ、農協または輸入業者に対して販売/納品します。同国では、このように収穫後の早い段階での個別農家における生産処理が多く根付いたため、品質が高いレベルで維持できるようになりました。こういった自家精選は細かいトレーサビリティを追跡しやすい下地を形成したため、現在におけるマイクロロットの先駆けと言っても過言ではないでしょう。このように早く

高重量のチェリーを担う収穫従業員（ウエウエテナンゴ県）

からスペシャルティ・シーンで愛飲されてきたグアテマラのコーヒー・ロットは、小/中規模農園の名前を冠するケースが多くなっています。エル・インヘルト農園など、すでに名声を得て久しい農園が多々あり、世界のコーヒー愛好家の憧憬の的になっています。中規模の農園では、住み込み従業員を家族単位で抱えているものの、チェリー収穫は多くの人手が必要になるためアウトソースすることが多く、主力は中米全体を移動する季節労働者です。こういった労働力の確保はコーヒー以外の農産業などと競合になることがあり、近年ではコーヒー収穫に必要な収穫労働者を十分に集めることができず、有名農園であっても雇用資金不足から、結果として品質や生産量の低下が発生するケースが増加しています。

グアテマラのテロワール

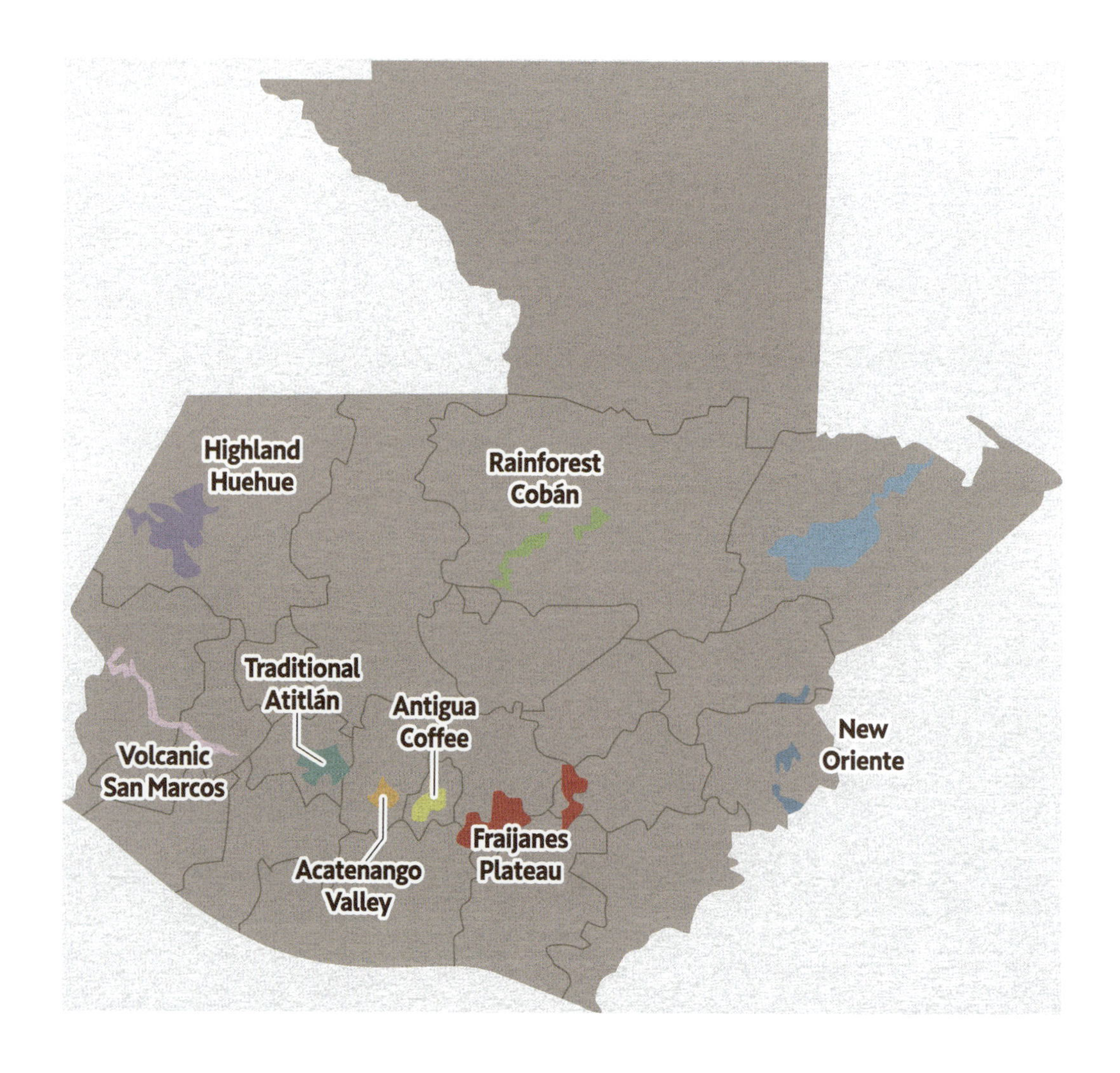

ウエウエテナンゴ県のペニャ・ロハ農協（Pena Roja）が管理する区画図

グアテマラのコーヒー生産地はその多くが火山を起点に形成されており、アカテナンゴ（Acatenango）、アンティグア（Antigua）、アティトラン（Atitlan）、コバン（Coban）、フライハネス（Fraijanes）、ウエウエテナンゴ（Huehuetenango）、ニュー・オリエンテ（New Oriente）、サン・マルコス（San Marcos）の８つの代表的なエリアに分かれています。これらはいずれも正式な行政区分ではなく、あくまで生産地区分におけるエリア名称となっています。今回は行政区分にもとづいてウエウエテナンゴ県（Huehuetenango）、サカテペケス県（Sacatepequez）、チマルテナンゴ県（Chimaltenango）、グアテマラ県（Guatemala）、エル・プレグレッソ県（El Progreso）、ハラパ県（Jalapa）を紹介していきます。

Department（県）以下の行政区分 ｜ ● Municipality/Locality（地方自治体/村）

ウエウエテナンゴ県 Huehuetenango Department

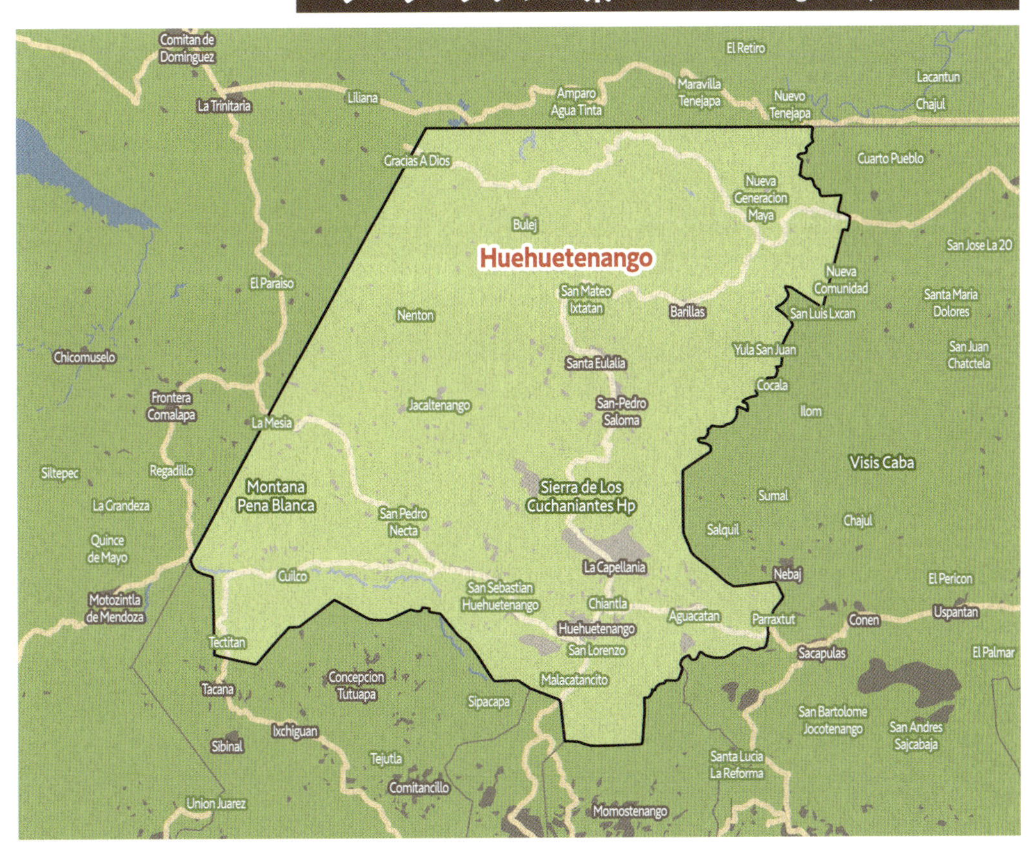

- Cuilco（クイルコ）
- Huehuetenango（ウエウエテナンゴ）
- Isnul（イスヌル）
- Agua Dulce（アグア・ドゥルセ）
- La Esperanza（ラ・エスペランサ）
- Hoja Blanca（オハ・ブランカ）
- La Libertad（ラ・リベルター）
- San Pedro Necta（サン・ペドロ・ネクタ）
- La Democracia（ラ・デモクラシア）
- Union Cantinil（ウニオン・カンティニル）

グアテマラでは、現地語で“～テナンゴ”という地名が多く出てきます。これは「～のあるところ」を意味しており、ウエウエテナンゴは「ウエウエの木のあるところ」、または「長老たちのおわす場所」といった意味を表しているとされます。グアテマラの最も北西に位置するウエウエテナンゴ県は、アンティグア地方の次に有名な生産エリアで、COEでの入賞は毎年このエリアが大半を占めることから、同国でも最も偉大なテロワールと言えるでしょう。スペシャルティ・コーヒー・シーンにおいても、かなり重要な産地です。COEなどに入賞する農園は、ウエウエテナンゴの町よりさらに北西に進んだメキシコ国境沿いに集結しています。なお、メキシコ国境側は標高が2,000mを超えるところもあって尾根には雲がかかります。こうした農地は、まさにコーヒーの秘境と形容するにふさわしい佇(たたず)まいを現しています。

同県の中で著名な村は、ラ・リベルター、サン・ペドロ・ネクタ、オハ・ブランカなどになりますが、特にラ・リベルターには、圧倒的なフルーツ・キャラクターを持つパカマラ種で一躍有名になったCOE常勝のエル・インヘルト農園があります。この村には他にエル・インヘルト農園の姉妹農園であるラス・マカダミアス農園や、同じくCOE入賞常連のラ・エスペランサ農園などがあります。また、サン・ペドロ・ネクタには、近年上位入賞が著しいロスマ農園があり、北西のメキシコ国境に迫るエリアには評価の高いコーヒーを生み出す上質なテロワールが存在していることが示されています。

農園／生産者

El Injerto/Alturo Aguirre (La Libertad)
エル・インヘルト/アルトゥーロ・アギーレ

La Esperana/Aurelio Villatoro (Hoja Blanca)
ラ・エスペランサ/アウレリオ・ヴィジャトロ

Finca Rosma/Fredy Morales Merida (San Pedro Nacta)
フィンカ・ロスマ/フレディ・モラレス・メリダ

La Reforma y Anexos/La Reforma y Asociados, S.A. (Agna Dulce)
ラ・レフォルマ・イ・アネクソス/ラ・レフォルマ・イ・アソシアードス,S.A.

エル・インヘルト農園のゲストハウス

エル・インヘルト農園のウェット・ミル

ウエウエテナンゴのテロワールは、ボディと甘さがしっかりしたコーヒーが多く、他のエリアと比べると重厚感が感じられます。また、このエリアは農協に参加している農園も多く、エステイト・コーヒーだけではない、多様なスペックを持ったコーヒーが存在しています。

サカテペケス県（アンティグア）Sacatepequez Department

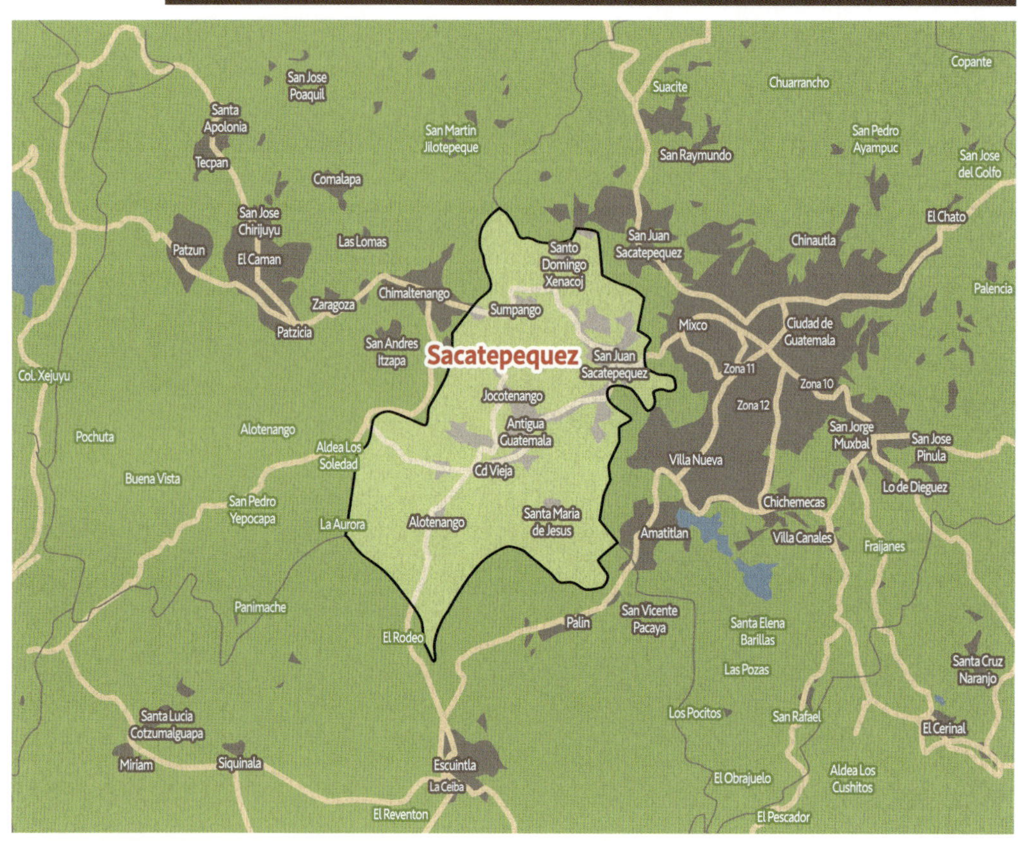

● Antigua Guatemala (アンティグア・グアテマラ)
● Jocotenango (ホコテナンゴ)
● Ciudad Vieja (シウダー・ビエハ)
● Alotenango (アロテナンゴ)

アンティグア地方はグアテマラで最も有名なコーヒー産地にあたります。アンティグアは“古代”を意味しており、この都市は西暦1543年から200年の間、中米5か国とメキシコ南部を支配するスペイン植民地のグアテマラ総督府でした。つまり、アンティグアの町はかつての中米諸国全体の首都であった場所になります。しかし、アグア火山(Agua:アンティグアの富士山的シンボル)による地震や噴火の影響を度々受け、総督府は現在のグアテマラ市に移設されることとなります。アンティグアの町はアグア、フエゴ、アカテナンゴなどの活火山に囲まれており、自然の脅威にさらされながらも、これらの火山によってもたらされる温暖な気候と肥沃な土壌はアンティグアのコーヒーの評価を高める要因ともなっています。

スターバックス・コーヒー・カンパニーが扱ったことにより、著名になったアンティグアのコーヒー。現在、観光地にもなっているアンティグアの町のコーヒー農園は古都の遺跡と共存しており、歴史を感じさせる風情とその佇まいは、まさにガーデン(庭園)と形容できる様相をたたえています。ここでの農園主は例えるならば、ワイナリーのオーナーに近く、農園は輸出業者が委託管理を行っているケースが多くあります。小〜中規模程度(10〜20ha)の面積を持つコーヒーのロットは単一農園名で流通するのが通例であるため、かなり早い段階でマイクロロット化が行われたことがうかがえます。2000年に設立されたジェニュイン・アンティグア・コーヒー生産者協会(APCA:Asociación de Productores de Café Genuino Antigua)では、いち早く地域限定での原産地呼称認定、ジェニュイン・アンティグアを確立し、品質保証とブランドイメージの向上に努めてきたのは前述の通りです。

参考文献

● APCA

近年COEでの入賞はさほど多くないものの、レッド/イエロー・ブルボン種などの伝統種に近い品種で健闘しています。日本でも愛好家の多いアンティグア・コーヒーにはサンタ・クルス、サンラファエル・ウリアス、ウナプー、コンセプシオン・ブエナ・ヴィスタ、レタナ、サン・フアン、サンタ・クララなどの農園があります。

アンティグアの町

APCA加盟農園

- Aragon y Anexos
- Bella Vista
- Bunea Vista
- Capetillo
- Colombia
- Concepcion Chuito
- El Cadejo
- El Guarda
- El Pintado
- El Plantar La Soledad
- El Portal
- El Potrero
- El Tempixcal
- Entre Volcanes El Tempixque
- Filadelfia
- Hacienda Carmona
- Jauja
- La Azotea
- La Comunidad
- La Felicidad
- La Folie
- La Joya
- La Tacita
- Las Nubes
- Las Salinas
- Los Cuxinales
- Medina
- Puerta Verde
- Retana y Anexos
- San Agustin Las Canas
- San Jose La Travesia
- San Juan
- San Rafael Urias
- San Sebastian
- Santa Catalina
- Santa Clara y Anexos
- Sanra Cruz
- Santa Ines
- Urias

アンティグアのテロワールは、コロンビアとは異なる鮮やかですっきりした酸味が特徴です。こうした味わいは、中米アザー・マイルドにおけるロール・モデルと言えるでしょう。

アンティグアの農園を複数委託管理するセルカフェ（Zelcafe）のベジャ・ヴィスタ・ミル（Bella Vista Mill）

サンタ・クルス農園

ベジャ・ヴィスタ・ミルのコンクリート・パティオ。奥はセカドーラ（Secadora）と呼ばれる高品質乾燥用のビニール・ハウス

農園内にあるカテドラルの遺跡（サンタ・クルス農園）

チマルテナンゴ県（アカテナンゴ） Chimaltenango Department

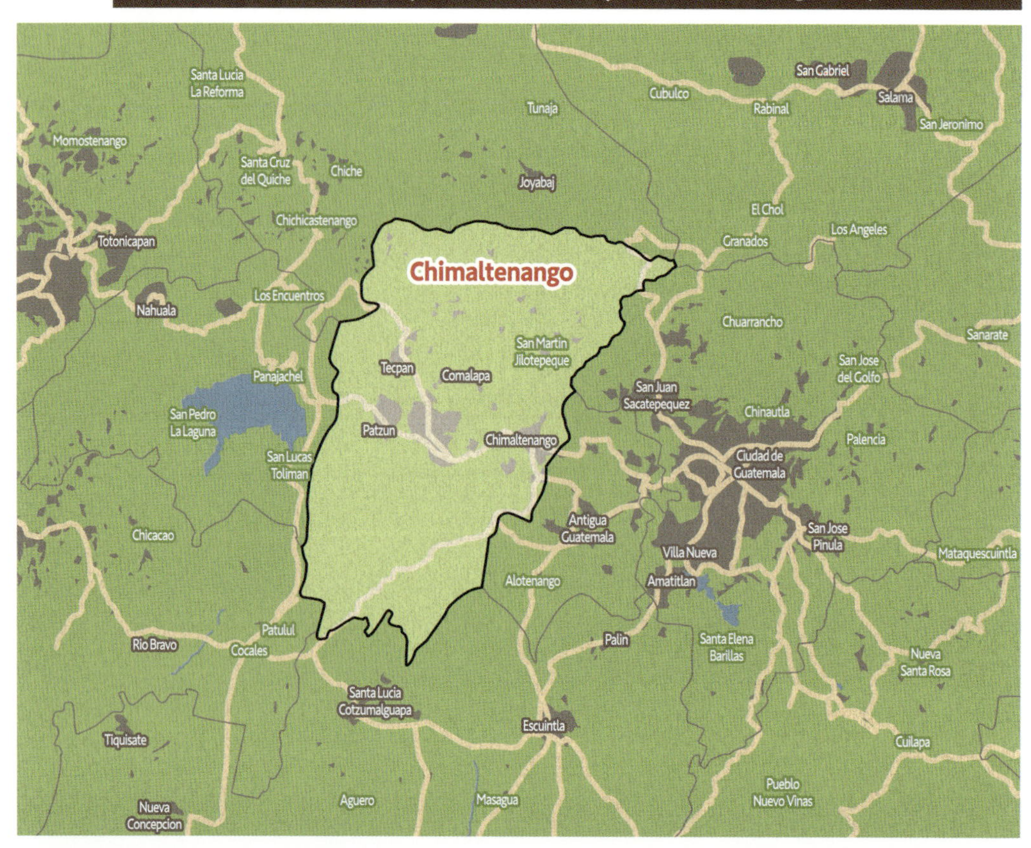

- Acatenango（アカテナンゴ）
- Alde La Pampa（アルデ・ラ・パンパ）
- San Martin Jilotepeque（サン・マルティン・ヒロテペケ）
- Patzun（パツン）

アカテナンゴ火山（Acatenango）とフエゴ火山（Fuego）からもたらされる肥沃な土壌に恵まれたチマルテナンゴ県は、サカテペケス県の西側と接しています。知名度の高いアカテナンゴを含め、この県のコーヒーは“アンティグア・タイプ（Antigua Type）”と呼ばれることがあり、アンティグアに準ずるような扱いでしたが、近年では独自のテロワールを現したコーヒーが評価されています。隠れた優良マイクロロットのコーヒーが存在することから、欧米ロースターでの引き合いも増えてきています。

■ 農園／生産者

La Merced/Francisco Alburez (San Martin Jilotepeque)
ラ・メルセ/フランシスコ・アルブレス

Las Camelias (Patzun)
ラス・カメリアス

アカテナンゴ地区は酸と甘さのバランスの取れた味わい、サン・マルティン・ヒロテペケ地区はかすかにフローラルさが伴う酸、そしてパツン地区はベリー様の濃い甘さといったように、それぞれに印象度の高いコーヒーが特徴です。

グアテマラ県 Guatemala Department

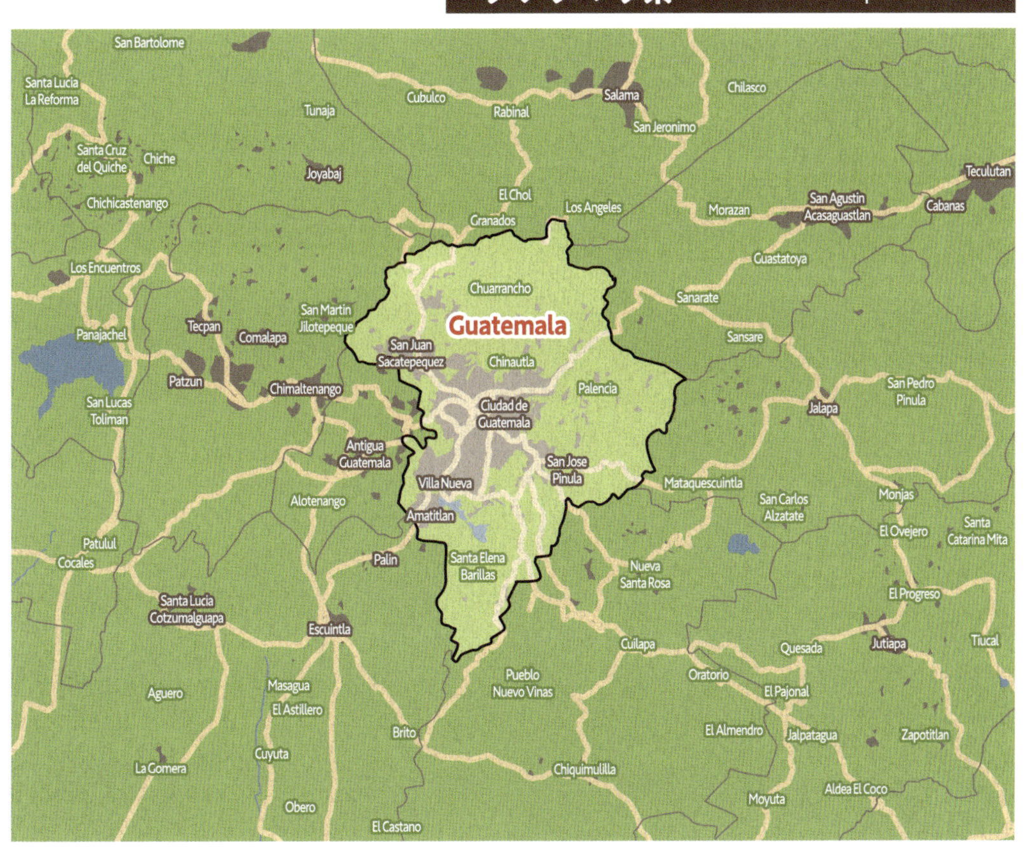

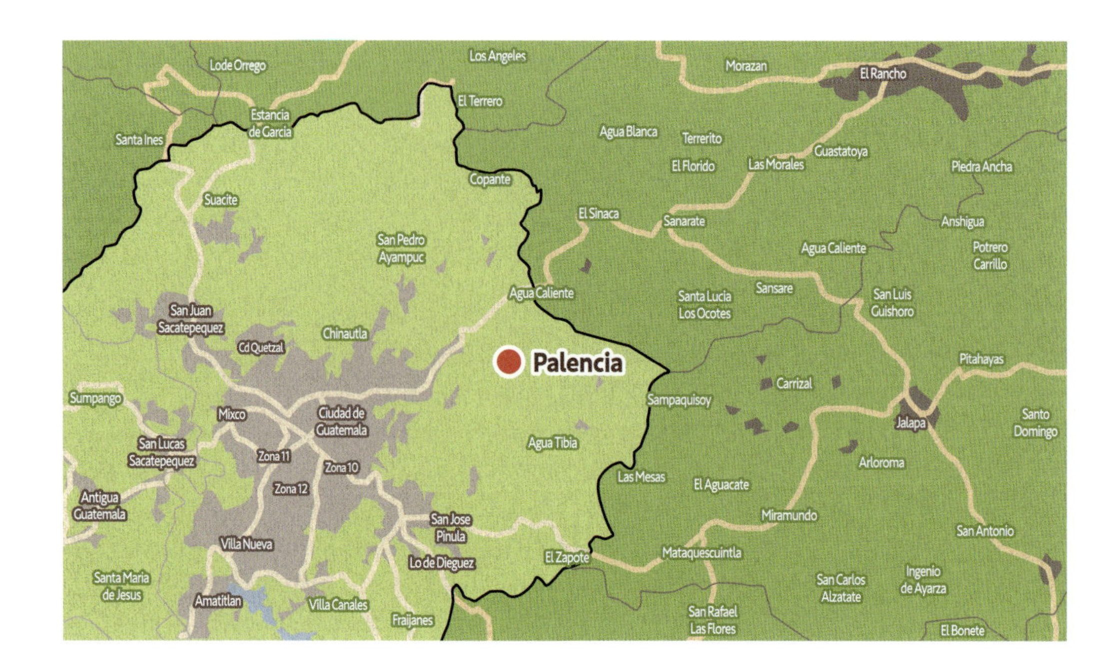

- Palencia（パレンシア）

　サカテペケス県の東に隣接するグアテマラ県は、他の産地に比べて知名度的にやや劣るものの、パレンシア地区にあるエル・ソコロ農園は、ゲイシャ種やパカマラ種などの高品質種のコーヒー生産で知られ、COE上位入賞を何度も重ねている名門農園です。実は、かのエル・インヘルト農園に先駆けてパカマラ種に素晴らしいポテンシャルがあることを業界に示しました。エル・ソコロ農園は過去のみならず、2020、2023年にも優勝実績を持つことから、類まれかつ偉大なテロワールを保持し続けていることがうかがえます。

■ 農園／生産者

El Soccoro/Juan Diego de la Cerda（Palencia）
エル・ソコロ/フアン・ディエゴ・デ・ラ・セルダ

エル・プログレッソ県 El Progreso Department

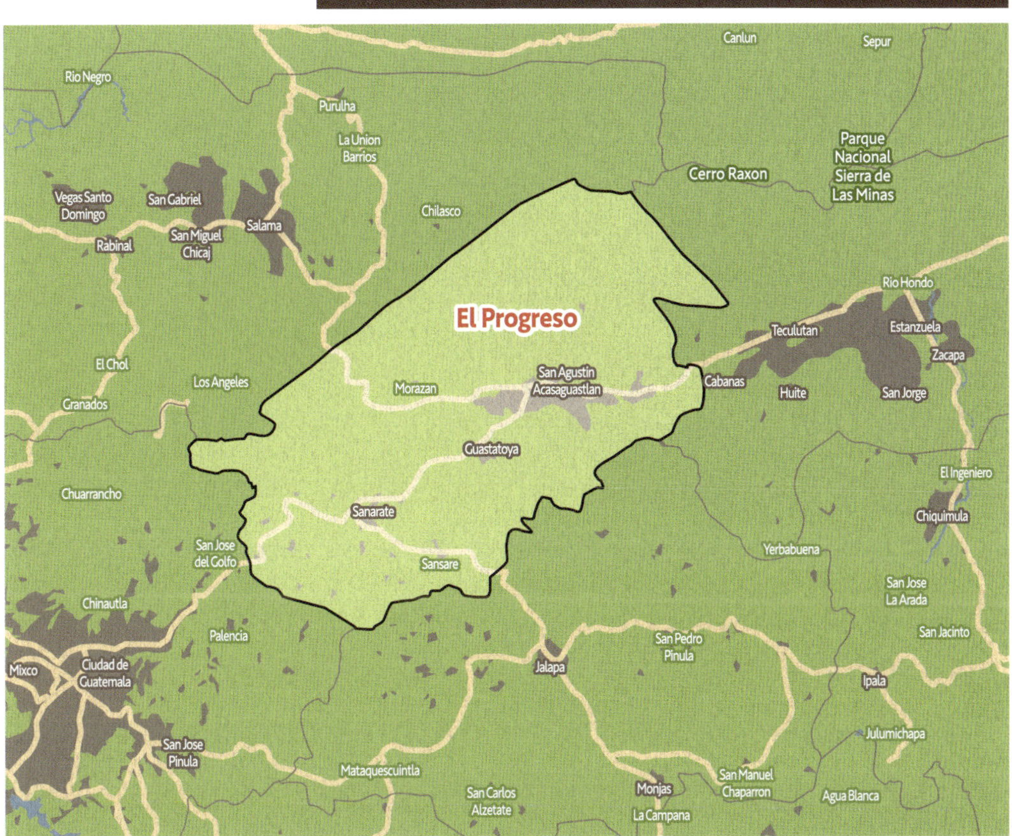

- **San Agustin Acasaguastlan（サン・アグスティン・アカサグアストラン）**
- **San Cristobal Acasaguastlan（サン・クリストバル・アカサグアストラン）**

グアテマラ県の北東に位置するエル・プログレッソ県も、それまであまり知られた生産エリアではありませんでしたが、2014年にCOEの優勝を飾ったカリブス・ラ・シエラ農園によって知名度が高まりました。当農園は2年後の2016年にも優勝していますが、当時、ゲイシャ種のロットがまだ稀であったグアテマラの中で、彗星のごとく現れた当農園のゲイシャ・コーヒーは典型的なフローラルさを備えており、高い評価を得ることとなりました。カリブス・ラ・シエラ農園はこれ以降もコンスタントに入賞実績を重ねており、これに深い関係を持つ近隣関連農園のCOE入賞も見られるようになってきました。

農園／生産者

Kalibus La Sierra/Pompeyo Castillo Cerez (San Agustin/Cristobal Acasagustlan)
カリブス・ラ・シエラ/ポメヨ・カスティージョ・セレス

ハラパ県 Jalapa Department

- Mataquescuintla（マタケスクイントゥラ）
- Morales（モラーレス）
- Monjas（モンハス）
  - El Pinal（エル・ピナル）

ハラパ県は、グアテマラ県の東に隣接する県で、ここではエル・モリート農園が有名です。この農園はマタケスクイントゥラ地区にあり、2022年のCOEでは優勝、それ以外の年でも2位や3位といったように、かなりの上位に複数回入賞しています。規模が大きい農園であるため、ウノ、ドス（1、2）と複数の区画を持ち、それゆえ農園全体の生産量も多くなっています。ハラパ県のテロワールはアンティグア・コーヒーに近い印象ですが、柔らかく滑らかな質感が特徴です。

農園 / 生産者

Finca El Morito/Jose Roberto Monterroso Pineda（Monjas）
フィンカ・エル・モリート/ホセ・ロベルト・モンテロッソ・ピネダ

ホンジュラス

ホンジュラスの生産概要

- 伝播時期：19世紀
- 年間生産量（2022年）：6,047,000袋
- 主な生産処理：水洗式
- 主なコーヒー・ロットの単位：小/中/大規模農園、または農協などによるエリア集積
- 主な品種：Catuai、Caturra、Lempira、IHCAFE90、Pacas、Prainema

- 主な生産形態：小/中規模農家
- 主な収穫時期：11～3月
- 主要港：プエルト・コルテス

中米諸国で最も多くの生産量を誇るホンジュラス。2022年の生産量は6,047,000袋（362,820MT）で、2021年にインドに追い越されてからは世界生産量第7位となっています。かつては、隣国グアテマラの方が生産量は多かったのですが、ホンジュラスは国としてコーヒー生産に大きく注力したため、生産量が長きにわたって増加傾向にありました。これにより、同国は安価なコマーシャル・グレードのアザー・マイルドにおける覇者となりましたが、こうした安価なコモディティは相場変動の影響を受けやすく、かつ収益が低いため、2000年代に入ってからは高付加価値/高品質型のスペシャルティ産業に舵を切りました。政府の農務機関であるIHCAFEの尽力により2010年代以降は目覚ましい品質向上を遂げ、そのポテンシャルは中米随一とさえ言われるようになりました。生産エリアの標高も比較的高く、火山性の肥沃な土壌にも恵まれていることから、近年のスペシャルティ・シーンでは、他国を抑えて最も注目されている生産国です。

輸出規格はStrictly High Grown（SHG：1,350m～）、High Grown（HG：1,200～1,350m）、Central Standard（CS：～1,200m）となっており、日本ではSHGやHGなどが流通しています。このうち、HGは中米のアザー・マイルドの中では最も価格が安いコーヒーになるため、ナチュラル・コーヒーにおけるブラジルのNo.4/5のように、アザー・マイルドにおける水洗式アラビカ価格のベンチマークにもなっています。ホンジュラス、ニカラグア、エルサルバドルなどのHGは廉価な中米の水洗式としてコマーシャル・ロースターによく用いられていますが、近年グアテマラは、これらの低価格競争に距離を置き、低グレード規格であるEPWの生産を控える農協や輸出業者が出てきています。

ホンジュラスの自家製ウエット・ミルとセカドーラ（乾燥台）

国内流通と収穫

ホンジュラス国内の生産形態も主に小規模農家で構成されており、収穫したチェリーを農協や輸出業者に販売することが通例です。収穫においては先住民系の季節労働者を雇用することもありますが、国内の経済事情的に、一次産業に自国の労働者を雇用しやすい環境であるため、農家や地元のコミュニティ総出で収穫作業にあたることが多くなっています。スペシャルティ産業における細かいトレーサビリティの発達から、自前の生産処理設備を備える農家も増加してきましたが、田舎の山間の小規模農家ではコスタリカのようにメーカー生産の設備一式を備えるというよりも、手づくりの果肉除去機や発酵槽などを農家自身で設置するケースが多いです。中規模農園では住み込み従業員を抱え、しっかりした生産処理設備を備える生産形態もあります。こういった農園では敷地内に学校や運動場、日用雑貨店、住宅などの生活インフラが提供されており、農園そのものが村や地方自治体に近い生活圏を形成しています。日本でも、地方の大規模工場が周辺に社員用社宅や学校などを備えているケースがありますが、こういった図式に近いものがあります。小規模生産者が多くを占めるホンジュラスでは、マイクロロットのコーヒーは農園オーナーの名前で流通することが通例でしたが、最近では農園名を標榜する事例が増えてきました。しかし、こういった農園名は地元の村や地域の名称をそのまま採用していることがあるため、やや複雑で混乱を招きやすくもなっています。これは南米の小規模生産者と同じく、農家は農協にチェリーを納め、農協が地域集積ロットとして販売していたため、自身の農地に名前を付ける習慣がなかったからだと推測されます。

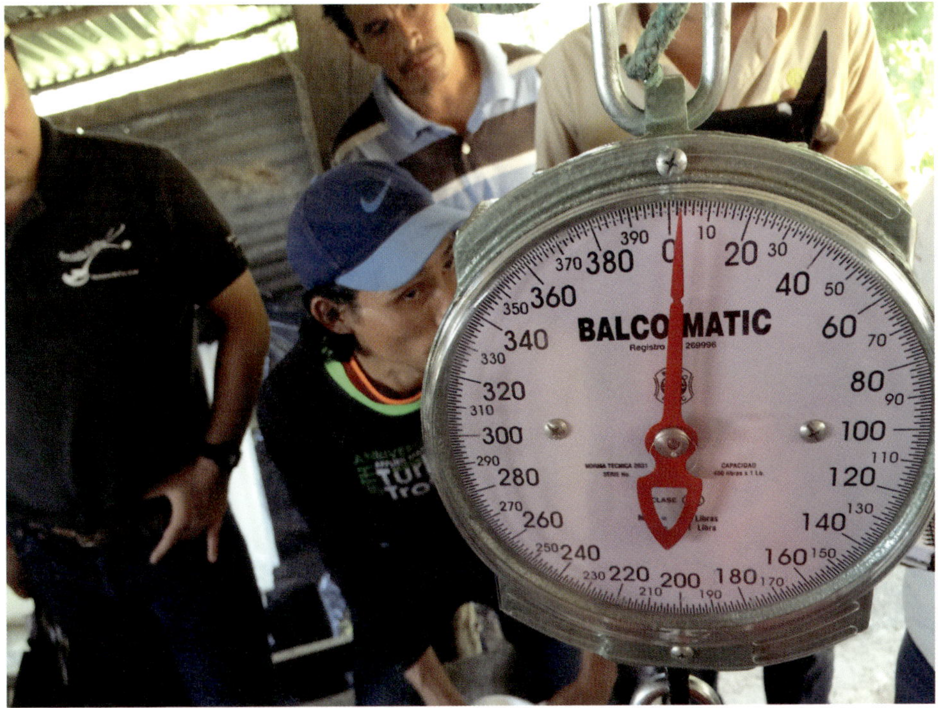

収穫チェリーの重量計測

水資源などの自然環境保護を喚起する掲示物（ウエット・ミル施設内）

■ ホンジュラスのテロワール

コーヒーの農務機関であるIHCAFEは政府から独立した民間機構となっていますが、現在も同国のコーヒー産業の開発、発展に大きな影響力を示しています。同機関は国内の生産地域を6つのエリア、コパン（Copan）、コマヤグア（Comayagua）、モンテシージョス（Montecillos）、オアパラカ（Opalaca）、アガルタ（Agalta）、エル・パライソ（El Paraiso）に分類していますが、これらは行政区分の県名と地方名が混在した状態になっています。よって、ここでは行政区分にもとづいて、国内の代表的な生産県であるサンタ・バルバラ県（Santa Barbara）、レンピラ県（Lempira）、インティブカ県（Intibuca）、ラ・パス県（La Paz）、コマヤグア県（Comayagua）を紹介していきたいと思います。

建設中のセカドーラ（乾燥設備）

ホンジュラスのコーヒー栽培地域と特徴

COPAN

- **該当エリア(県)**
  Copan、Ocotepeque、Santa Barbara
- **標高**
  1,000~1,700m
- **代表的な品種**
  Bourbon、Catuai、Pacas、Lempira、ICAFE90
- **カップ・クオリティ**
  甘い香りとチョコレートの風味が感じられ、クリーミーなボディとバランスのとれた味わいを持つコーヒー。甘さの持続する後味が特徴。

COMAYAGUA

- **該当エリア(県)**
  La Paz、Comayagua、Santa Barbara、Intibuca
- **標高**
  1,200~1,700m
- **代表的な品種**
  Bourbon、Catuai、Lempira、Pacas
- **カップ・クオリティ**
  フルーツ様の甘い香りと鮮やかで明るい酸味、そして滑らかなボディの中にシトラスとピーチの風味が感じられるコーヒー。持続する後味が特徴。

MONTECILLOS

- **該当エリア(県)**
  La Paz、Comayagua、Santa Barbara、Intibuca
- **標高**
  1,100~1,700m
- **代表的な品種**
  Bourbon、Catuai、Lempira、Pacas
- **カップ・クオリティ**
  フルーツ様の甘い香りと鮮やかで明るい酸味、そして滑らかなボディの中にシトラスとピーチの風味が感じられるコーヒー。持続する後味が特徴。

OPALACA

- **該当エリア(県)**
  Santa Barbara、Intibuca、Lempira
- **標高**
  1,100~1,700m
- **代表的な品種**
  Bourbon、Catuai、Lempira、Typica
- **カップ・クオリティ**
  繊細で上品な酸味を持つバランスのとれたコーヒー。ブドウやベリーなどのトロピカルフルーツの風味、柑橘系の後味が特徴。

AGALTA

- **該当エリア(県)**
  Olancho、Yoro、Atlantida、Colon
- **標高**
  1,100~1,700m
- **代表的な品種**
  Bourbon、Typica、Catuai、Lemipira
- **カップ・クオリティ**
  キャラメルの香りと様々なトロピカルフルーツの風味を持つコーヒー。甘い後味が特徴。

EL PARAISO

- **該当エリア(県)**
  El Paraíso、Choluteca、Francisco Morazán
- **標高**
  1,100~1,700m
- **代表的な品種**
  Catuai、Caturra、Pacas、Prainema、Lempira
- **カップ・クオリティ**
  甘い香りと滑らかなボディを持つコーヒー。シトラスの風味と持続する後味が特徴。

Department（県）以下の行政区分 | ● Municipality（地方自治体） ▸ Village（村）

サンタ・バルバラ県 Santa Barbara Department

- **Arada (アラダ)**
  - El Ocotillo (エル・オコティージョ)
- **Concepcion del Sur (コンセプシオン・デル・スル)**
  - La Peñita (ラ・ペニータ)
  - La Leona/ Ojo de Aguita (ラ・レオナ/ オホ・デ・アギータ)
- **Las Vegas (ラス・ヴェガス)**
  - El Cedral (エル・セドラル)
  - Los Andes (ロス・アンデス)
  - Union Supaya (ウニオン・スパヤ)
- **San Francisco de Ojuera (サン・フランシスコ・デ・オフエラ)**
- **Santa Barbara (サンタ・バルバラ)**
  - San Luis de Planes (サン・ルイス・デ・プラネス)
  - El Coquillal (エル・コキヤル)
  - El Cielito (エル・シエリート)
  - El Sauce (エル・サウセ)
  - La Union del Dorado (ラ・ウニオン・デル・ドラード)
  - Las Flores (ラス・フローレス)
  - Las Peñitas (ラス・ペニータス)
  - Los Naranjos (ロス・ナランホス)

サンタ・バルバラ県はホンジュラスCOEでの受賞数が最も多く、優勝農園の数々がこの地方から輩出されているため、ホンジュラス一のテロワールと言っても過言ではないでしょう。同県は国の北西に位置しており、西側はグアテマラと国境を接しています。コーヒーの生産エリアとしては県南東のサンタ・バルバラ山の西と南側のエリアが主なテロワールとなります。スペシャルティ愛好家に最も愛されている、その名もサンタ・バルバラ地方には、マドリッド姓 (Madrid) の農園主が多く、いずれも素晴らしい品質を誇ることから、当地における名門生産者家系の地位を確立しています。世代を重ねるごとに子孫に農園を割譲するケースがコーヒー生産地では多く、農園のオーナーが親戚同士になりやすいのはホンジュラスでも同じです。また、コーヒーの輸出を手がける輸出業者サン・ヴィセンテ (San Vicente) は、この地方のコーヒーの販売とプロモーションに尽力し、世界的に著名な輸出業者として認知されています。

エル・ナシミエント、エル・グアヤボ、シエリート・リンドといった農園はCOEの入賞が多い実力派です。エル・サウセ村にあるエル・サウセ農園は2008年に優勝して以降、日本でも有名な農園になりました。パテプルマ農園も同じくエル・サウセ村にある有名農園です。これら2つはいずれも地域名/村名をそのまま農園名に冠したものですが、農園主の名前を冠したロットもホンジュラス全般で多く見受けられます。よって、ホンジュラスの場合は農園名だけでなく、つくり手の名称も併せて参照する必要があります。

■ 農園 / 生産者

El Nacimiento/Job Neel Diaz (El Cielito, Santa Barbara)
エル・ナシミエント/ホブ・ニール・デイアス

El Guayabo/Mario Moreno (El Cedral, Las Vegas)
エル・グアヤボ/マリオ・モレノ

Moreno/Pedro Moreno
(El Cedral, Las Vegas)

モレノ/ペドロ・モレノ

El Sauce/Esteban Madrid
(El Sauce, Santa Barbara)

エル・サウセ/エステバン・マドリッド

Flor de Café/Lenin Madrid
(El Sauce, Santa Barbara)

フロル・デ・カフェ/レニン・マドリッド

Patepulma/Franklin Adonis Madrid
(El Sauce, Santa Barbara)

パテプルマ/
フランクリン・アドニス・マドリッド

Cristal/Jose Esteban Madrid
(San Luis de Planes, Santa Barbara)

クリスタル/ホセ・エステバン・マドリッド

Cielito Lindo/Extreberto Caceres
Gutierrez (El Ocotillo, Arada)

シエリート・リンド/
エクトレベルト・カセレス・グティアレス

サンタ・バルバラのテロワールは、ホンジュラスを代表するその典型的な甘さと質感です。同地ではエルサルバドルで発生したブルボン種の変異であるパカス種の採用が増えており、ロットによって白桃やリンゴ様の風味を持ち、甘い余韻を長く保つコーヒーが味わえます。

レンピラ県 Lempira Department

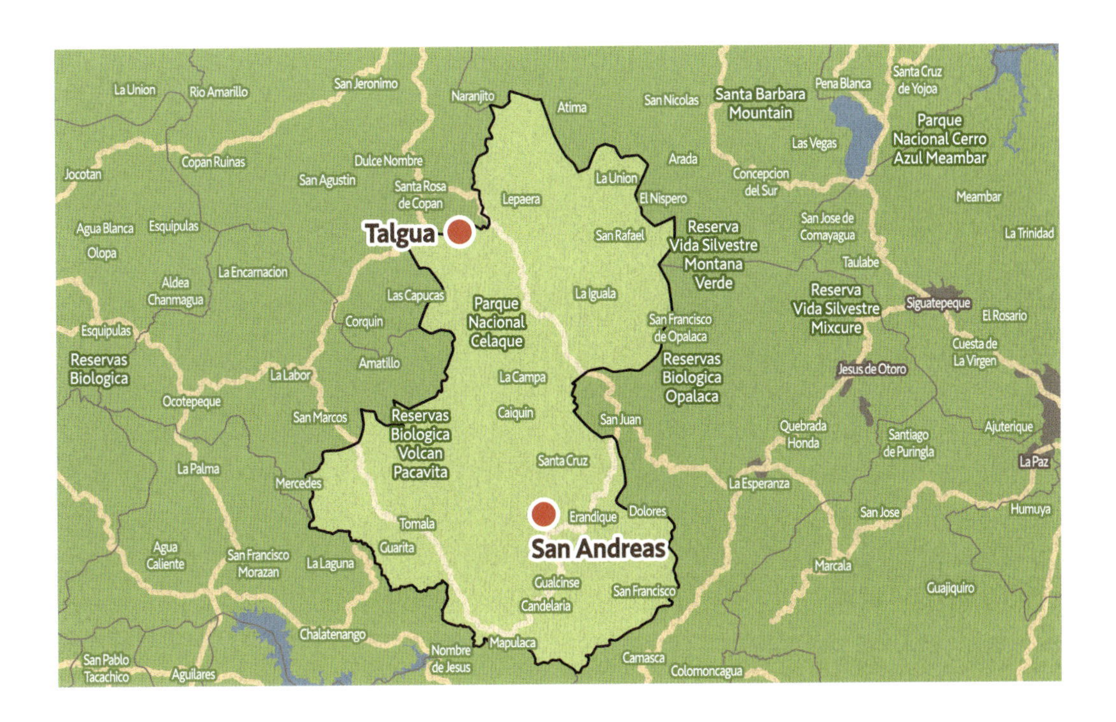

- **San Andreas（サン・アンドレアス）**
  - **Esquimpara/San Jose Esquimpara（エスキンパラ/サン・ホセ・エスキンパラ）**
- **Talgua（タルーガ）**
  - **La Lima（ラ・リマ）**

レンピラ県は国の南西部に位置しており、南の国境線を長くエルサルバドルと接しています。国境を隔てたエルサルバドル側には同国最高のテロワールの1つであるチャラテナンゴ県があります。ホンジュラスで開発された品種に“レンピラ”という名のハイブリッド種があることからも、生産地として地名度の高い県です。COEの入賞が近年多くなってきており、サンタ・バルバラ県に迫る勢いで上位に入賞する農園が現れ始めています。具体的な地方としては、サン・アンドレアスにある農園の上位入賞が顕著で、この地に居を構えるロス・ピノス農園は2021年に3位、2018年には2位に輝いており、共に90点を超えて堂々のプレジデンシャル・アワード（Presidential Award）※入りを果たしています。

※ プレジデンシャル・アワード：COE品評会で90点以上をマークしたコーヒーに贈られる栄誉表彰。

農園 / 生産者

Los Pinos/Remiery Carvajal（San Jose Esquimpara, San Andreas）
ロス・ピノス/レミエリー・カルバハル

レンピラのテロワールは中米らしい小気味良い酸を現し、ホンジュラス特有のリンゴのニュアンスやバランスの良い甘さと質感が印象的です。

インティブカ県 Intibuca Department

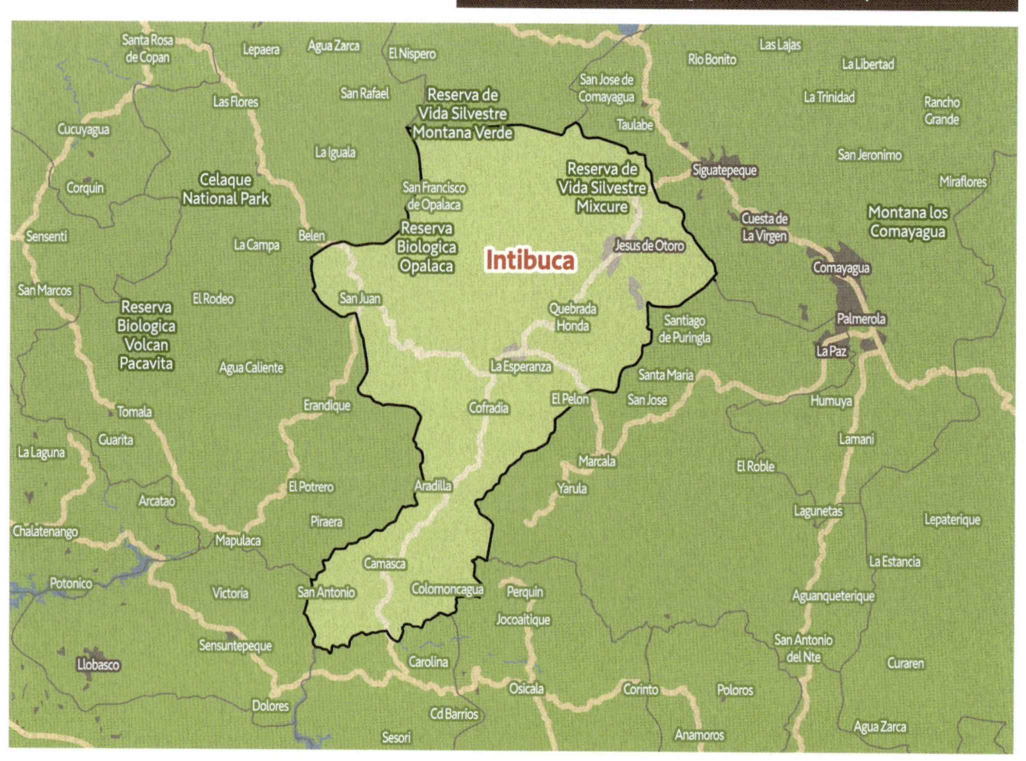

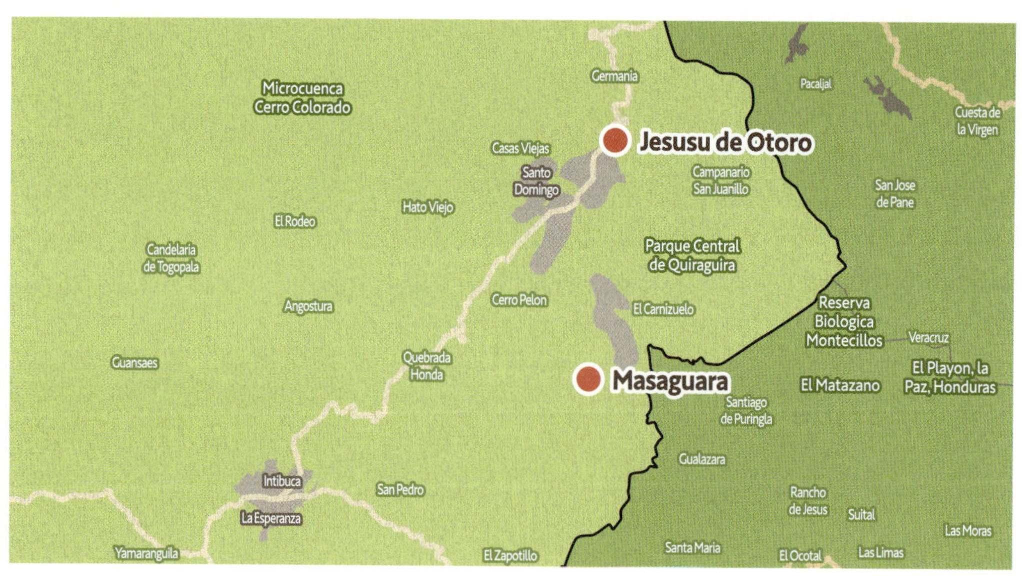

- ● Jesusu de Otoro（ヘスス・デ・オトロ）
  - ▶ El Ocotillo（エル・オコティージョ）
- ● Masaguara（マサグアラ）
  - ▶ Pozo Negro（ポッソ・ネグロ）
  - ▶ San Juanillo（サン・フアニージョ）

インティブカ県は国の南西に位置しており、北側をサンタ・バルバラ県、東側をコマヤグア県、南東をラ・パス県と接しています。ここでは県東側の生産エリアが注目されており、品質の高さが評価されています。日本でもこの地域の銘柄が流通するようになりました。

モンテシージョス農園はCOEの入賞歴が多く、当地を代表する農園です。マサグアラ地方にあるポッソ・ネグロ村は隣の県であるラ・パス県のサンチアゴ・デ・プリングラ地方と接しており、辺り一帯は、素晴らしいテロワールを発揮しています。銘柄は農園名よりも、つくり手の名が知られていることが多く、ウィルメル・グラウ（Wilmer Graw）、セルバンド・モントーヤ（Selvand Motoya）、アントニオ・ドミンゲス（Antonio Dominguez）、エルナン・ゴメス・レジェス（Ernan Gomez Reyes）などの生産者が名を連ねます。なお、レジェス姓（Reyes）は当地でよく見られる家族姓です。

農園／生産者

Motecillos/Wilmer Grau（Pozo Negro, Masaguara）
モンテシージョス/ウィルメル・グラウ

El Cedro/Servando Ramirez Montoya（Pozo Negro, Masaguara）
エル・セドロ/セルバンド・ラミレス・モントーヤ

Las Moras/Antonio Domigues（Pozo Negro, Masaguara）
ラス・モラス/アントニオ・ドミンゲス

Buena Visa/Hernan Gomez Reyes（Pozo Negro, Maguara）
ブエナ・ヴィスタ/エルナン・ゴメス・レジェス

El Durazno/Marcelo Ventura（El Ocotillo, Jesus de Otoro）
エル・デュラスノ/マルセロ・ベントゥーラ

インティブカのテロワールは濃厚な甘さとリンゴ的なニュアンスです。酸のストラクチャーも良好で、凛(りん)とした印象を現すコーヒーが味わえます。

ラ・パス県 La Paz Department

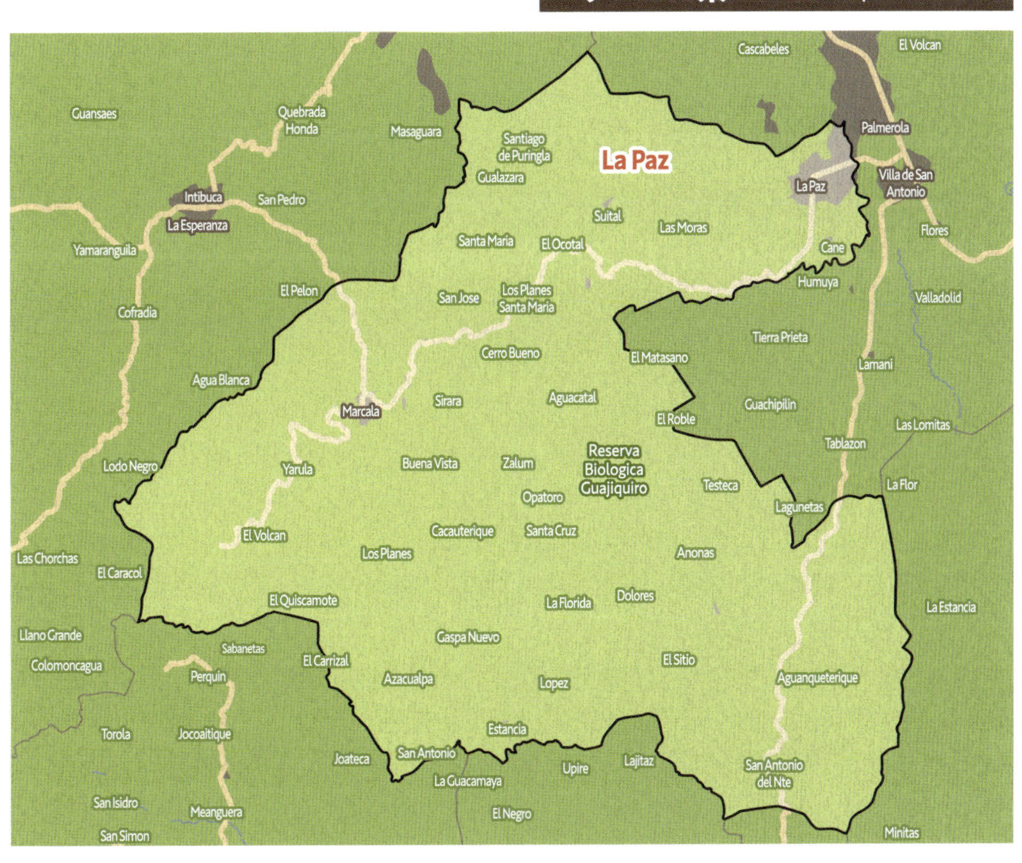

- Cabañas (カバーニャス)
  - Las Breas (ラ・ブレアス)
  - Planes (プラネス)
- Chinacla (チナクラ)
  - El Trapiche (エル・トラピチェ)
  - La Pedrona (ラ・ペドロナ)
- La Paz (ラ・パス)
  - Motecillos (モンテシージョス)
  - Tepanguare (テパングアレ)
- Marcala (マルカラ)
  - Las Acacias (ラス・アカシアス)
  - Las Flores (ラス・フローレス)
  - La Mogola (ラ・モゴラ)
- San Pedro de Tutule (サン・ペドロ・デ・トゥトゥレ)
- Santa Ana (サンタ・アナ)
- Santa Elena (サンタ・エレナ)
- Santiago de Puringla (サンチアゴ・デ・プリングラ)
  - El Comun (エル・コムン)
  - Cedritos (セドリートス)

ラ・パス県もホンジュラス南部の県であり、レンピラ県、インティブカ県同様、南側をエルサルバドルと接しています。“ラ・パス”はスペイン語で“平和”という意味で、この都市名は中南米での使用頻度が高く、様々な国でラ・パスという地名を見かけることがあります。ホンジュラスの伝統的生産地として最も知名度の高いマルカラエリアを擁するため、ラ・パス県は同国のコーヒー生産において重要な立ち位置にあると言えます。ラ・パス県、インティブカ県はラガ・カフェ（Raga Café）という輸出業者が力を入れているエリアで、多くの素晴らしいマイクロロットが脚光を浴びるようになりました。

エル・プエンテ農園は、COEでの入賞をきっかけに一躍スターダムに躍り出た農園の1つです。マリーサベル・カバジェロ（Marysabel Caballero）氏の生み出すゲイシャ・コーヒーは、同地のテロワールとゲイシャ種との適合性が高いことを証明しました。また、その名もラ・パス市にあるモンテシージョス村（インティブカ県とは別の村）や、テパングアレ村といったエリアは共にその地名を冠する農園があります。マルカラ地方はコマーシャル、スペシャルティを問わず、ホンジュラスにおける重要な産地であり、同国の看板と言っても過言ではない生産エリアです。また、奥深い山間にあるサンチアゴ・デ・プリングラ地区は輸出業者ラガ・カフェが特に注目している生産地域でもあります。ここでは手づくりのウエット・ミル＝マイクロミルを設置する生産者が徐々に増えてきており、パーチメントの乾燥に関しては欧米ロースターから技術指導を得て、ビニール・ハウスの乾燥台（セカドーラ）を設置するなど、地道な努力を重ねたマイクロロットに出会うことができるようになりました。ラ・パス県のロット名称も生産者名で広く認知されており、マリーサベル・カバジェロをはじめ、ハビエル・サントス、テオドロ・アマヤ、セルバンド・ガヨ、オティリオ・エルナンデス、アベル・メヒア、カルロス・メヒアなどの生産者が名を連ねます。

汎用小型エンジンに接続された自家製のメカニカル・パルパー（インテグラル・エル・シプレス農園）

■ 農園／生産者

El Puente/Marysabel Caballero
(La Pedrona, Chinacla)
エル・プエンテ/マリーサベル・カバジェロ

El Aguacate/Javier Santos
(Santiago de Puringla)
エル・アグアカテ/ハビエル・サントス

El Manzana (Los Manzanos) / Teodoro Amaya Montoya (Cedritos, Santiago de Puringla)

エル・マンサーナ(ロス・マンサノス)/テオドロ・アマヤ・モントーヤ

Integral el Cipres/Catalino Vasques (Santiago de Puringla)

インテグラル・エル・シプレス/カタリーノ・バスケス

Chichicastal/Servando Gayo (Santiago de Puringla)

チチカスタル/セルバンド・ガヨ

San Jorge/Otilio Hernández (Cedritos, Santiago de Puringla)

サン・ホルゲ/オティリオ・エルナンデス

Los Injertos/Dimas Claros (La Mogola, Marcala)

ロス・インヘルトス/ディマス・クラロス

Liquidambar (Liquidambo) / Ma Nery (Las Acacias, Marcala)

リキダンバル(リキダンボ)/マ・ネリー

Tepanguare/Abel Mejia (Tepanguare, La Paz)

テパングアレ/アベル・メヒア

El Chollo/ Carlos Mejia (San Pedro de Tutule)

エル・チョジョ/カルロス・メヒア

ラ・パス県のテロワールは明るく芯の通った酸が特徴です。甘さと質感だけが強調されていると飲み疲れるバランスのコーヒーになってしまいますが、酸の背筋(Spine)が通ることで構造がしっかりします。マルカラ地区のコーヒーは伝統的に過熟感がありますが、テロワールが細かくなるごとに酸に明るさを帯びるようになります。

コマヤグア県 Comayagua Department

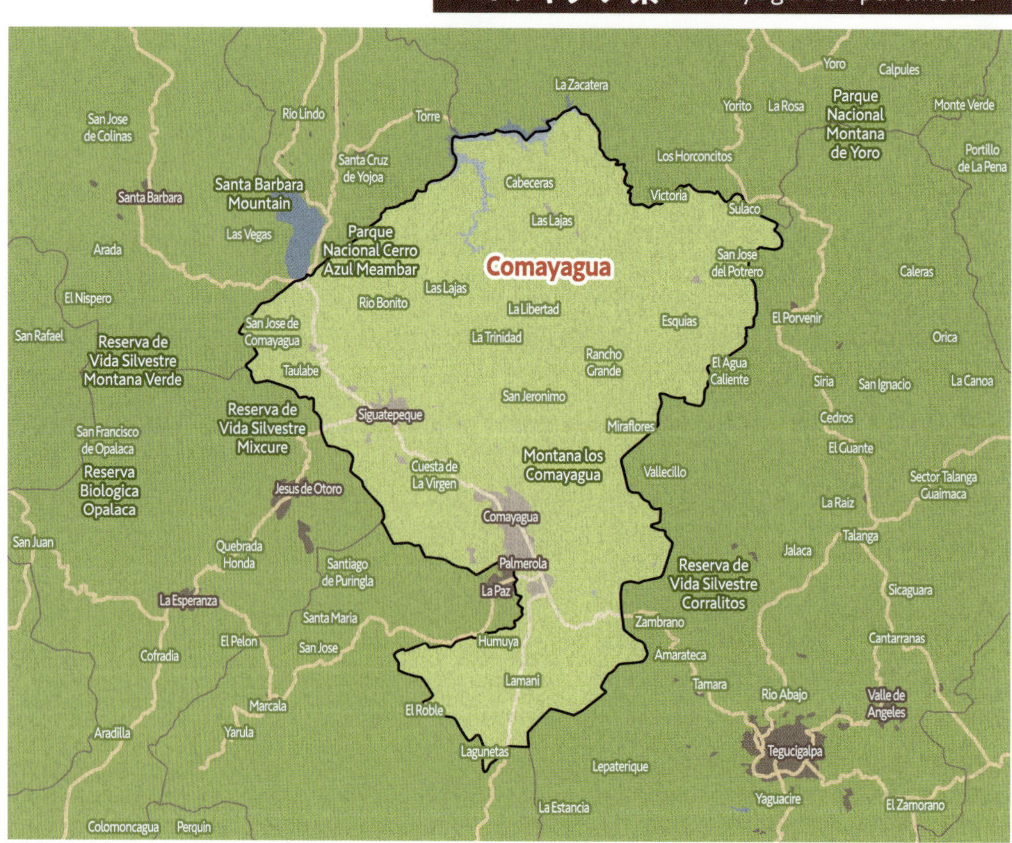

- Comayagua（コマヤグア）
  - Planes（プラネス）
- San Jeronimo（サン・ヘロニモ）
- San Sebastian（サン・セバスチャン）
  - La Peñita（ラ・ペニータ）
- Siguatepeque（シグアテペケ）
  - Rio Bonito（リオ・ボニート）
- Villa San Antonio（ヴィジャ・サン・アントニオ）

コマヤグアはインティブカ県の東部、そしてラ・パス県の北部と接しており、その品質の高さから重要な生産エリアの1つとして認知されてきました。地理的分布を見ると、これら3県が接する地点から同心円状に優良農園が多く分布していることが分かります。近年では、同県のサンタ・ルシア農園が2連続でCOE優勝したことから、注目度が高まりました。

ここでは小規模生産者のロットだけではなく、当地を代表するエステイト・コーヒーの活躍も有名です。ニカラグアのマタガルパ県を本拠地とするミエリッヒ・ファミリー（Mierisch Family）は、このコマヤグアの地でセロ・アスール・メアンバル（Cerro Azul Meámbar）という農園プロジェクトを運営しており、ニカラグアで開発/発展させた生産処理や栽培技術を導入して、他のホンジュラスでは見られない特殊なロットを生み出しています。ニカラグアの農園で偶発的に発生したイエロー・パカマラ種を筆頭に当地でも珍しいイエロー・パカス種を採用するなど、黄色品種の展開が特徴的です。また、ロサ・ディマス氏が運営するエル・ロブラル農園も知名度が高く、品質の高さが知られています。

■ 農園／生産者

Santa Lucia/Mierisch Family
(Rio Bonito, Siguatepeque)
サンタ・ルシア/ミエリッヒ・ファミリー

Cerro Azul/Mierisch Family
(Rio Bonito, Siguatepeque)
セロ・アスール/ミエリッヒ・ファミリー

El Roblar (El Roble) /Rosa Dimas
(La Penita, San Sebastian)
エル・ロブラル（エル・ロブレ）/ロサ・ディマス

参考文献

● Finca Mierisch

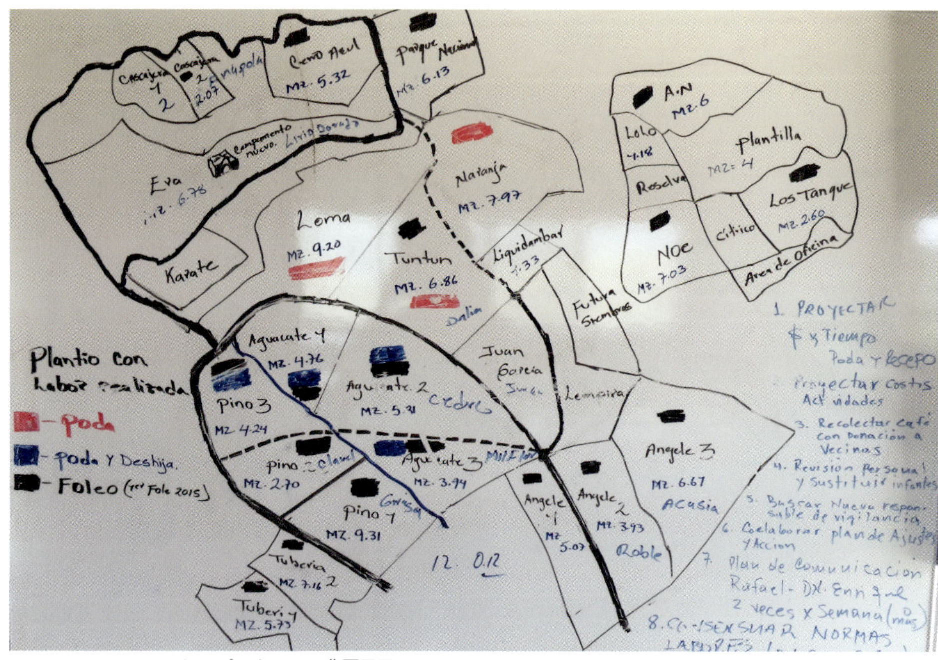

セロ・アスール・メアンバル・プロジェクトの農園区画

同プロジェクトのカッピング・テーブル

コマヤグアのテロワールは、酸の明るさに甘さと質感が伴うタイプです。テイスト・バランスが良く、パッケージに優れるコーヒーですが、コーヒーのフレーバーは全般的にはっきり発現する傾向があります。

エルサルバドル

エルサルバドルの生産概要

- 伝播時期：19世紀
- 年間生産量（2022年）：717,000袋
- 主な生産処理：水洗式
- 主なコーヒー・ロットの単位：小/中/大規模農園、または農協などによるエリア集積
- 主な品種：Bourbon、Caturra、Pacamara、Pacas、Bernardia、Orange Bourbon、F1
- 主な生産形態：小/中規模農家
- 主な収穫時期：11～3月
- 主要港：アカフトラ

木の栄養状態を観察する生産者（ラ・ディヴィナ・プロヴィデンシア農園）

エルサルバドルは中米で最も小さい面積を持つ国で、中米諸国のほぼ中央に位置しています。中米の国々の中では唯一カリブ海に面しておらず、港は太平洋側にのみ存在します。2022年の生産量は717,000袋（43,020MT）と、生産量的にはそれほど多くはありませんが、1890年にキューバ経由でティピカ種が伝播しており、コーヒーの歴史上では重要な生産国の1つであると言えます。同国を代表するコーヒー品種であるブルボン種はブラジルから北上して伝播しましたが、病害虫に特に耐性を持たないブルボン種は他の多くの生産国において、樹勢が強く、かつ頑健なハイブリッド種に植え替えられていきました。しかし、エルサルバドルはブルボン種の生育割合がいまだに多く、稀有な国と言えるでしょう。ただ、こうした面が裏目になり、2013年頃に発生したさび病では、耐性を持たないコーヒーの木々が甚大な被害を受け、一部の農園では1/10にまで生産量が減ってしまう事態に発展しました。中米に波及したさび病は水洗式アザー・マイルドの価格を押し上げ、もともと生産量の少なかったエルサルバドルのコーヒーは、特にスペシャルティ・グレードで高騰するといった憂き目に遭ったのです。地質的学に見てみると、同国のコーヒー生産地も火山帯に根差しており、サンタ・アナ火山（イラマテペック山）をはじめ火山性土壌を持つ山脈帯にコーヒー農園が多く分布しています。また、エルサルバドルは古代アステカ文明の遺跡が多々残っていることでも知られ、生産エリアのところどころで見受けられることもあります。コーヒー栽培は国の機関であるコンセホ（Consejo Salvadoreno del Café）が管理しており、COEでは運営母体として活動しています。

参考サイト

- Consejo Salvadoreno del Café

エルサルバドルの輸出規格は、他の中米諸国と同じく標高が基準になります。Strictly High Grown（SHG：1,200m〜）、High Grown（HG：900〜1,200m）、Central Standard（CS：500〜900m）などがあり、これにスクリーン/欠点規格であるAP、EPなどが組み合わされてグレーディングがなされます。一般的に流通するのはHG以上のグレードです。また、エルサルバドルの場合、地理的要因により生産エリアの平均標高は他国に比べて低くなります。それにもかかわらず、火山性の栄養豊富な土壌の恩恵を得ることによって品質の高いコーヒーが育まれています。

■ 国内流通と収穫

近代における内戦後の大規模な土地分割改革では、土地を持たない労働者に多くの農地が割譲されました。これにより、20ha以下の農地を持つ生産者の割合は95%程度を占めるようになりましたが、一方で、200haを超える単独所有の大規模農園なども存在しています。エルサルバドルは歴史的に対外資本を活用した農園事業ではなく、国独自に効率的な農園運営を行っていました。農園のオーナーはそれなりに資産を持っている層が比較的多く見られますが、コーヒー産業に従事している労働者での貧困率が高いのは他の生産国とあまり変わりありません。農園オーナーの中には農園を経営している中小企業の社長のような形態もありますが、輸出業者や私営農協などが事業として複数傘下に収めているケースもあります。コーヒーの名称は農園名で流通しますが、生産者名以外に企業名が記載されていることがあり、こうしたロットはオーナーの一族系企業の運営であることが分かります。同国のコーヒー産業は、政治的に寡頭制を敷いていた14家族※の時代に、多くの小規模生産者の農園が裕福層に接収されたことから、上記のような形態がその名残になったのだと考えられます。

※ 14家族：エルサルバドルにおける、かつての寡頭政治を表す用語。1871 ～ 1927年まで続いたコーヒー共和国の時代には、14の家族が国の土地の大部分を所有し、国家に大きな支配力を行使した。現在もその名残のある企業体が存続しており、同国の政治、産業、農業全般に少なからず影響を残している。

コーヒーの収穫は、パナマやニカラグアなどから越境してくる季節労働者などを雇用して行います。生産処理においては、他の中米の生産国で興（おこ）っているトレンドとは異なり、農園内で自前のプロセスを行う習慣が乏しく、輸出業者や農協にチェリーを販売して生産処理を委託することが通例です。よって、国内流通はチェリーの状態が基本です。これが原因かは不明ですが、同国ではチェリーの窃盗事例が多発しており、収穫期には組織的な窃盗団が農園からコーヒーの実を盗むケースが古くから存在しています。もう1つの負の面としては、生産処理からドライ・ミルに至る流通において生産管理が甘いことが多く、予備乾燥を行わずマシン・ドライヤーを使用したり、保管倉庫が高温になりやすい地域に設置されていたりする事例があります。これにより、品質がプレシップサンプル（輸出前サンプル）より劣化した状態で消費国に納入されるケースが多いのが現状でした。しかし、ここ数年はスペシャルティ産業が後押しするマイクロロットへの機運（小規模高品質コーヒーへの需要）が高まったことにより、農園独自で水洗設備を備える事例も増え始め、品質が安定し始めています。

農園自家製のウエット・ミル（エルサルバドルでは、自社による生産処理はまだ一般的ではない）

農園自家製のサスペンデッド・パティオ

56℃に出力設定されたマシン・ドライヤー

■ エルサルバドルの品種

エルサルバドルで発生したアラビカ種の変異種や伝播品種は他の生産国の栽培にも大きく影響を与え、同国は近代コーヒー史における重要な生産国として位置付けられています。代表的なものにパカス種（パカス家の農園で発見）、パカマラ種（パカス種とマラゴジーペ種の交配種）、オレンジ/ピンク・ブルボン種（異色系ブルボン種）、ベルナルディア種（パカス家の農園で発見）、ブルボン・エレファンテ種（エチオピア原生種とブルボン種の交配種）などがあり、これ以外には、混成品種であるF1種もエルサルバドルでは早い段階で採用されました。パカマラ種はグアテマラのエル・インヘルト農園で高い評価を得て、パカス種はホンジュラスでの採用例が増加しています。また、100年以上前にかつての14家族の一角であったソラー家がケニアよりSL28種の苗を持ち込んだことにより、エルサルバドルを第二の故郷とするSL28種も存在しています。この系統は現在コスタリカなど他の中米国に伝播していっており、新たな潮流が生まれています。

オレンジ・ブルボン種の実

エルサルバドルのテロワール

6つの栽培地域

APANECA
ILAMATEPEC

EL BÁLSAMO
QUEZALTEPEC

TECAPA
CHINAMECA

ALOTEPEC
METAPAN

CHICHONTEPEC

CACAHUATIQUE

プロセス

- LAVADO
- HONEY
- SEMI LAVADO
- NATURAL

品種

- BORBÓN
- PACAMARA
- PACAS

エルサルバドルはグアテマラに次いで活火山が多い土地柄で、コーヒー生産エリアは行政区画ではなく、山脈や地方名にもとづいた表記が基本になっています。主要エリアは6つあり、それぞれ、アパネカ/イラマテペック（Apaneca/Ilamatepec）、アロテペック/メタパン（Alotepec/Metapan）、エル・バルサモ/ケサールテペック（El Balsamo/Quezaltepec）、チチョンテペック（Chichontepec）、テカパ/チナメカ（Tecapa/Chinameca）、カカウアティケ（Cacahuatique）といった山脈系統となっています。同国では、コーヒーの木への過度の日照を緩和する日陰栽培を積極的に用いることが多く、特にシェイド・ツリーを格子状に配置するワッフル型の植樹デザインは、防風用としても機能する栽培技術として知られています。ここではアパネカ/イラマテペック、アロテペック/メタパン、エル・バルサモ/ケサールテペックの3つの山脈系統の生産エリアをご紹介します。

森林と融合するコーヒー農園（シャングリラ農園）

Mountain Range（山脈系統）以下の行政区分	● Department（県） ▸ Municipality（地方自治体） ▸ District（地区）

アパネカ／イラマテペック山脈 Apaneca-Ilamatepec Mountain Range

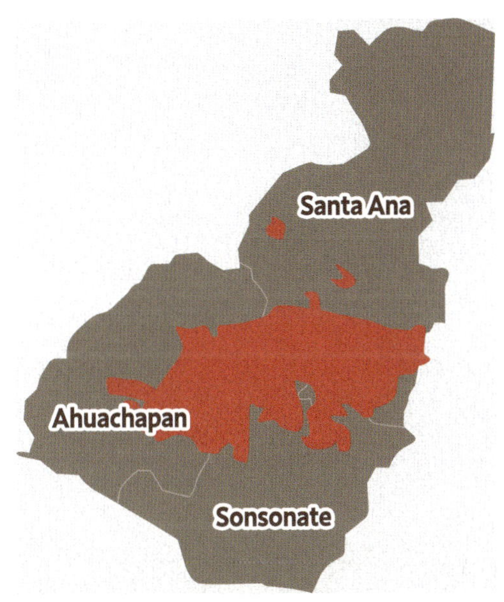

- **Ahuachapan（アウアチャパン）**

▸ **Ahuachapan**
 ▸Cuyanausul（クヤナウスル）
 ▸El Anonal（エル・アノナル）
 ▸Los Huatales（ロス・ウアタレス）

▸ **Apaneca（アパネカ）**
 ▸El Saltillal（エル・サルティージャル）
 ▸San Ramoncito（サン・ラモンシート）
 ▸Taltapanca（タルタパンカ）

▸ **Atiquizaya（アティキサヤ）**
 ▸Cerro Cachio（セロ・カチオ）

▸ **Concepcion de Ataco（コンセプシオン・デ・アタコ）**
 ▸Quezalapa（ケサラパ）

▸ **Tacuba/Patio de Balls（タクーバ/パティオ・デ・ボルス）**

- **Santa Ana南部（サンタ・アナ）**

▸ **El Congo（エル・コンゴ）**

▸ **Chalchuapa（チャルチュアパ）**
 ▸Buenos Aires（ブエノス・アイレス）
 ▸El Porvenir（エル・ポルベニール）
 ▸El Porvenir Jocotillo（エル・ポルベニール・ホコティージョ）
 ▸Los Naranjos（ロス・ナランホス）（Sonsonate県に属するが、北側がSanta Ana県）
 ▸Ojo de Agua（オホ・デ・アグア）

▸ **Santa Ana**
 ▸Calzontes Arriba（カルソンテス・アリーバ）
 ▸El Portezuelo（エル・ポルテスエロ）
 ▸Lomas de San Marcelino（ロマス・デ・サン・マルセリーノ）
 ▸Ochupse Arriba（オチュプセ・アリーバ）
 ▸Palo de Campana（パロ・デ・カンパーニャ）
 ▸Planes de La Laguna（プラネス・デ・ラ・ラグーナ）
 ▸Potrero Grande Arriva（ポトレロ・グランデ・アリーバ）

▸ **Coatepeque（コアテペケ）**

- **Sonsonate（ソンソナテ）**

▸ **Izalco（イサルコ）**
 ▸Tunalmiles（トゥナルミレス）

▸ **Juayua（フアユア）**
 ▸Los Naranjos（ロス・ナランホス）
 ▸Portezuelo（ポルテスエロ）
 ▸San Juan de Dios（サン・フアン・デ・ディオス）

▸ **Nahuizalco（ナウイサルコ）**
 ▸Los Arenales（ロス・アレナレス）

同国の最高峰であるサンタ・アナ火山を中心とするアパネカ/イラマテペック山脈は、アウアチャパン県、サンタ・アナ県、ソンソナテ県の3県にまたがるエルサルバドルで最も有名、かつ重要な産地にあたります。COEでも多くの農園がこの地域から出品されていることからも、同国一のテロワールと言っても差し支えないでしょう。サンタ・アナ火山は活火山であり、噴火するとその年の作柄は悪影響を被りますが、農園は栄養豊富な火山灰を得ることによって、翌年に豊作を迎えることができます。このエリアの著名農園は、オーナーの一族が運営する企業体に所属しているケースが多くなっています。ここではカフェ・グレッグ（Café Gregg）、クスカチャパ（Cuzcachapa）、カフェ・カテ（Café Cate）、ハサール（Jasar）、ホタ・ヒル（J Hill）といった企業を取り上げていきます。

Café Gregg 扱い

Shangrila/Juan Carlos Gregg (El Anonal, Ahuachapan)
シャングリラ/フアン・カルロス・グレッグ

El Recuerdo/Juan Carlos Gregg (El Saltillal, Apaneca, Ahuachapan)
エル・レクエルド/フアン・カルロス・グレッグ

San Jose/Juan Carlos Gregg
(El Saltillal, Apaneca, Ahuachapan)
サン・ホセ/フアン・カルロス・グレッグ

San Blas/Monte San Blas, S.A. de C.V.
(El Congo, Santa Ana)
サン・ブラス/モンテ・サンブラスSA

アウアチャパン県の西側、アパネカ・エリアを本拠地とするカフェ・グレッグの農園はいずれも品質に定評があり、上記の農園は全てCOEでの入賞実績があります。エルサルバドルで話題になったオレンジ・ブルボン種はその名の通り、オレンジ様の甘い風味が特徴で、同社が関わるサン・ブラス農園の代表的な銘柄になりました。

■ Cuzcachapa扱い

Santa Elena/Fernando Lima
(Palo de Campana, Santa Ana, Santa Ana)
サンタ・エレナ/フェルナンド・リマ

Miralvalle/Gustavo Enrique Urrutia
(El Annonal, Ahuachapan, Ahuachapan)
ミラルバジェ/グスタボ・エンリケ・ウルティア

Santa Josefita/Fernando Lima
(Conception de Ataco, Auachapan)
サンタ・ホセフィータ/フェルナンド・リマ

Miravalle/Jaime Ernesto Riera
(Poterero Grande Arriva, Santa Ana, Santa Ana)
ミラバジェ/ハイメ・エルネスト・リエラ

San Pablo/Fernando Lima
(Palo de Campana, Santa Ana, Santa Ana)
サン・パブロ/フェルナンド・リマ

San Luis/Jose Figueroa Arbizu
(Ochupse Arriba, Santa Ana)
サン・ルイス/ホセ・フィゲロア・アルビス

Las Nubes/Ernesto Lima Mena
(Buenos Aires, Chalchuapa, Santa Ana)
ラス・ヌベス/エルネスト・リマ・メナ

Santa Sofia/Ernesto Pacas Diaz
(Planes de La Laguna, Santa Ana, Santa Ana)
サンタ・ソフィア/エルネスト・パカス・ディアス

Las Nubes/Ernesto Lima Mena
(Los Arenales, Nahuizalco, Sonsonate)
ラス・ヌベス/エルネスト・リマ・メナ

San Carlos/Carlos Raul Riera
(Poterero Grande Arriva, Santa Ana, Santa Ana)
サン・カルロス/カルロス・ラウル・リベラ

クスカチャパはサンタ・アナ県に本拠地を置く大規模農協/輸出業者であり、エルサルバドル第2位のコーヒー取扱量を誇ります。同社は提携農家が収穫したチェリーのウエット・ミル精選からドライ・ミル精選、輸出などを手がけ、当地のコーヒー産業において重要な位置を占めています。エルサルバドルでは小規模農家のウエット・ミル設備の導入率が低いため、こういった業務を委託できる業者はコーヒーの生産処理や流通において欠かすことができない存在です。クスカチャパに参画する農園には、経営者であるリマ一族所有のサンタ・エレナ農園、サン・パブロ農園、サンタ・ホセフィータ農園などがあり、これらはCOEの顔なじみであると共に上位入賞の常連でもあります。なお、JASオーガニックの認証を併せ持つマイクロロットの展開も同社は積極的に行っています。

参考サイト

- Cuzcachapa

Café Cate扱い

La Divina Providencia/Robert Samuel Ulloa (Palo de Campana, Santa Ana, Santa Ana)
ラ・ディヴィナ・プロヴィデンシア/ロベルト・サミュエル・ウジョア

La Bendetion/Robert Samuel Ulloa (Palo de Campana, Santa Ana, Santa Ana)
ラ・ベンデシオン/ロベルト・サミュエル・ウジョア

カフェ・カテもサンタ・アナ県に本拠地を置くコーヒー事業の企業です。近年のCOEで優勝したラ・ディヴィナ・プロヴィデンシア農園では、かつて寡頭政治を行っていた14家族の1つ、ソラー家によって100年前にケニアからもたらされたSL28種を栽培しており、エルサルバドルを起源とするSL種のパイオニアの1つです。SL種は種をまいてから数十年後に、その本来のカップ・クオリティを発揮するとも言われているため、古木のSL種はとても貴重な存在です。姉妹農園であるラ・ベンデシオンもCOE上位入賞の常連です。

参考サイト

- Café Cate

Jasal扱い

Santa Rita/Jose Antonio Salaverria (Juayua, Sonsonate)
サンタ・リタ/ホセ・アントニオ・サラベリーア

スペシャルティ・シーンでは20年以上前からナチュラル・プロセスを手がけているソンソナテ県のサンタ・リタ農園は、過熟感のある中米ナチュラル・コーヒーの先駆けです。中米諸国はアザー・マイルドの生産国であるため、輸出規格は水洗式が基本です。ナチュラルは国内消費用のローグレードに相当していたため、以前は輸出できない生産処理（輸出規格として存在していなかった）のコーヒーでした。しかし、スペシャルティ・シーンで発酵/過熟感のあるコーヒーの需要が高まったことにより、今では全ての中米生産国で、こうした過熟感や発酵感のあるナチュラル・コーヒーが生産されるようになりました。

J Hill扱い

Kilimanjaro/Aida Batlle
(Santa Ana, Santa Ana)
キリマンジャロ/アイーダ・バトル

Los Alpes/Aida Batlle
(Santa Ana, Santa Ana)
ロス・アルペス/アイーダ・バトル

1890年に創業のホタ・ヒルはサンタ・アナ県に位置し、コーヒーの栽培、生産処理、輸出を行う古参のウエット/ドライ・ミル業者です。エルサルバドルのスペシャルティ・シーンで最も有名な女性生産者であるアイーダ・バトル(Aida Batlle)氏が運営するキリマンジャロ農園は、タンザニアのキリマンジャロをオマージュしたもので、20年以上にわたって欧米のロースターに愛されてきた代表的な銘柄でもあります。姉妹農園であるロス・アルペス農園も日本でも知名度の高いエルサルバドルの銘柄です。

参考サイト

- J Hill
- Aida Batlle Selection

その他の銘柄

Himalaya/Mauricio A. Salaverría (Cerro Himalaya, San Ramoncito, Apaneca, Ahuachapan)
ヒマラヤ/マウリシオ・A・サラベリーア

El Jocotillo/Anna Elaine del Carmen
(El Porvenir Jocotillo, Chalchuapa, Santa Ana)
エル・ホコティージョ/アナ・エレイネ・デル・カルメン

La Pacaya/Mav, S.A. De C.V.
(Portezuelos Sonsonate)
ラ・パカヤ/マブ S.A

El Topacio/Maria Elena Avila
(Juan de Dioa, Juayua, Sonsonate)
エル・トパシオ/マリア・エレナ・アヴィーラ

Siberia/Rafael Enrique Silva Hoff
(Chalchuapa, Santa Ana)
シベリア/ラファエル・エンリケ・シルバ・ホフ

Nazareth/Carlos Ernest Tadeo
(Conception de Ataco, Ahuachapan)
ナサレス/カルロス・エルネスト・タデオ

La Cumbre/Margarita Lucia Diaz
(Chaluchuapa, Santa Ana)
ラ・クンブレ/マルガリータ・ルシア・ディアス

Suiza/Julia Margarita Martinez
(Palo de Campana, Santa Ana, Santa Ana)
スイサ/フリア・マルガリータ・マルティネス

Casa de Zinc/ Bodo Kurt Alfred
(Conception de Ataco, Ahuachapan)
カーサ・デ・ジン/ボド・クルト・アルフレド

Monte Sion/Luis Ernest Urrutia
(Cerro Cachio, Atiquizaya Ahuachapan)
モンテ・シオン/ルイス・エルネスト・ウルティア

ヒマラヤ、エル・ホコティージョ、ナサレス、ラ・クンブレ、スイサ、モンテ・シオンなど、上記はいずれもCOEの入賞や品質の高さで名の知れた農園です。他国に比べてエステイト・コーヒーの活躍が目覚ましいのも同国の特徴と言えるでしょう。

アパネカ/イラマテペックのテロワールは酸、甘さ、質感のバランスのとれた味わいが特徴です。明るい酸味はさらに具体性を増し、柑橘やリンゴを思わせる酸の印象が感じられます。エルサルバドルのコーヒーは隣国のグアテマラに似ていると言われますが、当地のキャラクターは異なり、地域のテロワールを代表する独自の風味を持ち合わせています。

アロテペック/メタパン山脈 Alotepec-Metapan Mountain Range

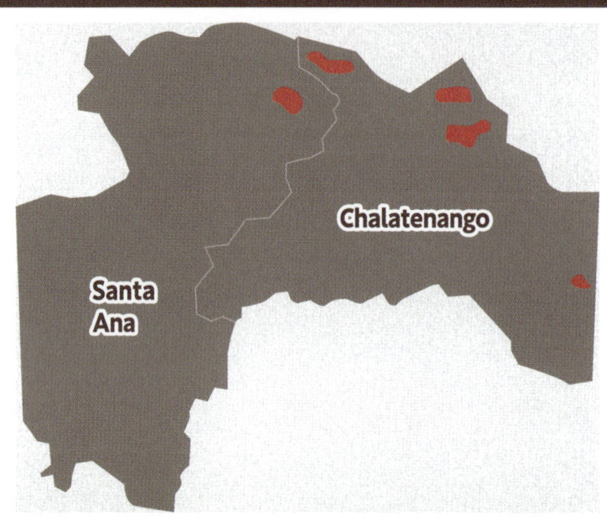

- **Chalatenango（チャラテナンゴ）**
  - **Citala（シターラ）**
    - Los Planes（ロス・プラネス）
  - **La Palma（ラ・パルマ）**
    - El Tunel（エル・トゥネル）
    - Los Planes（ロス・プラネス）
    - San Jose Sacare（サン・ホセ・サカレ）
  - **La Reina（ラ・レイナ）**
    - Talquezal（タルケサール）

- **San Fernando（サン・フェルナンド）**
  - Jocotan（ホコタン）
- **San Ignacio（サン・イグナシオ）**
  - Santa Rosa（サンタ・ローサ）
- **Tejutla（テフトラ）**

● **Santa Ana北部（サンタ・アナ）**

- **Metapan（メタパン）**
  - El Limo/El Limo de Montecristo（エル・リモ/エル・リモ・デ・モンテクリスト）

エルサルバドルで最も北にあるチャラテナンゴ県とサンタ・アナ県の北部地域はアロテペック/メタパン山脈に属しますが、“チャラテナンゴ”の名称の方が業界には浸透しています。なお、北の国境沿いのエリアはホンジュラスの南部のオコテペケ県に接しています。近年のCOEでの入賞はかなり増えてきており、アパネカ/イラマテペックと双璧をなす重要な生産地域として頭角を現してきました。

■ アロテペック/メタパン山脈の著名農園

Santa Rosa/J. Raul Rivera S.A. De C.V.（Santa Rosa, San Ignacio, Chalatenango）
サンタ・ローサ/ホルヘ・ラウル・リベラSA

Mileydi/Norelvia Angelica Diaz（San Jose Sacare, La Palma, Chalatenango）
ミレディ/ノレルビア・アンヘリカ・ディアス

La Bonita/Norelvia Angelica Diaz（Jocotan, San Fernando, Chalatenango）
ラ・ボニータ/ノレルビア・アンヘリカ・ディアス

Pena Redonda/Carlos Mauricio Lemus（El Tunel, La Palma, Chalatenango）
ペニャ・レドンダ/カルロス・マウリシオ・レムス

Don Octavio/Jose Octavio Umaña（La Reina, Tarquezalar, Chalatenango）
ドン・オクタビオ/ホセ・オクタビオ・ウマーニャ

Guachipilin/Renato Diaz（Jocotan, San Fernando, Chalatenango）
グアチピリン/レナート・ディアス

Roxanita/Ignacio Gutierrez Solis（El Tunel, La Palma, Chalatenango）
ロクサニータ/イグナシオ・グティエレス・ソリス

La Laguna/Gonzalo Antonio Ticas（Los Planes, Citala, Chalatenango）
ラ・ラグーナ/ゴンサロ・アントニオ・ティカス

San Nicolas/Ignacio Gutierrez（La Hondurita, El Túnel, La Palma, Chalatenango）
サン・ニコラス/イグナシオ・グティエレス

COEで多くの優勝実績を持つサンタ・ローサ農園とミレディ農園は近年特に人気の高い農園です。エルサルバドルは中米でもいち早くナチュラルの生産に着手したため、同国のCOEでは比較的早い段階でナチュラルのロットなどが優勝し、大きな話題となりました。特にサンタ・ローサ農園のパカマラ・ナチュラルは世界的に評価が高くなっています。ミレディとラ・ボニータ農園は姉妹農園であり、それぞれディアス（Diaz）夫妻が所有していましたが、夫のエベル（Ever）氏の逝去により、妻のノレルビア（Norelvia）氏が現在両農園の管理を行っています。ロクサニータ、ラ・ラグーナ、サン・ニコラスなどの農園はいずれも煌めくような酸質を持ったパカマラ種で当地を代表する銘柄です。

　アロテペック/メタパンのテロワールは、鮮烈な酸とフルーティな風味だと言えます。当地ではナチュラルや、ミューシレージの含有率の高いハニー・プロセスのコーヒー生産もよく見られますが、いずれも酸の明るさは棄損されることなく、適度な緊張感を備えたテイスト・バランスを現しています。

エル・バルサモ / ケサールテペック山脈 El Balsamo-Quezaltepec Mountain Range

- La Libertad（ラ・リベルター）
  - Jayaque（ハヤケ）
  - Nueva San Salvador/Santa Tecla（ヌエヴァ・サン・サルバドール/サンタ・テクラ）
  - Quezaltepec（ケサールテペック）
    - El Boqueron（エル・ボケロン）
  - San Juan de Los Planes（サン・フアン・デ・ロス・プラネス）
  - Tamanique（タマニケ）

- San Salvador (サン・サルバドール)
- La Paz西部 (ラ・パス)

エル・バルサモ/ケサールテペック山脈の主要地区はラ・リベルター県になり、これにサン・サルバドール県とラ・パス県の一部が含まれます。ケサールテペックのコーヒーはCOEの入賞が徐々に見られるようになり、少しずつ知名度が上がってきました。

エル・バルサモ/ケサールテペック山脈の著名農園

Loma La Gloria/Anny Ruth Pimentel (El Boqueron, Quezaltepc, La Libertad)
ロマ・ラ・グロリア/アニー・ルス・ピメンタル

ロマ・ラ・グロリア農園のパカマラ種は、コーヒーのキャラクターやフレーバーの明度が高い、いわゆるインテンシティ (Intensity：風味強度) の高いコーヒーが特徴です。この他にCOEでは、2017年の24位にラス・ティニエブラス農園、2018年の18位にラ・コンコルディア農園などが入賞しています。

エル・バルサモ/ケサールテペックのテロワールは、がっしりしたボディと甘さ、そして中米らしい酸が感じられる印象度の高い風味です。当地でもやはりパカマラ種のロットは大きな存在感を示しています。

収穫チェリーの選別 (ロマ・ラ・グロリア農園)

パナマ

■ パナマの生産概要

- 伝播時期：19世紀
- 年間生産量（2022年）：125,000袋
- 主な生産処理：水洗式
- 主なコーヒー・ロットの単位：小/中/大規模農園
- 主な品種：Geisha、Typica、Bourbon、Caturra、Catuai、Pacamara
- 主な生産形態：小/中/大規模農家
- 主な収穫時期：11～3月
- 主要港：コロン

コーヒー生産国としてはかなり生産量の少ないパナマ。2022年の生産量は125,000袋（7,500MT）で、世界的需給に影響を与えない国ですが、同国において、その類まれな風味特性が再発見されたゲイシャ種によって一躍プレステージの高い生産国へと躍り出ました。

コーヒーは19世紀にヨーロッパ系の移民によって持ち込まれ、現地語で“月の谷”と呼ばれるチリキ県（Chiriqui）で栽培が始まったのが最初とされています。歴史的に租税回避地として数多くの世界企業や裕福層の資金が集中したため、パナマでは金融業が盛んになりました。現在も中米諸国の中で最も高い1人あたりGDPを誇る裕福な国であり、高い成長率を維持しています。パナマの通貨であるボリバルは、アメリカのドルと同じレートでペッグ（固定）されており、ドルも国内で使用することができます。パナマ運河の建設にあたってはアメリカの資本が投入され、1900年代初頭は同国による植民地主義的支配を受けました。その際に多くの産業が移植されたため、中米の中では特にアメリカと関係性が強いことがうかがえます。現在も裕福層のリタイア先としてよく選ばれる国であり、エスメラルダ農園やデボラ農園など、アメリカの実業家などが移住した後に農園経営に着手するケースも見られます。同国では歴史のある農園がしばしば見られますが、その多くはヨーロッパ系の移民によって開園されました。

エスメラルダ農園のマリオ区画

輸出規格は他の中米諸国と同じく標高が基準になり、これにAP、EPなどのスクリーン・サイズと欠点数の規定が付加されます。表記はグアテマラと同じでStrictly Hard Bean （SHB：1,350m～）、Hard Bean （HB：1,050～1,350m）、Extra Prime Washed （EPW：900～1,050m）などとなっています。生産地は国の西にあるチリキ県に主に

形成されており、当地は火山性の土壌に相まって降雨が多い気候条件を有しています。コーヒーにとって十分な養分と水分を得ることができるのが利点ですが、一方で、長雨は生育不良や湿度上昇による品質劣化を招くことがあるので、注意が必要でもあります。

パナマ運河

BOPのカッピング会場

Best of Panama

　コーヒーの生産国における品評会では、アメリカのNGO団体であるアライアンス・フォー・コーヒー・エクセレンス（Alliance for Coffee Excellence）が運営するCOEがよく知られていますが、パナマでは国内のスペシャルティ・コーヒー団体であるSCAP（Specialty Coffee Association of Panama）が主催するBOPというコンテストが開催されています。この品評会は2001年から実施されており、すでに数十年の開催実績があります。BOPを通じてボケテ地区（Boquete）とヴォルカン地区に存在する秀逸な農園が認知されるようになり、特にゲイシャ種のムーブメントが興ってからは、世界のコーヒー愛好家を魅了するエステイト・コーヒーのプレミアム化やブランド化が促進しました。

■ Geishaブーム

2004年、BOPで1位を獲得したアシエンダ・ラ・エスメラルダ農園は、その後に行われたオークションにおいて当時の最高落札額をマークし、業界で大きな話題となりました。出品されたコーヒーは中米とは思えない、まるでエチオピアを彷彿とさせるフローラルな香りとエレガントな甘さを現したことから、にわかに多くのロースターの関心を集めました。この品種は“ゲイシャ”と呼ばれ、もとはコーヒーに甚大な被害をもたらすさび病に対抗するために試験導入されたものでした。エチオピアのベンチ・マージ地区、ゲシャの森を原産地とするゲイシャ種は、アフリカ諸国を経由してからコスタリカCATIE研究所に持ち込まれ、最終的に1963年にパナマのドン・パチ農園と数軒の農家に配布されます。パナマでは、さび病などの病気に対する抵抗力が期待されて導入されたものの、ゲイシャ種は樹高が高いため手入れが容易でなく、さらに横軸が長くてもろいという特徴がありました。また実成は少なく、栽培には多くの肥料を要したことから、品質よりも収穫量が重視された当時は生産者に全く好感を持たれませんでした。しかし、2000年代に入り、アシエンダ・ラ・エスメラルダ農園のオーナーの一家であるダニエル・ピーターソン（Daniel Peterson）氏が自身の農園の特定の区画から類まれな風味を現すコーヒーの木があることに気づきます。これが契機となって日の目を見ることになったゲイシャ種は、これ以降パナマの生産者の中で急速に栽培面積を広げ、当時それほど注目されていなかった同国のコーヒー産業は、このエチオピア原生種によって世界中から熱い視線が注がれるようになりました。

■ 国内流通と収穫

パナマのコーヒー産業も世界的な生産傾向と同じく、国内生産の80%程度が小規模生産者によって賄われているとされています。現在の中米で活況を呈しているような、小規模生産者による自家生産処理設備（マイクロミル）の設置事例はあまりなく、農家は収穫したチェリーを販売所や農協/輸出業者などに持ち込むことが通例です。生産量の少なさからコマーシャル・グレードでの取引価格は高い水準にありますが、いわゆる農協などによる広域収集ロットはゲイシャ種の台頭以降、消費国で見ることは少なくなりました。現在はゲイシャ・ブームを背景に中/大規模のエステイト・コーヒー、つまりは農園名を冠したコーヒーのロットの知名度が高く、農園単位でのロット流通が一般的になっています。なお収穫はニカラグアの季節労働者や自国の先住民（ンガベ・ブグレ）を雇用して行います。農園のオーナーは基本的に裕福層であり、農園事業は企業的な運営形態が多いのが特徴です。また、これらエステイト・コーヒーは農地面積が20haを超えるところが多く、自前のドライ・ミルを有して自社輸出する農園事業者が増加しているのもこの国の新たな特徴となっています。生産コストが高く、農園ブランドがプレミアム化しているため、パナマの農園物ロットは高額で取引されています。ゲイシャ種に至っては生豆価格が20ドル/ポンドを下回ることは稀です。

パナマのテロワール

パナマのコーヒー生産地は国土の西側であるチリキ県に主に形成されており、バルー火山から見て東側の谷であるボケテ地方と、西側の谷のヴォルカン地方が代表的な生産地です。ここでは行政区画に従ってボケテ地方のボケテ郡、ヴォルカン地方のティエラス・アルタス郡、レナシミエント郡の3つを紹介します。

Distrito（郡）以下の行政区分	●Corregimiento（郡区） ▸Locality/Village（地方自治体/村）

ボケテ郡 Distrito de Boquete

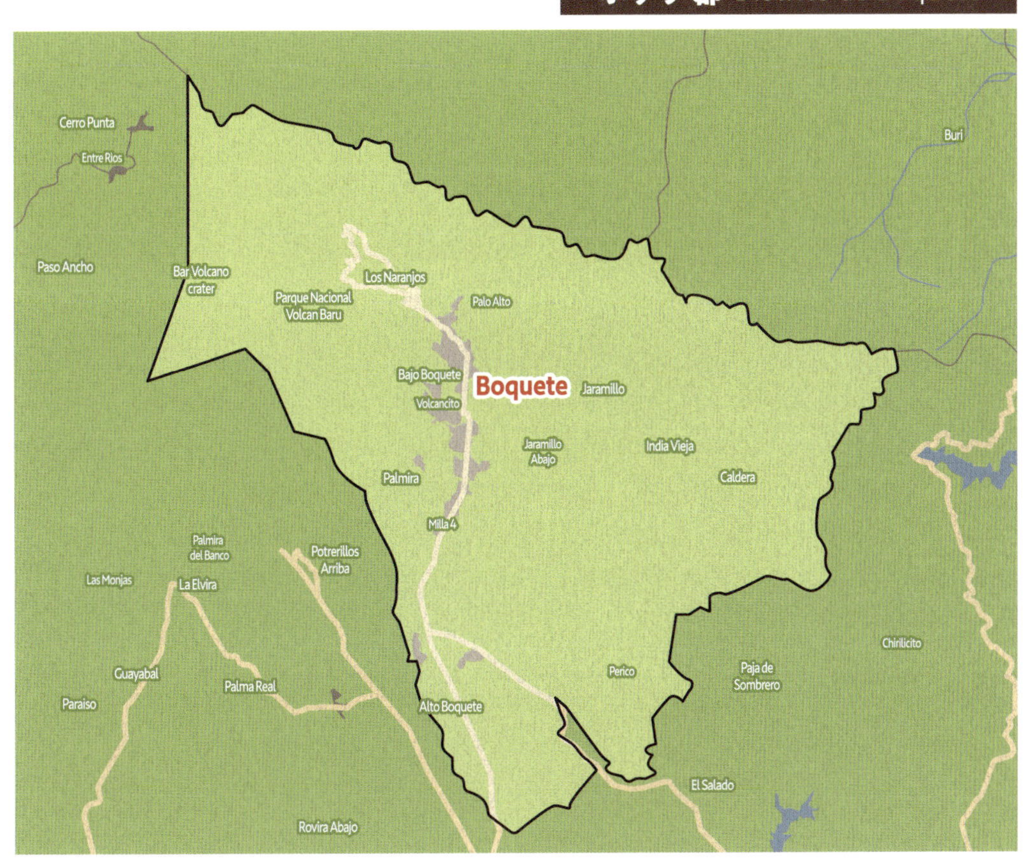

- Bajo Boquete (バホ・ボケテ)
  - Callejón Seco (カジェホン・セコ)
  - Canas Verdes (カーニャス・ヴェルデス)
  - El Salto (エル・サルト)
  - Los Naranjos (ロス・ナランホス)
  - Voclancito (ヴォルカンシート)
- Jaramillo (ハラミージョ)
  - Jaramillo
- Los Naranjos (ロス・ナランホス)
  - Alto Lino (アルト・リノ)
  - Alto Quiel (アルト・キエル)
  - El Velo (エル・ベロ)
  - Horqueta (オルケタ)
  - Palo Alto (パロ・アルト)
  - Rio Cristal (リオ・クリスタル)
- Palmira (パルミラ)
  - Palmira

ゲイシャ物語の発生地であるボケテ地区。ここは観光地でもあり、豊かな自然に囲まれた風光明媚で環境の良い地域です。当地のコーヒー栽培地は世界一般のコーヒー生産地とは雰囲気がかなり異なっており、美しい農園が連なる山間の景観は、まるでヨーロッパのワイン銘醸地のような趣があります。年間の降水量は多く、少し天気は不安定ですが、湿気を気にしなければとても気持ちの良い場所です。生産エリアはボケテの谷の東側と西側の両サイドの傾斜地に形成されています。

豊富な水資源と美しい景観を持つボケテ郡

日本から伝わったとされるビワ（ボケテ）

■ ボケテ郡の著名農園

Mama Cata（ママ・カタ）

- Jose David Garrido Perez（ホセ・ダビー・ガリード・ペレス）
- Alto Quiel, Los Naranjos, Distrito de Boquete

Don Pachi（ドン・パチ）

- Francisco Serracin（フランシスコ・セラシン）
- Callejon Seco, Los Naranjos, Distrito de Boquete

Don Pepe（ドン・ペペ）

- Vasquez-Flores Family（ヴァスケス-フローレス・ファミリー）
- El Salto, Bajo Boquete, Distrito de Boquete

Hacienda La Esmeralda（アシエンダ・ラ・エスメラルダ）

- Peterson Family（ピーターソン・ファミリー）
- Palmira, Palmira, Distrito de Boquete
  - Jaramillo Farm (Jaramillo, Jaramillo)
  - Cañas Verdes Farm(Canas Verdes, Bajo Boquete)
  - El Velo Farm (El Velo, Los Naranjos)

Finca Lerida Coffee Estate（フィンカ・レリダ）

- Amoruso Family（アモルソ・ファミリー）
- Alto Quiel, Los Naranjos, Distrito de Boquete

Elida Estate Coffee/Lamastus Family Estates（エリダ・エステイト）

- Lamastus Family（ラマスタス・ファミリー）
- Alto Quiel, Los Naranjos, Distrito de Boquete

La Berlina Estate/Casa Ruiz（ラ・ベルリナ・エステイト/カーサ・ルイス）

- Ruíz Family（ルイス・ファミリー）
- Los Naranjos, Bajo Boquete, Distrito de Boquete

Café Kotowa（カフェ・コトワ）

- Ricardo Koyner（リカルド・コイナー）
- Palo Alto, Los Naranjos, Distrito de Boquete
  - Duncan (El Salto, Bojo Boquete)
  - Don K (El Salto, Bojo Boquete)
  - Rio Cristal (Rio Cristal, Los Naranjos)
  - Traditional (Palo Alto, Los Naranjos)
  - Las Brujas (Volcan Baru, Los, Naranjos?)

Los Lajones（ロス・ラホネス）

- Graciano Cruz（グラシアーノ・クルス）
- El Salto, Bajo Boquete, Distrito de Boquete

Altieri（アルティエリ）

- Altieri Family（アルティエリ・ファミリー）
- Callejón Seco, Bajo Boquete
又はAlto Lino, Los Naranjos,
Distrito de Boquete

Abu Coffee Geisha Farm（アブー）

- Jose Luttrell（ホセ・ルトレル）
- Cañas Verdes, Bojo Boquete, Distrito de Boquete

Hacienda Don Julian
（アシエンダ・ドン・フリアン）

- Heakyung Kang Burneskis
（ヘキョン・カン・ブルネスキス）
- Horqueta, Los Naranjos,
Distrito de Boquete

パナマ・ゲイシャの祖と言えるドン・パチ農園やエスメラルダ農園、エリダ農園などが綺羅、星のごとく、このボケテの谷に集結しています。コトワ農園はスコットランド系移民が開いた農園で100年以上の歴史を誇り、レリダ農園はパナマ最古の農園として知られています。ナチュラル・プロセスの名手が手がけるロス・ラホネス農園や、フルーツ・キャラクターを十分に発揮したパカマラ種で名を馳せるアシエンダ・ドン・フリアン農園など、いずれも土地のテロワールを最大限に発揮したコーヒーづくりが印象的です。各農園の規模は大規模なエステイト・コーヒーの範疇に入るため、十分な運営資金を活用できることから、生産処理の精度はかなり高くなっています。乾燥後の水洗式生豆は美しい青緑色で、適切な水分値を維持していることから、抜かりのない丁寧な取り扱いがなされたことがうかがえます。

アシエンダ・ラ・エスメラルダ農園のゲストハウス

車窓から見るコーヒーの木々

かつてのボケテのコーヒーは過熟気味なコーヒーが多く、ティピカ種やブルボン種といった伝統品種の構成が多くを占めていました。ゲイシャ・ブーム以降は、フローラルかつクリーンな甘さが新たな特徴として認知されることとなり、エレガントで上品なテイスト・バランスを持つゲイシャ・コーヒーが当地を代表するコーヒーのロール・モデルになりました。世界的にも多く植えられるようになったゲイシャ種ですが、ボケテはその品質を語るうえで間違いなくベンチマークとなるテロワールと言えるでしょう。

エスメラルダ・マリオ区画の開花

ヴォルカン地方 Volcan Area

ティエラス・アルタス郡 Distrito de Tierras Altas

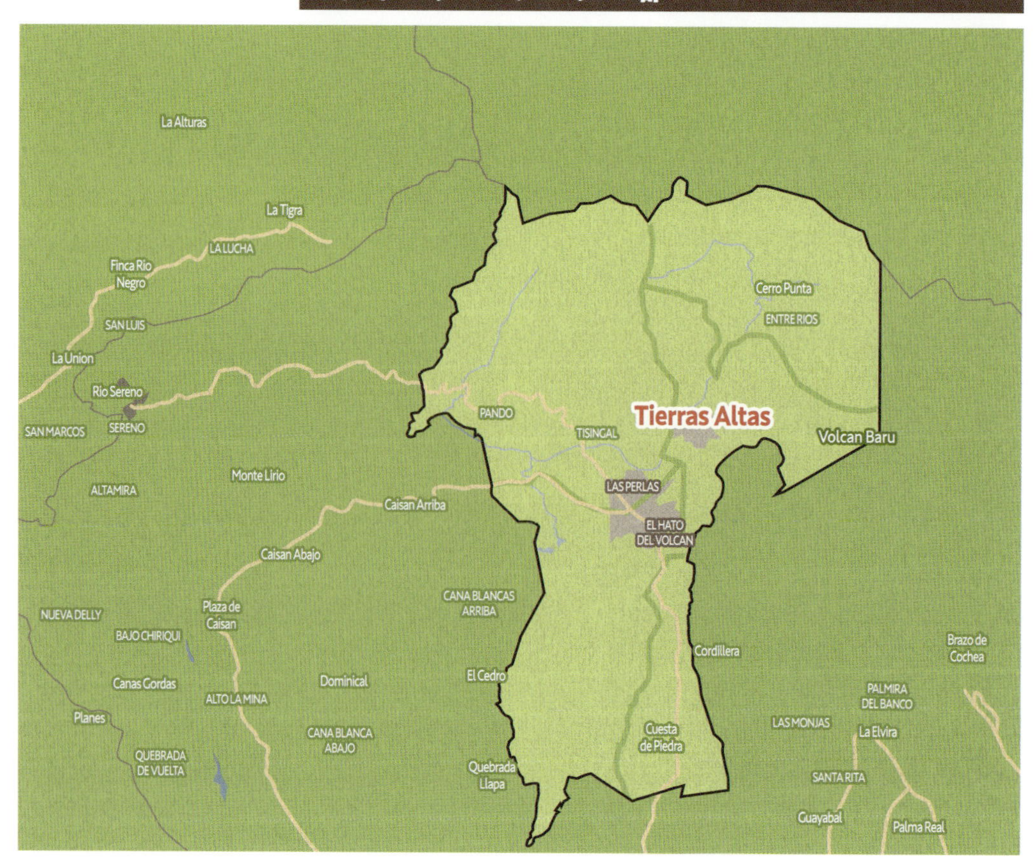

レナシミエント郡 Distrito de Renacimiento

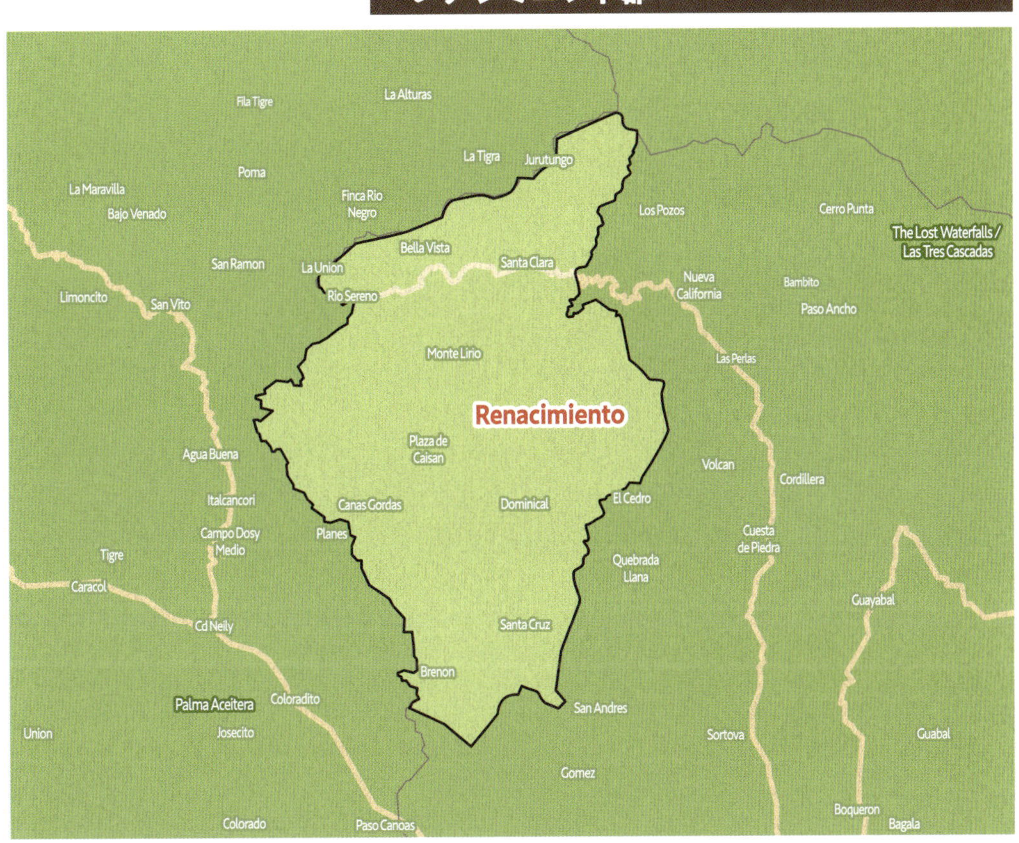

- **Distrito de Tierras Altas（ディストリート・デ・ティエラス・アルタス）**
  - **Nueva California（ヌエヴァ・カリフォルニア）**
    - Los Pozos（ロス・ポソス）
    - Silla de Pando（シジャ・デ・パンド）
  - **Paso Ancho（パソ・アンチョ）**
    - Paso Ancho
  - **Volcan（ヴォルカン）**
    - Las Lagunas（ラス・ラグナス）
- **Distrito de Renacimiento（ディストリート・デ・レナシミエント）**
  - **Santa Clara（サンタ・クララ）**
    - Jurutungo（フルトゥンゴ）
    - Piedra de Candela（ピエドラ・デ・カンデラ）

山地で見られる火山性の地層

バルー火山の西側、コスタリカの国境に近づくエリアがヴォルカン地方です。一世を風靡したボケテ地方に比べ、やや認知が遅れましたが、近年は世界的に有名な農園プロジェクトの開園が増えてきました。ボケテ地方と同様、ヴォルカン地方も高額、かつプレステージの高いコーヒーを生産する農園が多くあります。行政区画上のヴォルカン郡区（コレヒミエント）はティエラス・アルタス郡に属するのですが、隣接するレナシミエント郡も含めて、両地区のコーヒーは“ヴォルカン（Volcan）”の通称で扱われています。

ハートマン農園から望むヴォルカン地方の山地

デボラ農園の完熟チェリー

ティエラス・アルタス郡の著名農園

Carmen Estate Coffee
(カルメン・エステイト)

- Dashang Group of Dalian, China (ダシャン・グループ・オブ・ダリアン)
- Paso Ancho, Paso Ancho, Distrito de Tierras Altas

Janson Coffee Farm
(ジャンソン・コーヒー・ファーム)

- Janson Family (ジャンソン・ファミリー)
- Las Lagunas, Volcán, Distrito de Tierras Altas

Finca Deborah (フィンカ・デボラ)

- Jamison Savage (ジャミソン・サベージ)
- Los Pozos, Nueva California, Distrito de Tierras Altas

Mi Finquita（ミ・フィンキータ）

- Ratibor & Tessie Hartmann（ラティボール&テシー・ハートマン夫妻）
- Los Pozos, Nueva California, Distrito de Tierras Altas

Ninety Plus Coffee Estate（ナインティ・プラス・コーヒー・エステイト）

- Joseph Brodsky（ジョセフ・ブロードスキー）
- Silla de Pando, Neva California, Distrito de Tierras Altas

■ レナシミエント郡の著名農園

Auromar S.A.（アウロマールS.A.）

- Brenes-Eleta Family（ベレネス-エレタ・ファミリー）
- Piedra de Candela, Santa Clara, Distrito de Renacimiento
  - La Finca Aurora（フィンカ・アウロラ）
  - Ironman（アイロンマン）

Finca Nuguo/Cafe Gallardo（フィンカ・ヌグオ/カフェ・ガジャルド）

- Gallardo Family（ガジャルド・ファミリー）
- Jurutungo, Santa Clara, Distrito de Renacimiento

コーヒーの競技会でも使用されるデボラ農園やナインティ・プラスなどのロットは大変高額ですが、コーヒー愛好家にとって憧れの農園と言えるでしょう。また、カルメン、ジャンソン、ヌグオらの各農園は、国内品評会であるBOPでも常連の顔ぶれです。ミ・フィンキータ農園は農園主のハートマン（Hartmann）氏の名前でもよく知られており、ヴォルカン・ゲイシャ種の国際的評価の向上に影響を与えました。アウロマールS.A.のアイロンマン農園はそれまでボケテ色が強かったBOPの中で、ヴォルカン地区としてはカンタール農園に続いて2013年に優勝を果たした農園であり、レナシミエント地区を代表する農園として認知されるようになりました。

ヴォルカンのテロワールは甘く力強い印象があります。ゲイシャのフレーバーは明確ですが、繊細なフローラルさよりは、甘くフルーティな属性が強く発現したと言えるでしょう。その印象度の高い風味から、パナマのプレミアム・ロットでは人気を二分する重要なテロワールです。

参考文献

- 全日本コーヒー協会：需給関係 国際コーヒー機関（ICO）統計資料、2023年7月

参考サイト

- International Coffee Organization
- 全日本コーヒー協会統計資料
- Mercanta
- Supuremo
- Alliance for Coffee Excellence

参考地図サイト

- Google Map
- Mapcarta
- City Population

9

コーヒーの焙煎

冷却中の焙煎豆

コーヒーを飲料として飲む際に欠かせないのが焙煎という工程です。15世紀のイエメンではすでに焙煎を行ってからコーヒーを抽出し、それを楽しむ文化が存在したことが分かっています。実は焙煎を行わなくても生豆から成分を抽出して飲むことも可能ですが、生豆は大変硬くて粉砕しづらく、成分が水に溶けにくいため抽出が容易ではありません。焙煎後のコーヒー芳香成分は熱化学による変異を経て、1,000種類以上に増加するため、焙煎した方がより豊かな風味を味わうことができます。何よりコーヒーの生豆は熱量を加えることによって組織崩壊が促進されて水に成分が移動しやすくなるので、焙煎という調理加工はコーヒーを飲むうえでの先人たちの知恵の結晶であるとも言えます。

焙煎の科学

“焙煎”とは、生豆に熱量を加えて味わいの成分（味覚成分、アロマ成分、質感成分など）を発達させ、またそれらのバランスを整えることだと言えます。こうした焙煎で得られる成分は生豆が持っている転移前の成分（前駆体と言う）を熱によって転化/生成することによって得られます。

■ コーヒー生豆の成分と熱変化

品種や生産者処理、そしてテロワール（気候/土壌）によって、それぞれのコーヒー生豆の含有成分には個体差が生じますが、一般的なコーヒー生豆の成分の分配はおおむね下記の図の通りになります。このパイチャートの数値を合計すると100%を超えてしまうのですが、それぞれの成分は仮に多く見積もった場合での数値記載になっています。この中で最も含有率が多いのが、食物繊維と呼ばれるセルロース類で、これに次いで脂質、水分、タンパク質、糖類の順となっています。

生豆の成分

■ 水分	～12%	■ クロロゲン酸	～6%
■ セルロース類	～50%	■ ミネラル	～4.2%
■ 脂質	～15%	■ 有機酸	～2%
■ タンパク質	～9%	■ カフェイン	～2%
■ 単糖類/多糖類（水溶性）	～9%		

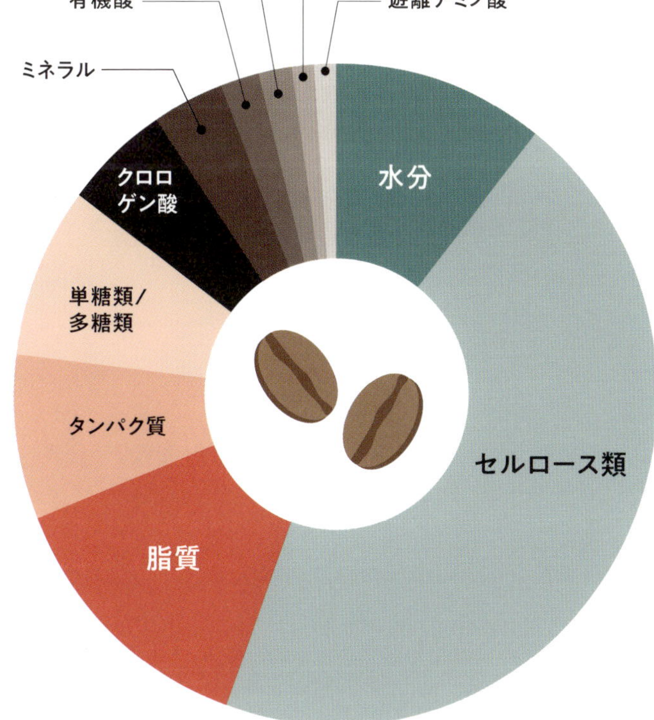

セルロース類と脂質は、コーヒーの液体の重さである“ボディ”と口当たりである“テクスチャー”の主要成分ですが、焙煎後もあまり消失しないため、焙煎が深くなるにつれて濃度が上がっていきます。水分はそのほとんどが焙煎中に蒸発しますが、ショ糖と合わさって加水分解を起こし、酢酸とギ酸を生成することでコーヒーの酸味の形成に寄与します。また、ショ糖は次いでカラメル化を生じるだけでなく、タンパク質やアミノ酸類と結合してメイラード反応を誘引します。これらはコーヒーらしい、甘く香ばしい香りのもととなります。

コーヒーの苦味は焙煎度合が深くなるにしたがって強く感じられるようになりますが、これはクロロゲン酸の加水分解によって生じたカフェ酸に加えて、カフェインやカラメル、メラノイジン（メイラード反応によって生じる褐色物質）など苦味に関連する物質の濃度が焙煎進行に伴って高くなることが主な要因とされています。

有機酸類は焙煎度合が浅い段階ではフルーツ様の酸を現しますが、焙煎度合が深くなるにつれて分解され、中煎り付近をピークに酸度が減少していきます。ミネラル類は灰分とも呼ばれ、塩味を持ちます。ミネラルは焙煎で蒸発しないため、焙煎進行に伴ってこれらも濃度が上昇していきます。

このように焙煎という熱工程の進行に伴って味わいの成分が形成、または消失していくことで、それぞれの焙煎の進行度合（深さ）における味わいのバランスが変わっていくのがコーヒーの面白いところでしょう。焙煎においてもコーヒーは多様な風味を現してくれるのです。

焙煎機の種類と伝熱方法

コーヒーを焙煎するうえで必要なのが焙煎機です。家庭で使用できるものから、工場で使用される大規模なものまで、まさに大小様々ですが、これらは大きく3つのタイプに分類することができます。それが直火式、半熱風式、熱風式です。ここでは焙煎機の形式として最も一般的なドラム式焙煎機を例として挙げていきます。

■ 直火式

直火式は生豆が直接熱源にさらされる形式の焙煎機です。回転する金属ドラムに無数の穴が開いており（パンチング・ドラム）、その下にガスバーナーなどの熱源が設置されています。ガスの場合では火炎より発せられる輻射（ふくしゃ）熱、そして対流熱が供給されます。これ以外の場合は主に小型が多く、オーブン・トースターなどに用いられるハロゲン・ヒーターや石英管ヒーターなどで輻射熱を生豆に供給するタイプのものもあります。

直火式と半熱風式の焙煎機構造

バーナーからの熱が直接生豆、またはシリンダーを加熱し、コーヒーを焙煎する。

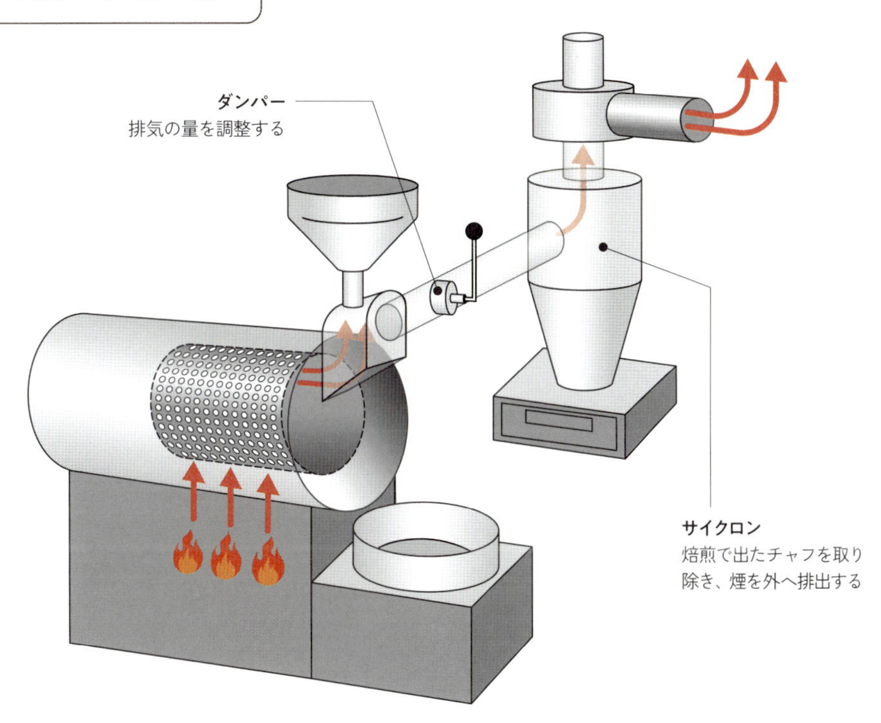

半熱風式シリンダー

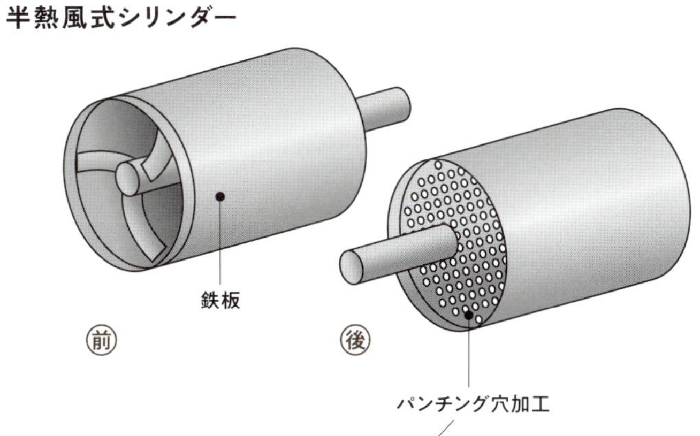

直火式シリンダー

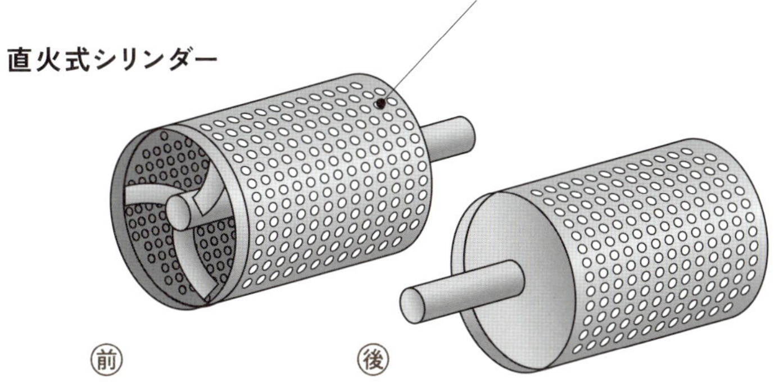

直火式の焙煎機

- LUCKY COFFEE MACHINE SLRシリーズ
- Sandbox Smart Rシリーズ

■ 半熱風式

半熱風式は壁面に穴の開いていないシリンダー・ドラムが用いられ、熱源は回転するドラムの下部を熱しながら、同時に熱源上部を通過する空気も温めます。ドラム壁面からの伝導熱、そしてドラム後方からの熱風による対流熱が生豆に供給されます。"半熱風"という表記になっていますが、熱源からもたらされる対流熱効率は70〜90%程度に上るとされているため、形式としては熱風式にかなり近づきます。しかし、熱源にIHなどを用いている場合、またはドラム回転速度が遅い場合は対流熱効率が下がって伝導熱割合が増加します。半熱風式のドラム焙煎機は市場で最も普及している形式です。

半熱風式の熱風経路

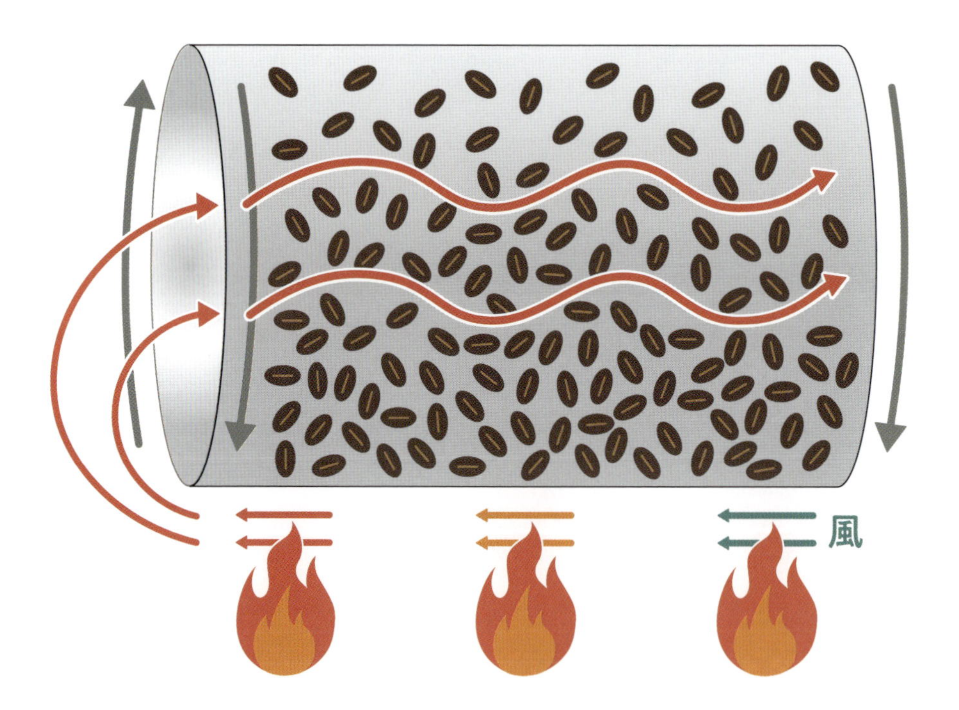

半熱風式の焙煎機

- FUJI ROYAL Rシリーズ
- PROBAT Pシリーズ
- GIESEN Wシリーズ
- DIEDRICH IRシリーズ
- Aillio R1 V2（IHヒーター）

プロバット12kg焙煎機（ドイツ製）

Roast Design Coffeeで使用しているフジローヤルの半熱風式5kg焙煎機（日本製）

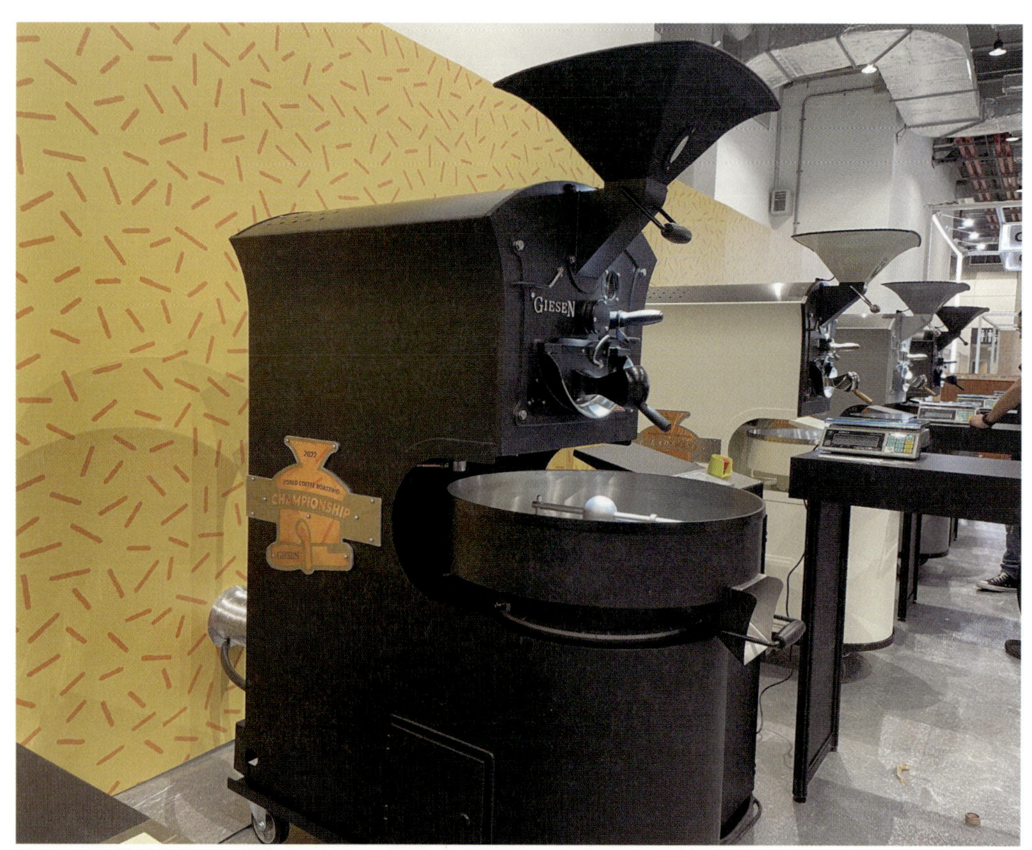

ギーセン6kg焙煎機（オランダ製）

IHを熱源に用いるアイリオ1kg電気焙煎機（台湾製）

■ 熱風式

熱源が直接シリンダー・ドラムを加温せず、燃焼室で温められた空気を導引して焙煎を行うのが熱風式です。ドラムは流入する熱風によって二次的に温められるため、伝導熱の割合が低くなり、生豆には主に対流熱が供給されます。断熱効果の高い（熱伝導効率が低い）空気を温めて、さらに大量の熱風を絶え間なく供給する必要があるため、装置全般が大型になりやすい傾向があります。しかし、近年では自家焙煎でも使用できるほど小型化してきました。また、回転するシリンダー・ドラムではなく、熱風による流動床（Fluidized Bed）で生豆を攪拌するタイプのものもあり、小規模または小型機で多く普及しています。

熱風式焙煎機の構造

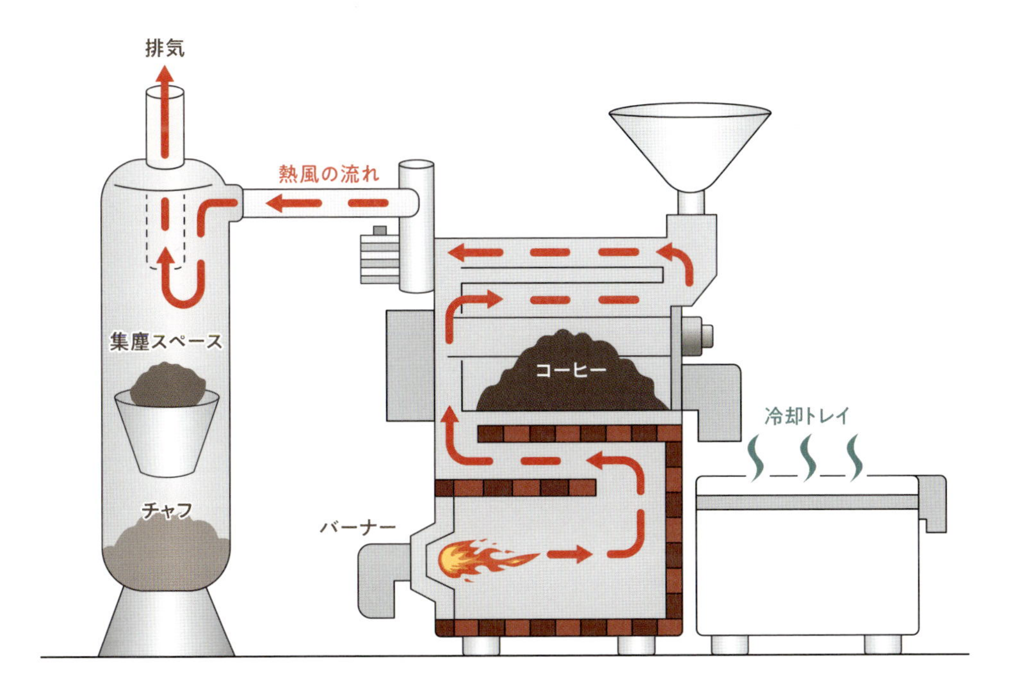

熱風式の焙煎機

- Petroncini TTシリーズ
- BÜHLER Roast Masterシリーズ
- LORING Sシリーズ

熱風流動床の焙煎機

- STRONGHOLD Sシリーズ
- IKAWA
- JETROAST
- TORNADO KING
- NOVO MARK II

■ それぞれの伝熱（熱伝導）の特徴

熱の伝わり方（伝熱）は科学的に3種類あるとされており、それらが輻射、伝導、対流です。各焙煎機はそれぞれ異なった伝熱分配で生豆に熱量を供給していますが、実はこれらの種類によって熱の伝わり方も異なり、コーヒーの味わいに変化を及ぼします。

コーヒーの焙煎における伝熱方法の種類

輻射

電磁波で伝熱する

- 火炎の熱放射
- ハロゲンヒーター
- 遠赤外線

Radiation 輻射＝照明 “ 面 ”

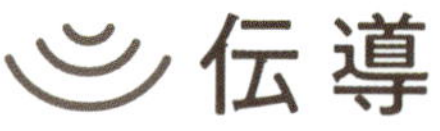

伝導

接触する物質間で伝熱する

- 温められたフライパン
- 熱交換器

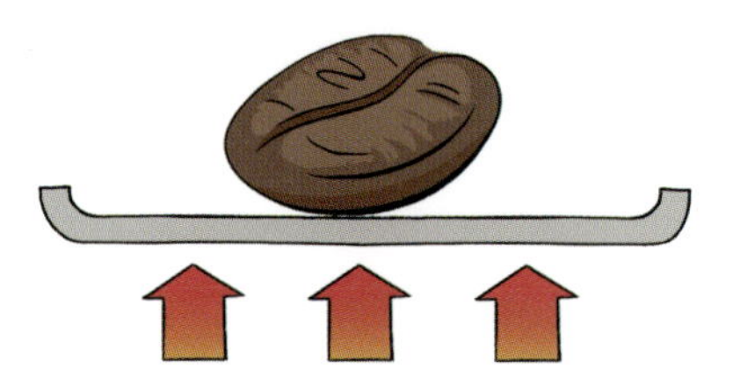

Conduction 伝導＝接触 “ 点 ”

対流

気体や液体を介して伝熱する

- 熱風
- ミルクスチーマー（高温水蒸気）

Convection 対流＝空間 “ 全体 ”

■ 輻射

サーマル・レディエーション（Thermal Radiation）とも呼ばれ、電磁波によって物体に熱を伝える伝熱形式です。電磁波の波長によってエネルギーの強さは変わりますが、3種の中で最も伝熱効率が高いとされています。熱源から放射されたエネルギーは生豆に対して面で当たるため、照射されている部分が加熱されていきます。

■ 伝導

サーマル・コンダクション（Thermal Conduction）とも呼ばれ、接触する物質間で熱を伝える伝熱形式です。熱を媒介する物質の伝導効率によって伝わるエネルギーの強さは異なりますが、輻射熱に次いで伝熱効率が高い特徴があります。接触する物体同士が平面である場合は面での熱量の受け渡しが可能なのですが、コーヒーの生豆は楕円形の立体でドラム壁面は曲面であるため、実際の焙煎においては、それぞれの接触点で熱量が供給されます。

■ 対流

サーマル・コンベクション（Thermal Convection）とも呼ばれ、気体や液体を介して熱を伝える伝熱形式です。熱を媒介する物体の伝導効率によって必要となるエネルギー量は異なるのですが、伝熱効率が3種の中では最も低くなります。特に空気の場合は断熱効果が高いため、温める際に多くのエネルギーを必要とします。生豆を取り囲む空間全体が熱量の受け渡しを行うため、立体的に物体全体を加熱することが可能であり、短時間焙煎にも向いています。

■ 焙煎機の形式によるテイストと焦げの傾向

テイストの強さ （Taste Intensity）	■ 直火式 ＞ 半熱風式 ＞ 熱風式 ■ 直火式が最もテイストが強い
焦げにくさ （Clean Cup性）	■ 熱風式 ＞ 半熱風式 ＞ 直火式 ■ 熱風式が最も焦げにくい

コーヒーの焙煎においては接する熱エネルギーが高いほど味わいがしっかりする傾向があり、より高い熱量は芳香成分や酸味成分の発達を促すことも知られています。よって、コーヒーの味わいは輻射、伝導、対流の順で強くなります。一方で、生豆に対する不均一な伝熱は焦げや煎りムラを誘発します。輻射熱は物体表面を加熱する性能が高く、さらに熱源で発生した煙などが生豆に再付着するリスクも高くなります。また、伝導熱も接触する部分のみが温められるため、攪拌が不十分な場合は熱伝達が不均一になって焦げやすくなります。よって、コーヒーのカップの綺麗さは対流、伝導、輻射の順となります。

　このように各伝熱方式はそれぞれ異なった特徴を持ち、また、焙煎機の形式によって使用される伝熱の種類も異なってきます。メーカーごとによる設計思想も相まって、焙煎機1つをとってみてもコーヒーの味づくりには、かなり多くのバリエーションが存在していることが分かります。

焙煎度合

　コーヒーの味わいは焙煎過程における熱量の与え方、つまりは焙煎方法でも大きく異なってきますが、やはり味わいに決定的な影響をあたえるのはいわゆる焙煎の“深さ”です。基本的に焙煎が浅くなると酸味や生豆が潜在的に持つ風味が強く感じられ、反対に深くなると甘味や液体の重さ、そして苦味が強く感じられるようになります。

　焙煎度合は大まかに浅煎り、中煎り、中深煎り、深煎りなどと区分されることがありますが、こういった分類はロースターごとに定義が異なり、同じ浅煎りだとしても、実際の焙煎度合が店ごとにかなり異なることが通例です。光学計を用いてL値※やアグトロン値※（Agtron）など、数値的に焙煎度合を測ることもできますが、これらはあくまで光の反射を数値化したものであるため、同じ数値が全く同じ焙煎度合を意味するわけでもありません。実際、生豆の物理的属性によって測定される光学数値も変動します。これらはあくまで近しい数値範囲において、焙煎度合も近しくなることを示しているに過ぎないことを理解する必要があります。

※ L値：国際規格であるCILABにおける明度および彩度の指標。数値が高いと光の反射が多くて色合いが明るい（焙煎度合が浅い）ことを示し、低いと光の反射が少なくて色合いが暗い（焙煎度合が深い）ことを示す。

※ アグトロン値：SCA（Specialty Coffee Association）によって制定された光の反射値による焙煎度合の指標。L値と同じく数値が高いと焙煎度合が浅く、低いと深いことを表す。

Agtron値とそれぞれの対応用語の例 ①

#91以上	Light	浅煎り
#90～81	Cinnamon	浅煎り
#80～71	Medium	中煎り
#70～61	High	中煎り
#60～51	City	中深煎り
#50～41	Full City	中深煎り
#40～31	French	深煎り
#30以下	Italian	深煎り

コーヒー業界全般ではL値が主に採用されていますが、スペシャルティ・コーヒー業界ではアグトロン値が用いられています。前記はアグトロン値とそれに対応する焙煎度合の用語となっていますが、それぞれの数値と用語の紐づけにおけるコンセンサスを得るのは容易ではなく、歴史的に見れば下記の表のように国やロースターによって区分がまちまちであったことが分かります。

Agtron値とそれぞれの対応用語の例 ②

# 95～90	Light/Cinnamon
# 90～80	Light/Cinnamon/New England
# 80～70	Light/New England
# 70～60	Light/Light-Medium/American/Regular
# 60～50	City/Light/Medium/Mild/Medium High/American/Regular
# 50～45	Full City/Mild/Viennese/Northern Italian/Espresso/Continental/After Dinner
# 45～40	Espresso/Bold/Dark/French/European High/Continental
# 40～35	French/Espresso/Italian/Dark/Turkish
# 35～30	Italian/Bold/Neapolitan/Spanish Heavy
# 30～25	French (Dark French) /Neapolitan/Spanish

参考文献

● Roast Magazine "Saying Coffee" Book of Roast（2017）Portland, Oregon, JC Publishing, Inc.

■ 各焙煎度合におけるテイスト・バランス

コーヒーには1,000種以上の芳香成分があり、これら以外にも味わいに関わる様々な成分を内包しています。しかし、例えどんなに複雑な味わいを持っていても、人間には全ての味や香りの成分を個々に識別することは不可能であり、通常は味覚や香りを頼りに大まかに味わいを判別しているのが普通だと言えます。コーヒーの味覚評価にはカッピングという品質評価方法があり、これらに記載されている味覚項目や、コーヒーの競技会などで審査される項目を見てみると、おおよそ5つの味覚項目を味わいの要素として抽出することができます。

❶ 酸味
❷ フレーバー/風味
❸ 甘味
❹ 質感
- 液体の重さ＝ウエイト（Weight）
- 液体の舌触り＝テクスチャー（Texture）

❺ 苦味

❶ 酸味は、有機酸などの酸味を持つ物質によって感じられます。

❷ フレーバー/風味は香りと味覚の合成要素で、液体を口に含んだ際に口蓋の奥から鼻腔にかけて感じられる香りが主に相当します。この要素はコーヒー生豆が潜在的に持つ風味（品種、生産処理、テロワール）に大きく依存しています。

❸ 甘味は実際の糖分だけではなく、カラメルやメラノイジンなどによる甘い風味や味わいによっても感じられます。この要素は生豆由来よりも、むしろ焙煎由来の芳香成分に依存しています。

❹ 質感は重さ（ウエイト）と舌触り（テクスチャー）の2つに分類されます。これらは焙煎度合が深まるにつれて印象が強くなりますが、深煎りの程度が強くなると粘性の主たる要因である食物繊維が崩壊するため、焙煎後期では粘性の低下が確認されます。

❺ 苦味は焙煎度合に相関があり、焙煎度合の進行によって増加したカラメル、メラノイジンや濃度を増したカフェイン、そして炭化物質などが苦味を現します。また浅〜中煎りではクロロゲン酸ラクトン類（CQL：Chlorogenic acid Lactones）が主たる苦味を生じ、深煎りではヴィニルカテコール・オリゴマー（VCO：Vinylcatechol Oligomer）が特有の強い苦味を現すと考えられています。

参考文献

● Oliver Frank 1, Simone Blumberg, Christof Kunert, Gerhard Zehentbauer, Thomas Hofmann：Structure determination and sensory analysis of bitter-tasting 4-vinylcatechol oligomers and their identification in roasted coffee by means of LC-MS/MS

これら5つの要素に焙煎不足要因で生じる生の穀物香（Grainy：グレイニー）やカラメル化の発達による焙煎香（Roasty：ロースティ）、そして極度の深煎りにおける燻り臭（Smokey：スモーキー）などを追加し、それぞれの主要の味の移り変わりを考察すると、下記のような図を導くことができます。

焙煎進行による主要テイスト変遷の一例

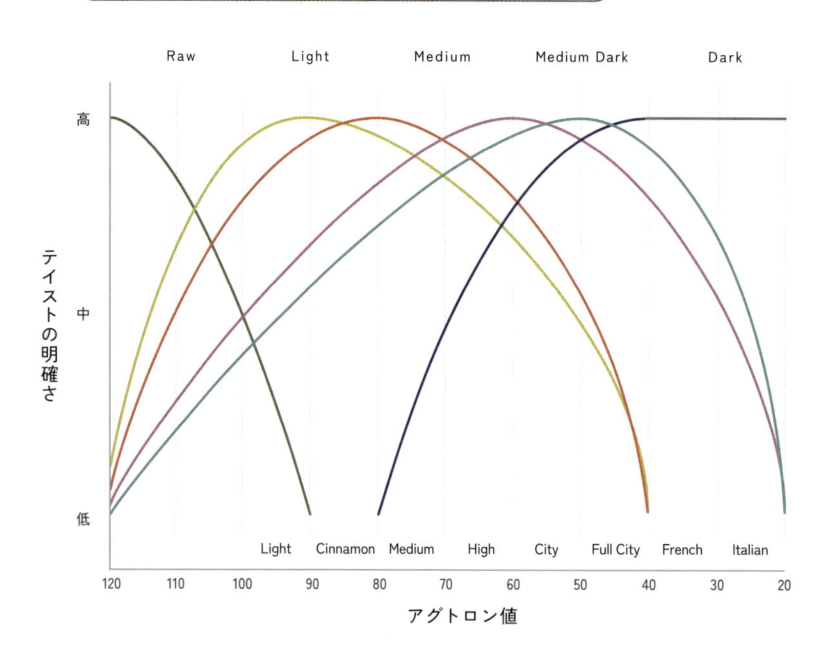

■ 生の穀物臭/渋味
■ 酸味
■ フレーバー（生豆由来芳香成分）
■ 甘味（焙煎由来芳香成分）
■ 重さ/ボディ
■ 焙煎香/苦味
■ 燻臭/焦げ

■ 実際の酸量（低pH）はミディアムレンジ（AG80近辺）で最大化する

■ 物理的な糖の含有量は減っていくが、甘さを持った芳香成分（カラメル、メラノイジン）が増加していく前の図はあくまでも一例であり、必ずしも当該の数値がそれぞれの味わいと完璧な相関を示すわけではありませんが、参考として見るには十分でしょう。このように焙煎の初期（浅い側）では穀物様の味わい（Grainy）が主体的で、焙煎が進行するに従って酸味、フレーバー/風味、甘味、質感といったように、主体的に感じられる味覚要素が移り変わっていきます。焙煎の中期から現れてくる焙煎香（Roasty）は後期に近づくに従って強度を増し、最終的には炭化が進んで煙のような臭気（Smokey）に変異していきます。

このように、それぞれの焙煎度合が持つ味わいのバランス（Taste Balance）は異なるため、ロースターがどのような味わいを顧客に提供するかによって、ターゲットとなる焙煎度合が自ずと定まってきます。

焙煎傾向

ターゲットとなる焙煎度合が決定したら、次に味づくりの要である焙煎傾向や、焙煎レシピに相当する熱量プロファイル（Roast Profile）を構築していきます。コーヒーの焙煎傾向には大きく2つのカテゴリーがあり、それぞれ“高温短時間焙煎＝High Temperature Short Time/Stir Fry”、“低温長時間焙煎＝Low Temperature Long Time/Bake”に分かれます。これらの分類は明確な分岐点が存在しないため、あくまで2つ以上の焙煎を比較した際に焙煎時間が短い方、長い方といったようにベクトルの方向性でしか定義化を行えないことにご留意ください。

焙煎中の熱量の与え方

HTST/Stir Fry

高温短時間焙煎（HTST）酸味とフレーバーが優位

- 浅いと渋味/うま味が出やすい
- 浅いとHalf Raw（生焼け）になりやすい
- 煎りムラしやすい

LTLT/Bake

低温長時間焙煎（LTLT）甘味と質感が優位

- 深いと苦味/炭化味が出やすい
- 深いとScorch（焦げ）になりやすい
- 煎りムラしにくい

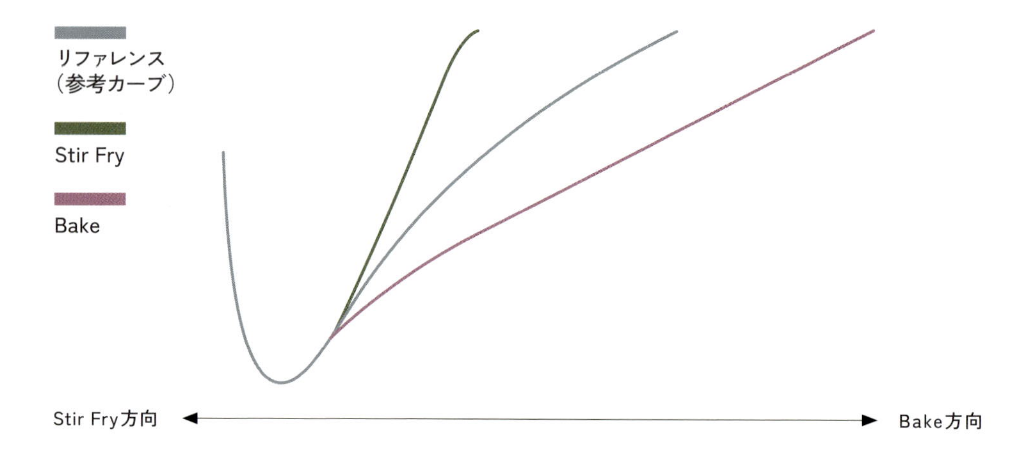

HTST 対 LTLT

● High Temperature Short Time（高温短時間）＝ Stir Fry

- **ROR（温度上昇率）が高く、生豆表面と内部の焙煎度合に差がある**
  - 酸が残りやすい
- **酸成分、揮発性/芳香成分の生成が顕著**
- **食物繊維の崩落が少ない**
- **酸味とフレーバーが優位**

● Low Temperature Long Time（低温長時間）＝ Bake

- **ROR（温度上昇率）が低く、生豆表面と内部の焙煎度合に差が少ない**
  - 酸が残りにくい
- **メラノイジン、ストレッカー分解、カラメル由来の芳香成分が多い**
- **食物繊維の崩落が多い**
- **甘味と質感が優位**

焙煎における科学研究では高温短時間焙煎のことをHTST（High Temperature Short Time Roasting）、低温長時間焙煎のことをLTLT（Low Temperature Long Time Roasting）と分類することが通例になっています。筆者は、これらの2つの焙煎傾向にそれぞれ調理的な意味を込めて、ステア・フライ（Stir Fry：炒め焼き）とベイク（Bake：長時間焼成）の用語を追加しました。“ベイク”は一般的に焙煎欠点の1つとみなされていますが、ここでは、そういったニュアンスは込めずに、あくまで長時間の焙煎という扱いに留めています。こうした焙煎傾向にはメリット、デメリットがあります。

焙煎における3つのフェーズ

焙煎傾向は大きく2つの系統に分かれますが、これらを各焙煎の温度帯に適応することで、より複雑なテイスト・バランスの設計が可能になります。コーヒーの焙煎では焙煎進行を3つの期(フェーズ)に分けることが一般的で、それぞれの期に特徴があります。

各フェーズの特徴

① Dry Phase

酸味/質感の強度バランスと焙煎時間に大きく影響

- 火力高い=酸味が強くて質感が軽い。渋味/うま味を生じやすい
- 火力低い=酸味が弱くて質感が重い。苦味/焦げを生じやすい

② Maillard Phase

フレーバー/甘味の明確さに大きく影響(Definition of Flavor Structure)

- 火力高い=酸味が強くて質感が軽い。Solid FS:原料由来のフレーバー優位
- 火力低い=酸味が弱くて質感が重い。Dull FS:焙煎由来の甘味優位

③ Development Phase

酸味/フレーバー VS. 甘味/質感の微調整

- 火力高い=酸味/フレーバーを補強
- 火力低い=甘味/質感を補強

Dry Phase

ドライ・フェーズは最初の焙煎期（フェーズ）であり、乾燥期とも呼ばれます。焙煎開始から生豆が黄色に色づく褐色反応開始（カラーチェンジ）までがこの期に相当し、生豆が持つ水分に熱量が加わって一定の蒸発量に達するまでの期間です。投入直前の生豆は常温であり、内部の水分は豆の食物繊維に比べて熱の伝導率が高いため、この期での温度上昇率（Rate of Rise：ROR）は高くなります。初期の熱量操作は全体の焙煎工程の時間の長さに大きく影響するため、この期に高い熱量をかけるとHTST/Stir Fryをベースとした焙煎傾向になり、低い熱量で推移させるとLTLT/Bakeをベースとした焙煎傾向になります。

Maillard Phase

続く焙煎期は褐色期：メイラード・フェーズと呼ばれ、この名称は2010年代以降に確立しました。褐色反応開始から1ハゼ（1st Crack）※と呼ばれる水蒸気炸裂までの期間が相当します。褐色反応はシュガー・ブラウニング（Sugar Browning）とも呼ばれ、糖分のカラメル化やメイラード反応が活性化していきます。褐色期の後半は酸味やフレーバー/風味成分が発達する期間でもあるため、焙煎においてはかなり重要なパートです。このフェーズで高い熱量をかけると、フレーバー/風味成分の積極的な転化を促します。反対に低い熱量をかけるとこれらの成分はあまり発達せず、カラメル化やメイラード反応の時間を長く稼ぐことができるため、甘味の印象が強調されていきます。

※　1ハゼ：豆のセンター・カット（Center Cut）と呼ばれる、中央の溝で生じる膨張した水蒸気による炸裂。

Development Phase

最後の焙煎期は発達期：デヴェロップメント・フェーズと呼ばれ、1ハゼから焙煎終了までの期間が相当します。ここは最終的な焙煎度合を決定する期になりますが、焙煎における火力操作は、後になればなるほど特定の焙煎時間の長短を調整することが難しくなってきます。よって、このフェーズは焙煎傾向の補正を行うパートとなります。ここで高い熱量をかけるとHTST/Stir Fryの傾向を補強し、低い熱量をかけるとLTLT/Bakeの傾向を補強します。また、この期を継続すると豆の組織内部の水蒸気炸裂を生じ、いわゆる2ハゼ（2nd Crack）※が始まります。なおこの2ハゼ以降は急速に炭化現象が促進されるので、コーヒーの生豆が潜在的に持っている味覚要素の大半は消失し、強い苦味と燻り臭が感じられるようになってきます。

※　2ハゼ：センター・カットとは反対の側の豆組織内で発生する、2回目の炸裂。

デヴェロップメント・フェーズは高温域を継続する期でもあるため、ここでの時間が長くなると焦げ（Scorch）のニュアンスが高まります。これを防ぐには高い熱量を保って焙煎進行を早めることが有用ですが、高過ぎると温度上昇がかなり早く進むため、終了時の焙煎度合の見極めが難しくなります。

現在では、このように3つの期（フェーズ）に分けて焙煎プロファイルを考える手法が主流になっていますが、もちろん分割点を任意に設定したり、増やしたりしても構いません。しかし、火力操作とテイストとの相関関係が分かりやすい形で現れるのは、やはりこの3つのフェーズであることは間違いないでしょう。

これらの3期に2つの焙煎傾向をあてはめると、大まかに8通りのプロファイルパターンを見出すことができます。余熱が強かったり、熱量の出力が弱かったり、それぞれの焙煎機の大きさや特性によっては、必ずしも全てのパターンが焼き分けられるわけではありませんが、参考までにそれぞれのパターンの特性を挙げてみたいと思います。

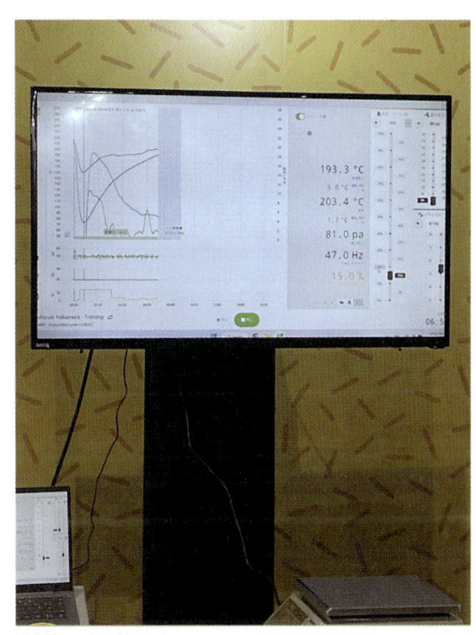

焙煎ログを管理するモニター

フェーズ分割①　初期の焙煎進行が速いグループDry/Maillard/Development

Stir Fry/Stir Fry/Stir Fry

- 強Stir Fry傾向。酸味/フレーバーが強く、甘味/質感が乏しい
- 渋味/うま味が出やすい。（Underdevelopmentの場合、Half Rawになりやすい）

Stir Fry/Stir Fry/Bake

- 酸味が強く、質感が弱いベース。フレーバー（Origin Related Aromatics）が優位
  後半に甘味/質感を補強

Stir Fry/Bake/Stir Fry

- 酸味が強く、質感が弱いベース。甘味（Roast Cause Aromatics）が優位
  後半に酸味/フレーバーを補強

Stir Fry/Bake/Bake（蓄熱の高い大型焙煎機に向く：ドラム容量10kg以上）

- 酸味が強く、質感が弱いベース。甘味（Roast Cause Aromatics）が優位
  後半に甘味/質感を補強

フェーズ分割②　初期の焙煎進行が遅いグループDry/Maillard/Development

Bake/Bake/Bake

- 強Bake傾向。甘味/質感が強く、酸味/フレーバーが乏しい
- 苦味/金属味が出やすい。（Overdevelopmentの場合、Scorchになりやすい）

Bake/Bake/Stir Fry

- 質感が強く、酸味が弱いベース。甘味（Roast Cause Aromatics）が優位
  後半で酸味/フレーバーを補強

Bake/Stir Fry/Bake

- 質感が強く、酸味が弱いベース。フレーバー（Origin Related Aromatics）が優位
  後半で甘味/フレーバーを補強

Bake/Stir Fry/Stir Fry（蓄熱の低い小型焙煎機に向く：ドラム容量1kg以下）

- 質感が強く、酸味が弱いベース。フレーバー（Origin Related Aromatics）が優位
  後半で酸味/フレーバーを補強

一般的な浅～中煎りの焙煎では、ドライ・フェーズは4～5分、メイラード・フェーズは3～4分、デヴェロップメント・フェーズは1分半程度の時間配分を推奨されることが現在の業界では多いと考えられますが、明確なルールは存在しないので、ロースターは自身の検証結果にもとづいて、これらの時間配分を任意に設定するのが望ましいでしょう。

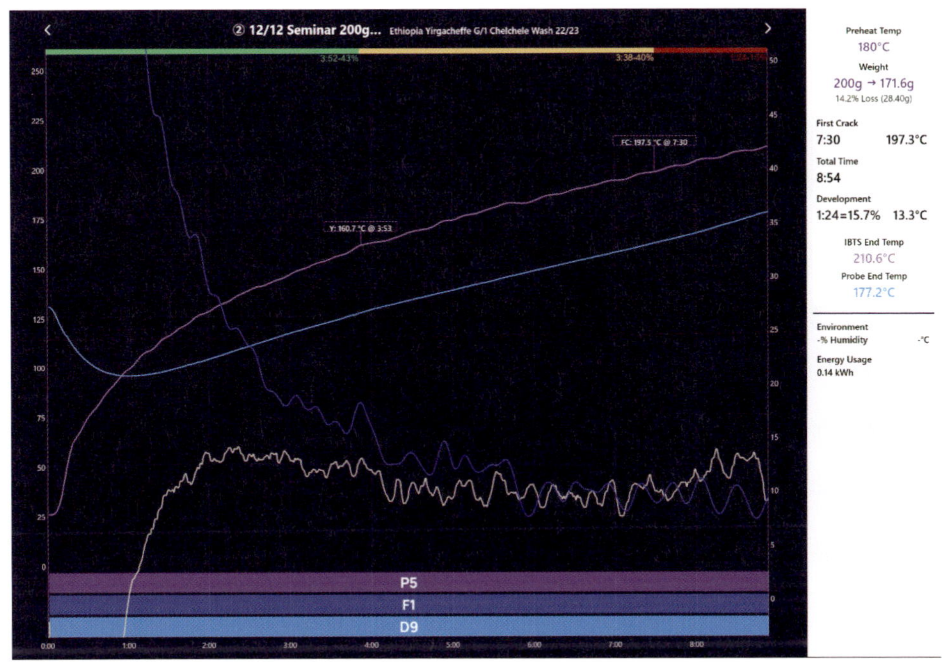

焙煎時の熱量動向や操作パラメーター＝ロースト・ログ（Roast Log）を表示するアイリオのクラウド・システム

クロップスター（Cropster）によるギーセン6kg焙煎機のロースト・ログ

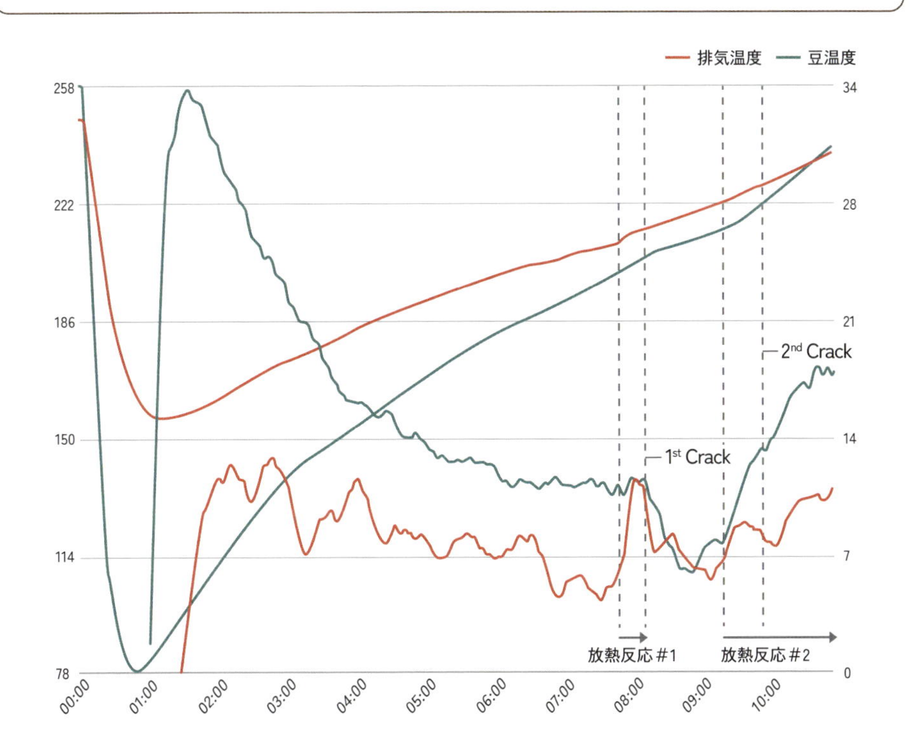

大会用にセッティングされたギーセン6kg窯

焙煎欠点

コーヒーにおける好ましくない風味の要因は主に生豆に依存しており、生豆由来の欠点には薬品臭（フェノール、ヨード）、発酵、カビ、未成熟、ポテト臭などがありますが、これらの他に焙煎によって生じる欠点も存在します。コーヒーの味づくりといった観点から見れば、例えどのような味わいであっても、意図的発現であれば欠点であると断じる必要はありません。しかし、業界の慣習的には好ましくない風味を特定し、忌避する傾向もあるのは事実です。よって、ここでは代表的な焙煎欠点であるハーフ・ロウ（Half Raw：生焼け臭）とスコーチ（Scorch：焦げ臭）を取り上げます。

■ Half Raw：生焼け臭

コーヒー豆内部への熱量伝達が不十分で、内部の発達が不足すると発生する欠点です。生の穀物臭（Grainy）が感じられ、焙煎傾向がHTST/Stir Fry寄りで焙煎度合が浅い側（Underdevelopment）に大きく傾倒すると発生しやすくなります。この穀物臭は生豆欠点で感じられる未成熟豆の風味と異なり、明確な生の穀物臭であるため判別が容易です。

"Half Raw"という用語は筆者の造語ですが、実際の豆内部はどんなに浅くても熱量が加わっているため、半生といった表現がやはり正しいでしょう。また、業界的にこういった生の穀物臭は低温長時間焙煎であるLTLT/Bake傾向で発生すると言われることがありますが、低温長時間調理では豆外部と内部の火の入り方に差があまり出ないので、こういった生の穀物臭が発生することはまずありません。

■ Scorch：焦げ臭

熱量がコーヒー豆表面に集積し、組織の一部が炭化してしまった際に発生する欠点です。金属味、塩味、炭化味などが感じられ、焙煎傾向がLTLT/Bake寄りで焙煎度合が深目（Overdevelopment）に大きく傾倒する（低温長時間の深い焙煎）と発生しやすくなります。この焦げ味は焙煎が深いことで生じる焙煎香（Roasty）とは異なるもので、粉のような舌触りと炭化味を現します。

よく火力が強いことで豆が焦げると言われることがありますが、熱量の強さは焙煎進行を早める作用があるだけで、焦げの直接的な原因になりません。むしろ低火力やそれによる伝導熱の割合増によって生じやすくなります。投入前の金属ドラムには化学的に金属分子と結合している水分子があり、吸着水と呼ばれるこの水分はタンパク質と金属の吸着性を高めることが知られています。この吸着水は200℃以上で分離するため、肉類の調理などでは一度金属表面を高温にする空煎りの技法が一般的になっています。よって、コーヒーの焙煎においても、投入時にあまりにドラム壁面の温度が低いと、こうした吸着水による焦げ発生リスクが上昇します。またタンパク質は温度が200℃を超えると急速に焦げやすくなる特性があります。よって、高温域となる焙煎後期のデヴェロップメント・フェーズで時間がかかり過ぎても焦げのリスクが高くなります。

スコーチは焙煎の程度が浅くても発生することがあり、業界で流布している"欠点としてのベイク"は、こういった炭化味が浅煎りの状態で発生した場合に炒った穀物味と認識された誤欠点であると考えられます。

10

コーヒーの抽出

Roast Design Coffeeでのペーパー・ドリップの様子　Photo by 梅澤 秀一郎

テロワールや品種、そして生産処理などによってコーヒーが潜在的に蓄える様々なテイスト、アロマ成分は焙煎という工程を経て花開きます。そして、素材としての準備段階が整ったコーヒー豆は“抽出”という作業を経て、やっと飲料として完成し、テロワールが育んだ素晴らしい風味を味わうことができるようになります。コーヒーを点(た)てる際に使用される抽出器具や抽出理論は理化学的なものが多いのですが、やはりこの抽出という作業自体に理化学的な要素が多分に含まれているがゆえに、こういった要素が強くなりやすいのだと考えられます。

抽出の科学

それでは、まず抽出※と成分の移動について整理していきたいと思います。コーヒーを点てる作業はコーヒー豆の成分を水に移動させることであり、これは固液抽出※と呼ばれる成分分離操作にあたります。

※ 抽出（Extraction）：原料に含有されている成分を選択的に分離する人類最古の化学的分離操作法。
※ 固液抽出（固体/液体抽出）：種子や葉などの固体から液体（溶媒）に溶出する成分（溶質）を抽出する分離操作。

簡単にまとめると、こうした作業は「成分を水に溶かすこと」になるのですが、実は物質が液体に混ざる事象は意外に複雑で、3つの態が存在するとされています。それらが溶解、電離、懸濁と呼ばれる態です。

■ 溶解（非電解質）

いわゆる“溶ける”という事象を指し、溶質が溶媒の分子が持つ電荷に引き付けられることで、個別分子の状態で溶媒中に存在する態です。甘さを感じるショ糖や単糖などは水に溶けやすく、水分子の持つ電荷によって個別分子の状態に分離されます。

■ 電離（電解質）

溶質が“イオン”となって溶媒中に存在する態です。一般的な塩である塩化ナトリウムは水分子の持つ正と負の電荷によって、Na^+、Cl^-というイオンの状態に分離されます。

■ 懸濁（コロイド）

“混ざる”という事象を指し、溶媒の電荷によって分離するのではなく、溶質が微小な単位＝コロイドとなって溶媒中に存在する態です。片栗粉などは水に混ぜると白く濁った状態になりますが、時間が経つと沈殿して混ざった状態を維持できなくなります。液体が透明にならないことが懸濁の特徴です。

コーヒーの抽出では、上記3つのカテゴリーに相当する成分が複雑に混在するため、これらの分配によって味わいが変わってきます。また、それぞれの成分は水への溶解度が高かったり、低かったり、あるいはまったく溶けない、混ざらないことがあります。コーヒーの成分は芳香成分だけで1,000種を超え、味わいの成分や懸濁成分などを含めると膨大な数に上るため、全ての成分と味わいの関連性を整合させるのは事実上不可能となっています。したがって、抽出コーヒーのテイストの判定においても**9 コーヒーの焙煎**で挙げたように、大まかな味わいの特徴を把握しながら調整を重ねるのが現実的と言えるでしょう。

テイスト成分の抽出　焙煎豆には1,000種類以上の芳香/味覚成分がある。

9 コーヒーの焙煎でも取り上げたように、それぞれのテイスト要素を水に移動させていくのが抽出の作業にあたりますが、それぞれのテイスト要素の溶けやすさは物質によって異なります。しかし、業界の一般的な理解では大まかに下記のような順序で抽出が進んでいくと考えられています。

抽出原則

抽出における3つの
主要テイスト成分

■ 酸味　■ 甘味　■ 苦味

抽出における各成分の水への
移動順

1. 酸味成分 2. 甘味成分 3. 苦味成分

注）塩味成分も酸味成分と同じく、早い段階で水に移動する

上記は実際の味わいをもとにした抽出における味わいの移動順を表したものです。誤解がないように言及すると、必ずしも酸味成分が全て移動し終わってから甘味成分が移動するわけではなく、あくまでも移動の容易さに順序を付けた場合に酸味成分が最も移動しやすいということを示しています。

コーヒーの代表的な成分をもう少し詳細に取り上げ、それぞれの移動の容易さについて順序を付けると下記のようになります。こうした抽出における成分移動の順序は実際の味わいとの相関関係について、ある程度の整合性を見出すことが可能です。

水への移動しやすさの順（一例）

1. 芳香物質
2. ミネラル塩（カリウム、ナトリウムなど）
3. 有機酸
（クエン酸、リンゴ酸、酒石酸、酢酸、乳酸など）
4. カフェイン
5. カラメル（褐色化糖分）
6. メラノイジン
（糖類とタンパク質/アミノ酸などの集合体）
7. 脂肪酸（エステル、グリセリンなど）
8. 食物繊維（セルロースなど）
9. 炭化物質
（食物繊維やタンパク質の炭化物）

抽出初期では、コーヒーと水（湯）が接触することによって、芳香成分が気化して様々な香りが立ち上ります。初期の抽出液は酸味が主体的ですが、塩味成分の移動速度はさらに早いため、抽出不足の程度が強いコーヒーでは塩味を感じることがあります。また、カフェインは、その含有量の90%が抽出初期で移動するという研究もあります。

抽出中期では甘味の成分が移動してきます。ショ糖をはじめとした糖類は熱分解や加水分解を経て実際の含有量は低下しますが、その多くはカラメルやメラノイジンなどの甘い香りや味わいを持つ褐色物質に転移していきます。これらは転移前の糖の状態より水溶性が下がるため、成分の移動速度が遅くなります。

抽出後期では、脂肪酸や食物繊維など水に溶けにくい成分（脂肪酸以降は基本的に水に

溶解しない成分）が移動してきます。コーヒーの粘性に関わる成分は移動が遅いため、抽出後半に差しかかると液体は口あたりが重くなってきます。また、さらに抽出が進むと、炭化物質をはじめとした懸濁物質がより移動してくるため、舌触りはざらつき、苦味やえぐ味を感じられるようになります。

濃度と収率

コーヒーの抽出状態を客観的に測る指標に濃度と収率があります。コーヒー業界では濃度をTDS（Total Dissolved Solids：総溶解固形分）で表し、成分の移動割合をEY（Extraction Yield：収率）で表すのが一般的になっています。

■ Total Dissolved Solids：トータル・ディゾルブド・ソリッズ

総溶解固形分と言われるTDSは液体の濃度の指標であり、数値が高いほど成分が濃いことを表します。単位は%やppm、mg/Lなどが使用され、これらの値は溶解、電離、懸濁の3種の総計を示します。TDS値が低いとコーヒーは味が薄くなり、低過ぎると水っぽい印象になります。反対に高い場合は味が濃くなり、質感なども重くなりますが、濃くなり過ぎると刺すような口内刺激をもたらすようになります。TDSを計測するには、リフラクトメーターなどの計測器が必要になります。

■ Extraction Yield：エクストラクション・イールド

収率※は、コーヒー豆からどれくらいの成分が水に移動したかの割合を表す指標です。計算には、①抽出に使用したコーヒー豆の重量、②抽出後の出来上がりの液体の重量、③濃度（TDS）を用いて算出します。**成分の抽出速度と抽出総量**の項でも触れますが、数値が低いと酸味などの味わいが主体的になり、高いと甘味や質感がしっかりしていきます。数値が高くなり過ぎると苦味や雑味などが現れ、雑多な味わいになっていきます。

※ 収率（%）＝ 抽出されたコーヒー（g）×計測TDS（%）÷コーヒー豆（g）×100

例として、収率が18%のコーヒーがあった場合、これはコーヒーの全重量のうち、18%が水に移動したことを意味します。一般的な通常の抽出では高くても25%以下程度であるため、実際に水に移動させることができるのは全体のおよそ1/4がせいぜいだと考えられます。収率が著しく低いことを未抽出（Under Extraction：アンダー・エクストラクション）、著しく高いことを過抽出（Over Extraction：オーヴァー・エクストラクション）と言いますが、これも焙煎度合と同じく、明確な分岐点は存在しないため、抽出割合の少ない方がアンダー方向、割合の多い方がオーヴァー方向というようにベクトルでのみでしか明確な定義が行えません。

未抽出方向（Under Extraction）
- 酸味が主体的で単調な味わい
- 収率が低過ぎると塩味が感じられる場合がある

過抽出方向（Over Extraction）
- 甘味と苦味が増し、複雑な味わい
- 収率が高過ぎると苦味や雑味が増える

濃度と収率はよく混同されますが、全く別の概念です。例えば、同じコーヒーでも、その焙煎度合の範疇において酸味が強くて濃いコーヒーを抽出することもできれば、苦味が強く薄いコーヒーを点てることもできます。したがって、味の強弱は濃度（TDS）を参照し、味の配分（テイスト・バランス）は収率（EY）を参照します。

世界的なスペシャルティ・コーヒーの協会であるSCAは、収率における推奨範囲（18〜22%）を示していますが、実際の抽出の種類（フレンチ・プレスやフィルタードリップ、エスプレッソなど）は多岐にわたり、また嗜好も様々であるため、特定の指標に拘泥する必要は全くありません。筆者が運営する店、Roast Design Coffeeのドリップコーヒーは収率15%以下ですが、味わいはしっかりしており、お客さまにも楽しんでいただいています。

抽出コントロールチャート

醸造比率：オンス / ハーフガロン
グラム / 1.9 L

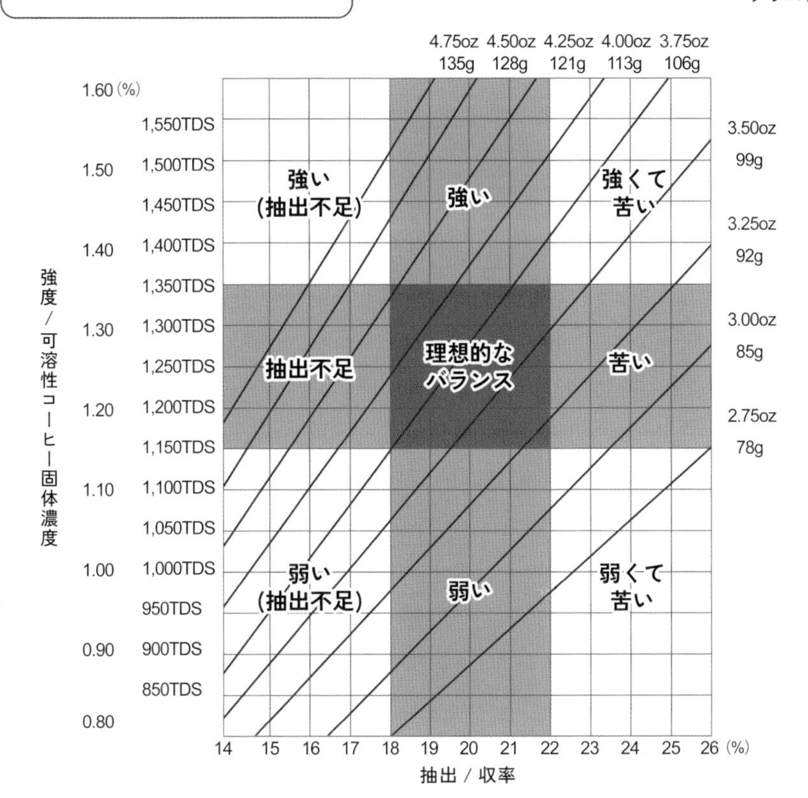

様々な抽出方法

コーヒーの抽出方法はブリュー・レシオ（BR：Brew Ratio）と呼ばれるコーヒーの粉と水の比率、つまりレシピに依存することが多く、それぞれの点て方と分量にある程度の相関関係が存在します。世界には様々なコーヒーの抽出方法や飲み方の文化がありますが、あらゆる抽出方式は浸漬式と透過式という2つのカテゴリーに大別することができます。以下に代表的なコーヒーの抽出方法と、それぞれの一般的なブリュー・レシオを挙げてみたいと思います。

浸漬式

コーヒーの粉と水の混成液を作成してその上澄みをすくったり、フィルターやプランジャーなどで漉して抽出液を得るコーヒーです。

■ カッピング	1:18	■ エアロプレス	1:12～16
■ フレンチ・プレス	1:16～18	■ イブリック	1:10～12
■ サイフォン	1:15～17	比率は粉1に対しての水の割合	

コーヒーの代表的な味覚評価法であるカッピングは、コーヒーと水の混成液の上澄みをスプーンですくってテイスティングするものです。フレンチ・プレスは混成液を金属などのプランジャーで漉します。サイフォンは蒸気圧を利用して水をコーヒーのあるチャンバーに持ち上げて混成した後減圧し、フィルターで漉す抽出法です。エアロプレスは注射器形状のピストンを手で押し込んで混成液をフィルターで漉す新しい抽出器具です。イブリックはトルコの伝統的なコーヒーで小さい容器内の混成液を沸騰させ、粗熱をとった後、上澄みを飲みます。

浸漬式の代表的な抽出/テイスティング方法であるカッピング

透過式

コーヒーの粉に水を透過させながらフィルターで漉して抽出液を得るコーヒーです。

■ ペーパー・ドリップ	1:15~17	■ マキネッタ	1:7~10
■ ネル・ドリップ	1:12~14	■ エスプレッソ	1:2~4

一般的なフィルター・コーヒー（ペーパー、ネルなど）はコーヒーの粉の上からケトルなどで水を注いで透過させるものが該当しています。マキネッタは蒸気圧を用いて（2気圧程度）、エスプレッソは機械で圧力（9気圧程度）をかけて少量の濃縮液の抽出を行います。

このように抽出方法を見てみると、液体の味の濃さ（TDS）とコーヒーの粉の比率（BR）にはやはり相関があり、濃いコーヒーでは豆の重量比率が高くなることが分かります。各抽出方法はそれぞれで得られる液体の濃度レンジがあるため、コーヒーのレシピや最終液量そのものが飲み方や抽出カテゴリーを規定していると言えるでしょう。極端な例を挙げると、エスプレッソでフレンチ・プレスのレシピを採用すると抽出液が多過ぎて、いわゆるエスプレッソのカテゴリーからは程遠いものになりますし、反対にフレンチ・プレスでエスプレッソの抽出比率を適用すると、水が粉に吸われて抽出液を得ることが難しくなるでしょう。

もちろん各コーヒーの抽出においては、レシピを変えることで好みの味わいに調整することができますが、基本的にはコーヒーの濃度（味の強さ⇒TDS）を調整する場合はコーヒー豆と水の比率を、味の配分（テイスト・バランス⇒EY）を調整する場合は抽出方法を変えるのが望ましいと考えられます。

低圧抽出（4.5気圧）を行ったエスプレッソ
Photo by 梅澤 秀一郎

ペーパー・ドリップ・コーヒーのテイスティング
Photo by 梅澤 秀一郎

成分の抽出速度と抽出総量

コーヒーの粉と水の比率が主に濃度に関係するのに対し、抽出方法は味の配分（テイスト・バランス）に主に関係します。抽出における操作可能なパラメーターには温度、挽目、時間、抽出回数、圧力などがあり、これらの操作は液体の濃さにも影響してきますが、現実的な収率（EY）の上限が25%程度であることを考えても、あまり多くの成分を少ない量の豆から引き出すことは上策とは言えません。単純に豆の量を2倍にすれば得られる成分も2倍になることから、やはり濃度は粉と水の比率（BR）で、味の配分は抽出方法でと、分けて考える必要があります。

未抽出方向（Under Extraction）

- 酸味が主体的で単調な味わい
- 収率が低過ぎると塩味が感じられる場合がある

過抽出方向（Over Extraction）

- 甘味と苦味が増し、複雑な味わい
- 収率が高過ぎると苦味や雑味が増える

抽出方法には上記の通り、複数の設定パラメーターがありますが、こうした抽出操作は2つのカテゴリーに分かれ、それぞれの抽出の意図にもとづいて任意に設定することができます。

テイスト成分の移動速度

● 移動速度が速くなる事項＝Over（過抽出）になりやすい

▶ 抽出温度が高い

▶ コーヒーの粉の挽き目が細かい

● 移動速度が遅くなる事項＝Under（未抽出）になりやすい

▶ 抽出温度が低い

▶ コーヒーの粉の挽き目が粗い

1つ目はコーヒー成分の水への移動速度が速くなる操作です。コーヒーの味覚成分は大雑把に塩味、酸味、甘味、苦味などに分けられ、この順番で移動に時間がかかる特徴がありますが、以下の抽出操作を行うと、移動速度の遅い成分も加速されて短時間で抽出が進行するようになります。マラソンなどに例えると、ランナー（コーヒーの成分）のスピードが速くなるようなイメージです。

抽出温度

- 低い＝Under
- 高い＝Over

コーヒーの挽目（Mesh：メッシュ）

- 粗い＝Under
- 細かい＝Over

抽出温度を上げると成分は移動しやすくなり、コーヒーの全般の味わいが明確になって輪郭がはっきりします。しかし、あまり高いと高温で抽出されやすいカフェインやクロロゲン酸ラクトンなどが移動しやすくなり、苦味が強く感じられるようになります。

コーヒー豆の粉を細かくするとコーヒー豆内部の組織がより外部に露出されるため、効率的に成分を移動させることができます。また、比表面積（重量に対する表面積の割合）が増加するため、豆組織内の芳香成分が放出されやすくなってコーヒーのフレーバーははっきりします。反面、細かくなり過ぎると微粉の発生による舌触りの悪化や、えぐ味や雑味といった過抽出成分の移動が促進されます。粉の挽目は透過式の場合は抽出時間にも影響を与えるため（細かいと透過に時間がかかる）、コーヒーの抽出において最も重要な調整項目と言って差し支えないでしょう。

テイスト成分の移動量

- **移動量が多くなる事項＝Over（過抽出）になりやすい**
  - **コーヒーの粉と水の接触時間が長い**
  - **コーヒーの粉と水の接触回数が多い**
- **移動量が少なくなる事項＝Under（未抽出）になりやすい**
  - **コーヒーの粉と水の接触時間が短い**
  - **コーヒーの粉と水の接触回数が少ない**

もう1つは、水に抽出される成分の総量が多くなる操作です。

抽出時間
- 短い＝Under
- 長い＝Over

コーヒーと水の接触回数
- 少ない＝Under
- 多い＝Over

抽出時間を長くすると、移動が遅い成分も水に移動できるようになります。特に混ざりにくい脂質や食物繊維の移動量が増えるため、質感の重さ（ウエイト）と舌触り（テクスチャー）の印象が強まります。マラソンの競技時間を通常より長く設定すれば、ゴールできるランナーが増えますが、そういったイメージに近くなります。

コーヒーと水の接触回数を増やすには、水を複数回に分けて注ぐ（Pulse：パルス）、広範囲に水を注ぐ（Shower：シャワー）、コーヒーと水の混成液を撹拌する（Stir/Spin：ステア/スピン）などの操作が該当します。接触回数が増えるとコーヒーの成分は積極的に水に引き出され、濃度感のあるしっかりした味わいのコーヒーになります。マラソンの走行距離は42.195kmですが、これを半分以下の20kmにすると競技時間内にゴールできるランナーがより増えます。抽出回数の増加はこのように移動効率を倍加する作用があります。

こうして成分の移動速度と総量を調整しながらコーヒーの抽出を制御するのですが、この2つの要素を併せ持つ重要な抽出操作があります。それが "抽出圧力" です。エスプレッソやマキネッタ、エアロプレスなどの機器では圧力を用いますが、抽出時の圧力の強さは下記のような特徴を現します。

圧力が高い

- 気体の溶解量が増加する。
- 抽出時間が短くなる＝Under

圧力が低い

- 気体の溶解量が減少する。
- 抽出時間が長くなる＝Over

抽出時の圧力が高いとアロマ成分などの気体の溶解が進むため、フレーバー/風味はしっかりしやすいのですが、フィルター内を透過する水の速度が速まるため、抽出時間が短くなる作用があります。固液抽出における圧力は固体成分の溶解度（移動速度）にほとんど影響しませんが、透過式の場合はむしろ抽出時間に影響を与えるため、成分の総量にも関係してくる操作に該当します。

■ まとめ

2つのベース
（コンピューターのOS的役割）

❶ 抽出方法
抽出時間（時間、圧力）
抽出回数（投湯回数/配分/方法、攪拌）

❷ CBR/レシピ
粉と水の割合/実際に使用される粉と水の量

2つのベースを決めてから
他の項目を設定する

- 抽出温度
- メッシュ（粉の挽目）
- 2つのベースの再設定（アップデート）
- 抽出温度/メッシュの再設定（再起動）

抽出方法は抽出器具の形状や容量によって大きく制限がかかるため、上記のようなセットアップ手順が有効であると考えられます。まずどういったタイプのコーヒー（フレンチ・プレスやハンド・ドリップ※、エスプレッソ…）を飲みたいかを決定した後、抽出方法を選択し、希望の濃さになるようレシピを設定します。液量と濃さがおおむね調整できたら、改めて温度、挽目、時間、回数、圧力などのパラメーターを吟味します。

※ ハンド・ドリップ（Hand Drip）：和製英語で本来はポア・オーヴァー（Pour Over）と呼ばれるが、日本で誕生した名称が世界的に定着し始めている。

複数の操作項目からなる、こうした抽出設計は膨大なバリエーションがあると言えますが、一例としてエスプレッソと水出しコーヒーの抽出操作比較を取り上げてみると、興味深い事例が観測できます。エスプレッソでは抽出時間が短いものの、粉の挽目は大変細かいのが特徴です。そのままだと水が透過できないので、圧力を用いて液体を抽出します。反対に水出しのコーヒーでは抽出時間が数時間から数日に及ぶことがあり、浸漬時間が大変長いです。粉の挽目はハンド・

ドリップ程度で、抽出温度は常温、またはこれより下がることがあります。

上記2つのコーヒーにおける濃度や抽出タイプはかなり異なりますが、収率（EY）では共に同じような数値（同じようなテイスト・バランス）を目指すことは可能です。このように成分の移動速度や総量を調整する操作パラメーターが複雑に組み合わさることによって、様々な飲み方のコーヒーが世の中に存在しているのが分かります。

留意したいのは、こうした操作も一度に複数個所を変更してしまうと調整項目と味わいの相関関係が分からなくなってしまうため、実際の抽出設定においては焙煎と同じく設定項目を1つずつ検証して地道にセットアップを行っていくのが抽出ゴールへの近道であると言えるでしょう。

グラインダーの性能と味の特徴

すでに述べたように、コーヒーの抽出方法において粉の挽目は、味わいや抽出作業における影響が大きい事項です。コーヒーの粉はグラインダーやミルといった粉砕機によってもたらされますが、実は粉砕機の形式や刃の形状によって得られる粉体の性能や特徴が異なります。こうした粉におけるコーヒーへの味わいの特性の判定にあたっては、粒度分布と粉体形状、そして微粉の発生量の3つが重要な要素となります。

■ 粒度分布

粉砕されたコーヒー豆はそれぞれ異なった形状と大きさを持ちますが、このうち、粉の大きさ（Grind Size：グラインド・サイズ）の分布を統計的に表したものを“粒度分布”と言います。

コーヒー・グラインダーの粒度分布比較

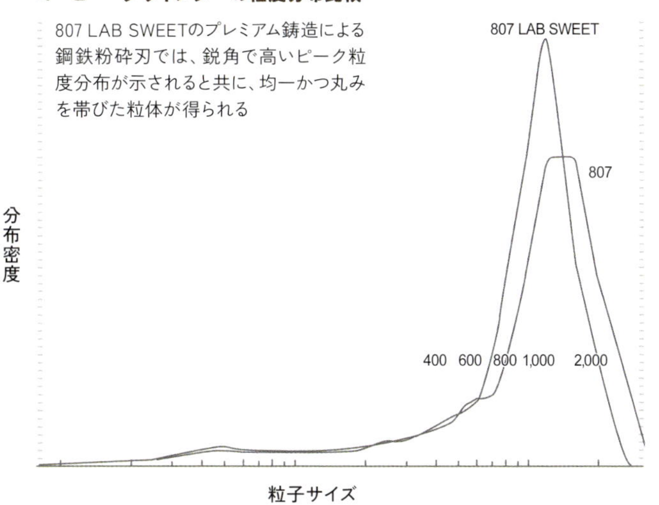

807 LAB SWEETのプレミアム鋳造による鋼鉄粉砕刃では、鋭角で高いピーク粒度分布が示されると共に、均一かつ丸みを帯びた粒体が得られる
807 LAB SWEET
807
分布密度
400
600
800
1,000
2,000
粒子サイズ

前ページ下の図はこの粒度分布を視覚的に表したグラフです。グラフ曲線は山(Peak:ピーク)の幅が狭くて高くなると粒のサイズが揃っていることを表し、ピークの幅が広くて低いとサイズにばらつきがあることを示します。一般的には均一である方がコーヒーの味わいには好ましいとされていますが、あまり粒が揃い過ぎると味わいが単調になって印象がはっきりしないコーヒーになる恐れがあります。

分布が狭い

- 粒のサイズが均一
- 味わいはクリーンだが、単調になる可能性がある

分布が広い

- 粒のサイズがばらついている
- 味わいは複雑だが、雑味が多くなる可能性がある

■ 粉体形状

次に重要となるのが粉の形である"粉体形状"です。これも大きく2タイプあり、粉砕機の刃の形式によって得られる形状が異なります。これらはフレーク形状と立体形状に分かれます。

フラット・バーとコニカル・バーの粒形の違い

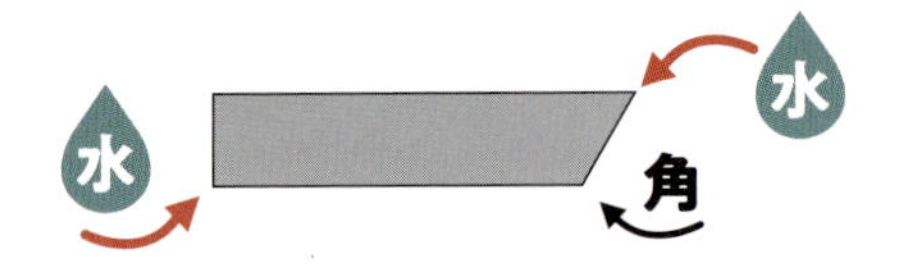

フラット・バーの粒形

- 平べったい
- 表面積:小

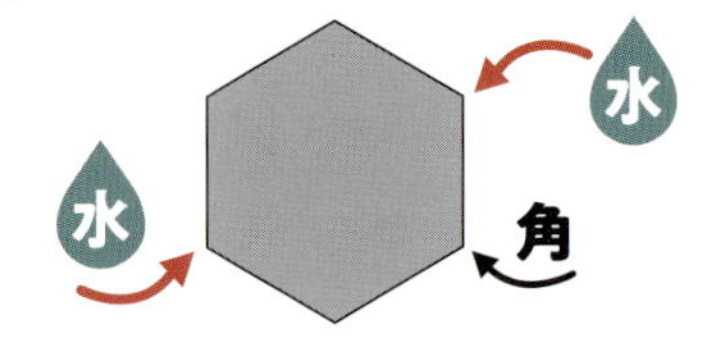

コニカル・バーの粒形

- 立体的
- 表面積:大

フレーク形状

- 主にフラット・バー(Flat Burr)と呼ばれるカット刃から得られる粉体形状
- 角が少なく、水が粉に入り込みづらい
- 表面積が少なく、酸化しにくい

立体形状

- 主にコニカル・バー(Conical Burr)と呼ばれるカット刃から得られる粉体形状
- 角が多く、水が粉に入り込みやすい
- 表面積が大きく、酸化しやすい

フレーク形状は未抽出(Under)側、立体形状は過抽出(Over)側の性能を持ちます。何かしらの抽出で同じような味わいを求めた時、同じ重量でもフレーク形状は嵩(かさ)が減り、立体形状では嵩が増します。エスプレッソ抽出では、一時期コニカル・バーによる立体形状がもてはやされましたが、粉量を多く使用するトレンドに入ってからは、一度に投入できるコーヒーの量を多くできる(嵩増ししない)フレーク形状が重視され、現在ではフラット・バータイプの方が多く用いられています。

■ 微粉

コーヒー豆の粉砕時に発生する微細粉（Micro Fine：マイクロ・ファイン）のことを指します。雑味や金属味を持つほか、液体の舌触りが粉っぽくなるため、一般的には忌避されますが、全く微粉がないコーヒーは味わいが淡泊過ぎて物足りなくなります。少ない方が良いものの、一定量あるのが望ましいと考えられています。

市場で一般的な4つのグラインダータイプ

コーヒー豆を砕く、あるいはカットするいわゆるカット刃には、ブレード、バー、グラインド臼(うす)などがあります。ここではそれぞれのタイプの特徴をご紹介します。

ブレード

- 2枚の羽を持つ粉砕刃が回転することにより、コーヒー豆を打ち砕いて粉砕するタイプ
- モーターの駆動時間を目安に粒度調整を行う
- 手軽で安価なものが多い
- 不定形の粉体形状が得られる
- 微粉が多く、粒度分布が不均一で、かつ一定した粒度を得るのが難しい

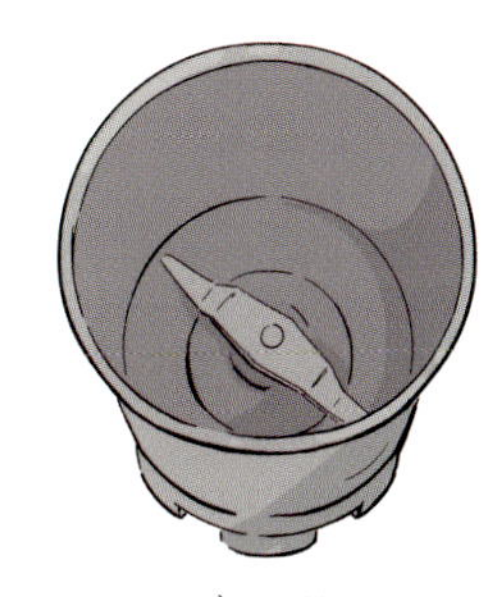

ブレード

フラット・バー

- 対になった円形状のディスク刃が回転することにより、遠心力を利用してコーヒー豆をカットするタイプ
- ディスク間のピッチで粒度調整を行う
- やや高額で業務用が多い
- フレーク形状の粉体が得られる
- 比較的細かい粒度域側で、分布の均一性が高くなる特性がある

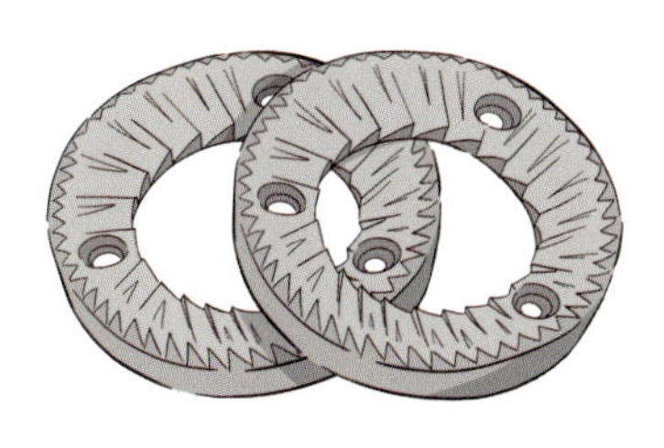

フラット・バー（平ら）

コニカル・バー

- 回転刃である凹刃（臼刃）と固定刃である凸刃で構成されるタイプ。重力を利用してコーヒー豆を粉砕してからカットするタイプ
- 凹刃と凸刃間のピッチで粒度調整を行う
- 業務用は高額だが、安価な家庭用やハンド・ミルなどで採用例が多い
- 立体形状の粉体が得られる
- 微粉はフラット・バーに比べてやや多く、分布もやや広い

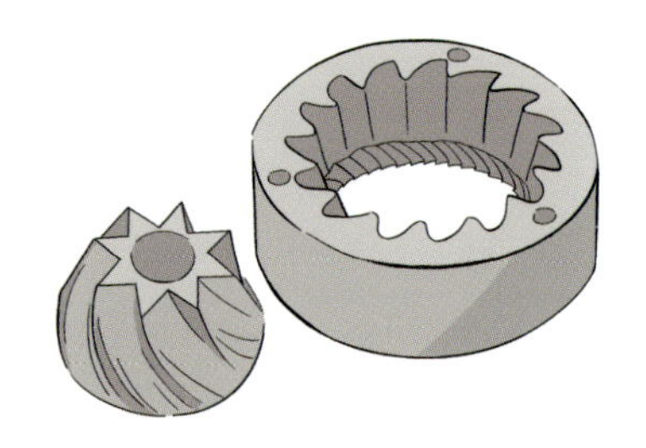

コニカル・バー（円錐）

フラット・バーとコニカル・バーの粉砕図解

重力方向に対してほぼ0度角で粉砕
（縦置き式は重力方向に対してほぼ90度角）

様々な角度で粉砕

グラインド臼

- 下ろし金のような突起を複数持つ、
  対のディスクでコーヒー豆を挟んで粉砕するタイプ
- ディスク間のピッチで粒度調整を行う
- 業務用で、特に古い設計タイプのものに多い
- フレーク形状の粉体が得られる
- 微粉は少なく粒度分布に優れるが、エスプレッソなどの細挽きに向かない

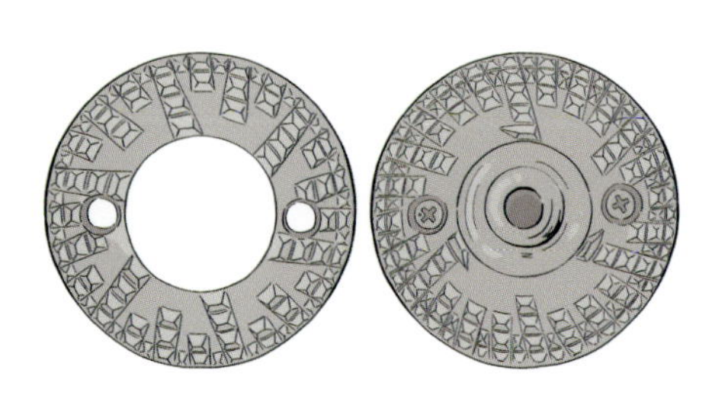

グラインド臼

それぞれの得手不得手はあるものの、業務用、個人用によって必要な性能は異なるため、予算、用途などを決めてから必要な性能を有するグラインダー選定を行うのが望ましいでしょう。

コーヒーの4つの敵

コーヒー豆、特に粉の状態は内部組織が外部に露出した状態であるため、風味や味わいの劣化が早くなります。焙煎直後は二酸化炭素ガスが多く発生するため、抽出においては味わいが十分に引き出せないことがありますが、時間が経ち過ぎた場合も成分が酸化し、変質することで味わいが低下します。コーヒーの保存においては、下記の4つの要素からコーヒーを守ることが必要です。

■ 酸素

空気に曝露された状態が長くなると酸味が変質し、饐(す)えたような味わいになります。酸化を防ぐためにはバリア性（気密性）の高い包材の使用や窒素ガスなどの不活性ガス置換などが有用です。

■ 水分

湿度が高い環境では急速に劣化が進み、えぐ味や酸化したオイルのような味わいが現れます。シリカゲルといった乾燥材の使用や乾燥した環境での保管が有用です。

■ 光

日光にあたると風味が失われ、枯れ木のような臭いが発生します。遮光性の高い包材や冷暗所での保管が有用です。

■ 熱

温度が高いとコーヒーは風味のほとんどを喪失します。温度が低く、一定した保管環境、冷蔵庫や冷凍庫の使用が有用です。

焙煎されたコーヒーは賞味期限内に飲み切るのがやはり理想ですが、それができない場合は、アルミなどのバリア性や遮光性が高い包材に入れて、湿度が低く低温の冷凍庫で保管するのが良いでしょう。これは家庭でも実践可能な最良の保管方法です。

水質

10 コーヒーの抽出の最後は、水の品質、水質に触れて終わりたいと思います。カフェやロースターなどの固定店舗の場合、浄水場からきている水に対して浄水器や軟水器を使用して調水することが一般的ですが、意図的に加工水を作成する場合を除けば、基本的に水の成分はそれほど調整できません。しかし、家庭ではミネラルウォーターを購入することで、様々な水質での抽出検証が可能です。

飲料水が有する性質のうち、コーヒーの抽出において大きな影響を与えるのが、硬度とpHです。前者はカルシウム塩とマグネシウム塩の総和量で表され、後者は水素イオン濃度＝酸性の強さで表されます。

水の硬度

硬度
ミネラルの種類と量

Ca：質感UP
Mg：甘味/質感UP

軟水
酸味

質感は軽く、
テクスチャーは滑らか、
または水っぽくなる

硬水
甘味 / 苦味

質感は重く、
テクスチャーはクリーミー、
または粉っぽくなる

■ 硬度（総硬度）

水の硬さ＝硬度を表す指標にはいくつか種類がありますが、一般的にはアメリカ硬度が用いられることが多く、カルシウム塩とマグネシウム塩の含有量によって表されます。これら2つの金属は互いに分子量が異なるため、それぞれを炭酸カルシウムに換算した際の含有量をもとに硬度を計算します。一般的に硬度が上がると苦味が強くなり、液体は重さを帯びて飲みにくい水になっていきます。計算式は以下の通りです。

硬度（$CaCO_3$）mg/L=（**カルシウム**（Ca）mg/L×2.5）＋（**マグネシウム**（Mg）mg/L×4.1）

コーヒーの抽出においては硬度が低い方が抽出効率は上がるものの、実際の味わいは未抽出に似た効果が得られ、酸味が明確で軽い質感を持つようになります。反対に硬度が上がると味わいが強くなり、甘味や苦味、そして重い質感を持つようになります。こうした味わいの変化は、味覚の相互作用における対比効果※が影響していると考えられますが、もとの水そのものの味がそのままコーヒーの味わいに反映されているとも言えます。日本では硬度が100mg/Lを超える地域があまりなく、沖縄や鹿児島、長野では80mg/Lを超える場合もありますが、首都圏はおおむね60mg/L程度を維持しており、中国地方の岡山や東北の岩手などに至っては15mg/L程度の低い数値を表す地域も存在しています。全国的に見てみると、やはり軟水から中程度の軟水の範囲での分布が多いようです。

※ 対比効果：異なる味覚が合わさることで一方の味覚が強められる現象。（例）スイカに塩をかけるとより甘く感じる。

WHOにおける水の硬度基準

- 0〜60mg/L未満：軟水
- 60〜120mg/L未満：中程度の軟水
- 120〜180mg/L未満：硬水
- 180mg/L以上：非常な硬水

硬度が低い

- 味わいが未抽出（Under）に近似する
- 酸味が強く、質感が軽くなる
- 低過ぎると淡泊な味わいになる

硬度が高い

- 味わいが過抽出（Over）に近似する
- 甘味が強く、質感が重くなる
- 高過ぎると苦味やえぐ味が主体的になる

また、数値上では同じ硬度でも実はカルシウム塩とマグネシウム塩では異なった味わいの傾向を持つことが知られています。

カルシウム塩＝苦味と質感の向上
マグネシウム塩＝苦味と甘味と質感の向上

近年のコーヒー競技会では、硬度0の純水にミネラル塩を添加して調水したカスタム・ウォーター（Custom Water）が用いられるようになってきました。上記の通り、2つのミネラル塩は同じような効能を持ちますが、マグネシウム塩では甘味の印象が向上することから、簡易的なカスタム・ウォーター作成においては、マグネシウム塩単独で調水されるケースも多くなっています。

■ pH

水中における水素イオンの含有量を示す指標であり、1〜14までの数値で表されます。7が中性で、飲料における水はおよそpH7程度となっています。値が下がるにつれて、水は酸性を帯びて酸味が強くなってきます。反対に、数値が上がるとアルカリ性（塩基性）を帯びて苦味を持つようになります。世界的に通常の飲料水は中性を示すため、コーヒー抽出に使用される水は中性が基本になります。

11

コーヒーの品評会、競技会

スペシャルティ・コーヒーの台頭によって、特に2000年代に入ってからは様々な品評会やオークション、そして抽出、焙煎などのコーヒーの競技会などが多く開催されるようになりました。現在もその数は増え続け、世界的な規模からローカルなものまで様々なスケールでコンテストが行われています。最後となる**11 コーヒーの品評会、競技会**では、こうした品評会、競技会がどのように行われ、また業界を活性化させたのかを紐解いていきます。

Cup of Excellence

1990年代から2000年代前半にかけて過度に低迷したニューヨーク市場価格は、多くのコーヒー生産者の生活に暗い影を落としました。品質の低迷と供給過多によって安価なコモディティの属性を強めたコーヒーは、他の飲料の需要増によってもその価値を棄損し続けていました。こうした中、コーヒーの飲料としての価値とステータスを取り戻すべく、ITC（International Trade Centre）とICO（International Coffee Organization）が共同するグルメ・コーヒー開発プロジェクトが始まります。対象となった生産国は世界最大の生産量を誇るブラジルでしたが、同国では、低迷し続ける市場価格に多大な危機感を持っていました。

プロジェクトの発足後の1999年には、ブラジルのスペシャルティ・コーヒー協会であるBSCAと国連との共同によるコーヒー品評会、ベスト・オブ・ブラジル（Best of Brazil）が開催されます。後年、カップ・オブ・エクセレンス（COE：Cup of Excellence）と名を変えるこの品評会では、世界各国より招聘されたコーヒー消費国のプロフェッショナルによって品質評価と格付けがなされ、一定の品質基準を超えて入賞を果たしたコーヒーのロットは、インターネットオークションに出品されるという画期的な取り組みが実施されました。

COEの誕生により、今まで日の目を見ることがなかった小規模生産者のコーヒーは、この品評会を通じて消費国ロースターの目に留まるようになり、COEはそれまで存在しなかった小規模

COEブラジル2022

生産者とロースターのマッチング・プラットフォームとしての役割を担うようになりました。こうした細かいトレーサビリティの確立は、近代におけるスペシャルティ・コーヒー、特にマイクロロットと呼ばれるコーヒーの取引形態の形成に大きく寄与することとなります。COEはすでに16か国で開催されており、これ以外のプライベート・コレクション・オークション（PCA：Private Coffee Auction）を含め、今もなお素晴らしいテロワールの発掘と進化し続けるコーヒーの価値向上に貢献し続けています。

ブルンジCOEのカッピング風景

カッピングを準備するスタッフ

ルワンダCOEの上位入賞者たち

COEブラジル2023授賞式（Award Ceremony）の様子

World Coffee Events

2000年に初の開催となった世界的コーヒー競技会、WBCは当初SCAA（Specialty Coffee Association of America）が運営をホストする形でモナコ公国のモンテカルロで行われました。ここではコーヒー飲料の質とサービス、そしてコーヒーをサーブするバリスタの技量が競われ、スペシャルティ・コーヒー産業をPRし、かつけん引するアイコンとしてのバリスタが選定されました。

WBCをはじめとする競技会や、それらのチャンピオンによる市場や業界への影響は大変大きく、2012年のWBrCチャンピオンであるマット・パーガー（Matt Perger）氏が2013年のWBCで用いたマルケーニッヒ（MAHLKONIG）のグラインダー、EK43は古い設計思想にもかかわらず、世界的な大ヒットとなり、多くのロースターが採用する人気グラインダーになりました。また、同氏が公開したハリオ（HARIO）の円錐ドリッパー、V60を用いたハンド・ドリップの手法は、それまでフレンチ・プレス一辺倒だったスペシャルティ・コーヒー業界に一大転換を引き起こし、多くのカフェがこぞってこの抽出方法を採用するようになりました。これによって、日本式のハンド・ドリップの技法や抽出器具が世界的に注目されることとなります。

また、2015年にWBCチャンピオンになったサシャ・セスティック（Sasa Sestic）氏は、コーヒーの生産処理にワインの醸造方法であるカーボニック・マセレーションを取り入れたことで業界に革新を与えました。嫌気性発酵（Anaerobic：アナエロビック）という新たな生産処理の誕生は、特に世界各国のコーヒー生産者に多大なインパクトを与え、これを契機に様々なバリエーションの嫌気性発酵のコーヒー市場に展開されました。今もなおこれらに限らない特殊な生産処理を経たコーヒーが多く誕生しています。

こうした競技会は、年を経るにつれて種類を増やしていくこととなります。2017年にSCAAはSCAE（Specialty Coffee Association of Europe）と合併し、SCAと名を変え、2011年に設立された運営母体であるWCE（World Coffee Events）という組織をSCAの傘下に加えることで現在様々なコーヒー競技会が運営されています。

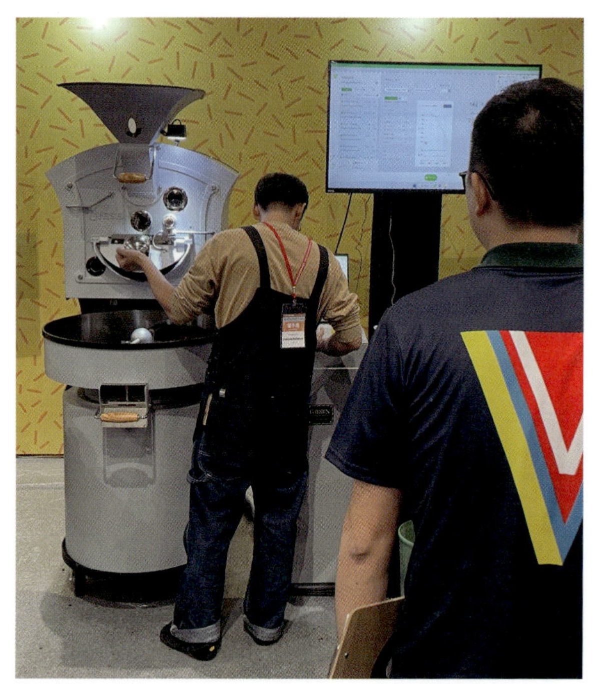

焙煎競技の様子

WCRC2023で使用された大会焙煎機

WCE競技会一覧

- World Barista Championship (WBC)
- World Latte Art Championship (WLAC)
- World Brewers Cup (WBrC)
- World Coffee in Good Spirits (WCIGS)
- World Cup Tasters Championship (WCTC)
- World Coffee Roasting Championship (WCRC)
- Cezve/Ibrik Championship (CIC)

上記はWCE管轄のコーヒー競技会ですが、これ以外にもワールド・エアロプレス・チャンピオンシップ(WAC:World AeroPress Championship)やワールド・サイフォニスト・チャンピオンシップ(WSC:World Siphonist Championship)などWCE外の競技会も存在しており、ローカルの抽出/焙煎大会なども様々な国で開催されるようになってきました。

こうした競技会で実績を出したロースター、バリスタ、コーヒー生産者、機械器具メーカーなどは世界中のコーヒー愛好家や業界からの注目を浴びることとなり、新しい機械や器具、さらなる革新を経たコーヒー、画期的な抽出方法などが毎年展開されています。

参考サイト

- World AeroPress Championship
- World Siphonist Championship

WCRC2023表彰式(Announcement:アナウンスメント)のステージ

■装丁、本文フォーマット
関根　ひかり（株式会社ZUGA）

■イラスト
庄野　ひの

- 本書の内容に関する質問は、オーム社ホームページの「サポート」から、「お問合せ」の「書籍に関するお問合せ」をご参照いただくか、または書状にてオーム社編集局宛にお願いします。お受けできる質問は本書で紹介した内容に限らせていただきます。なお、電話での質問にはお答えできませんので、あらかじめご了承ください。
- 万一、落丁・乱丁の場合は、送料当社負担でお取替えいたします。当社販売課宛にお送りください。
- 本書の一部の複写複製を希望される場合は、本書扉裏を参照してください。

Coffee大図鑑
―種の伝播から、栽培、流通、テロワール、品評会まで―

2025年2月13日　第1版第1刷発行

著　者　三神　亮
発行者　村上和夫
発行所　株式会社 オーム社
郵便番号　101-8460
東京都千代田区神田錦町3-1
電話　03(3233)0641(代表)
URL　https://www.ohmsha.co.jp/

組版　ZUGA　　印刷・製本　壮光舎印刷
ISBN978-4-274-23327-2　Printed in Japan

本書の感想募集　https://www.ohmsha.co.jp/kansou/

本書をお読みになった感想を上記サイトまでお寄せください。
お寄せいただいた方には、抽選でプレゼントを差し上げます。